ACADEMIA SCIENTIARUM
RESPUBLICAE GERMANICAE DEMOCRATICAE

1989

INDEX SEMINUM

QUAE
PRO MUTUA COMMUTATIONE

OFFERT

ZENTRALINSTITUT
FÜR GENETIK UND KULTURPFLANZENFORSCHUNG
GATERSLEBEN

Nota bene

Index seminum plantas usuales agri-et horticulturae nonnullasque spontaneas, medicinales et venenates continet.

Index cultivarum plantarum usualium quorum semina offeruntur in supplemento editur dimittendo institutis selectis.

Nomina geographica numerique uncis inclusi postpositi indicant, quot formae cultae triviali carentes ex regionibus adsunt. Signo **H** formae hiemantes (Avena, Hordeum, Secale, Triticum et Pisum) designantur.

Species, varietates etc. singulae in horto et agro nostro non nisi areis angustis coli possunt. Itaque tanda pondera seminum solummodo offeruntur, quanta in commutatione inter hortos botanicos usitata sunt.

Zur Beachtung

Das Samenverzeichnis enthält Kulturpflanzen des Acker- und Gartenbaues sowie einige Wild-, Arznei- und Giftpflanzen.

Ein Verzeichnis der abgebbaren Sorten erscheint als Anhang und wird an Genbanken und Züchter verschickt.

Die hinter einem geographischen Namen in Klammern angeführten Ziffern besagen, daß aus diesem Gebiet ebenso viele Herkünfte bzw. Landsorten ohne Sortennamen vorhanden sind. Mit einem **H** sind dabei die Winterformen (Hafer, Gerste, Roggen, Weizen und Erbsen) bezeichnet.

Die einzelnen Arten, Varietäten usw. können auf dem Versuchsfeld nur in kleinen Parzellen angebaut werden. Es sind daher nur die im Tauschverkehr der botanischen Gärten üblichen kleinen Samenmengen abgebbar.

Gatersleben

Geographische Breite: 51° 49'N
Geographische Länge: 11° 17'O
Höhe über NN: 110,50 m

Klimadaten (30jährige Mittelwerte):

	J	F	M	A	M	J	J	A	S	O	N	D	
mittlere Monatstemperaturen (°C)	–0,4	0,0	3,5	7,5	12,6	16,2	17,4	16,8	13,6	9,1	4,7	1,2	Jahresmittel 8,5
Sonnenscheindauer (h)	57,5	73,6	123,9	159,9	210,6	211,2	200,9	190,4	165,3	112,4	62,4	47,3	Jahressumme 1611,0
Niederschlag (mm)	26,0	22,1	30,1	37,2	54,3	64,0	61,0	58,3	33,7	34,5	30,2	31,0	Jahressumme 482,6

Sommertage (Maximum 25°): 32
Frosttage (Minimum 0°): 92
Tage mit Niederschlag 0,1 mm: 170
Tage mit geschlossener Schneedecke: 40

Extremwerte:
Temperatur-Maximum: 36,2° (10. 7. 1969)
Temperatur-Minimum: –30,6° (20. 1. 1963)
Niederschlags-Maximum: 129,6 mm (16. 7. 1956)

Literae

Al Alazzeh, A., K. Hammer, Chr. O. Lehmann and P. Perrino, 1982: Report on a travel to the Socialist People's Libyan Arab Jamahiriya 1981 for the collection of indigenous taxa of cultivated plants. – Kulturpfanze *30*, 191–202.

Beridze, R. K., R. Fritsch, V. N. Kandelaki, D. Mandžgaladze, K. Pistrik and N. Taralašvili, 1986: Collection of indigenous taxa of cultivated plants in the Georgian SSR 1985. – Kulturpflanze *34*, 305–316.

–, –, K. Pistrick and I. M. Sakvarelidze, 1984: Report of a collecting mission to the Georgian SSR 1983 for the study of indigenous material of cultivated plants. – Kulturpflanze *32*, 217–227.

–, P. Hanelt and R. Fritsch, 1983: Report of a collecting mission to the Georgian SSR 1982 for the study of indigenous material of cultivated plants. – Kulturpflanze *31*, 173–184.

–, –, V. N. Kandelaki, I. M. Sakvarelidze and J. Schultze-Motel, 1985: A further mission to the Georgian SSR 1984 for collecting indigenous material of cultivated plants. – Kulturpflanze *33*, 199–212.

–, –, and J. Kruse, 1982: Report of a travel to the Georgian SSR 1981 for the collection of indigenous material of cultivated plants. – Kulturpflanze *30*, 203–213.

–, –, D. Mandžgaladze and K. Pistrick 1987: Collection of plant genetic resources in the Georgian SSR 1986. – Kulturpflanze *35*, 335–353.

Esquivel, M., L. Castiñeiras, B. Rodriguez and K. Hammer, 1987: Collecting plant genetic resources in Cuba. – Kulturpflanze *35*, 367–378.

Frauenstein, K., und K. Hammer, 1985: Prüfung von Aegilops-Arten auf Resistenz gegen echten Mehltau, Erysiphe graminis DC., Braunrost, Puccinia recondita Rob. ex Desm., und Spelzenbräune, Septoria nodorum Berk. – Kulturpflanze *33*, 155–163.

– und Chr. O. Lehmann, 1979: Resistenzeigenschaften im Gersten- und Weizensortiment Gatersleben. 23. Orientierende Prüfung von Weizen mit Cercosporella herpotrichoides Fron.– Kulturpflanze *27*, 189–195.

Groll, U., K. Frauenstein und K. Hammer, 1985: Prüfung von Aegilops-Arten auf Resistenz gegen Pseudocercosporella herpotrichoides (Fron) Deighton. – Kulturpflanze *33*, 165–172.

Hammer, K., 1980: Vorarbeiten zur monographischen Darstellung von Wildpflanzensortimenten: Aegilops L. – Kulturpflanze *28*, 33–180.

– 1985: Vorarbeiten zur monographischen Darstellung von Wildpflanzensortimenten: Aegilops L. – Resistenzuntersuchungen. – Kulturpflanze *33*, 123–131.

– 1985: Bericht über eine Reise in die VR Polen zur Sammlung autochthoner Sippen von Kulturpflanzen im Jahre 1984. – Kulturpflanze *33*, 213–223.

–, Baik, M.-C. and Han, U.-X., 1986: Notes on a mission to the Democratic People's Republic of Korea 1985 for the collection of land-races of cultivated plants. – Kulturpflanze *34*, 293–304.

–, S. Cifarelli and P. Perrino, 1986: Collection of land-races of cultivated plants in South Italy, 1985. – Kulturpflanze *34*, 261–273.

– und P. Hanelt, 1979: Botanische Ergebnisse einer Reise in die VR Polen, 1976 zur Sammlung autochthoner Sippen von Kulturpflanzen. – Kulturpflanze *27*, 109–149.

–, – und H. Knüpffer, 1982: Vorarbeiten zur monographischen Darstellung von Wildpflanzensortimenten: Agrostemma L. – Kulturpflanze *30*, 45–96.

–, Chr. O. Lehmann und P. Perrino, 1985: Die in den Jahren 1980, 1981 und 1982 in Süditalien gesammelten Getreide-Landsorten – botanische Ergebnisse. – Kulturpflanze *33*, 237–267.

Hammer, K., P. Hanelt und C. Tittel, 1977: Sammlung autochthoner Kulturpflanzen auf dem Gebiet der DDR. – Kulturpflanze *25*, 89–99.
–, P. Perrino and D. Pignone, 1987: Collection of plant genetic resources in South Italy 1986. – Kulturpflanze *35*, 389–399.
–, A. Romeike und C. Tittel, 1983: Vorarbeiten zur monographischen Darstellung von Wildpflanzensortimenten: Datura L., sectiones Dutra Bernh., Ceratocaulis Bernh. et Datura. – Kulturpflanze *31*, 13–75.
– und A. A. Sabir, 1987: Sammlung von Kulturpflanzen-Landsorten im Irak 1986. – Kulturpflanze *35*, 379–387.
–, E. Skolimowska und H. Knüpffer, 1987: Vorarbeiten zur monographischen Darstellung von Wildpflanzensortimenten: Secale L. – Kulturpflanze *35*, 135–177.
Hanelt, P., K. Hammer, J. Schultze-Motel und W. Kulpa, 1982: Katalog der 1978 in der VR Polen gesammelten indigenen Kulturpflanzen-Sippen. – Kulturpflanze *30*, 215–244.
–, A. Rudolph, K. Hammer, H.-W. Jank, K. Müntz und F. Scholz, 1978: Eiweißuntersuchungen am Getreide- und Leguminosensortiment Gatersleben. 3. Gehalt an Rohprotein und schwefelhaltigen Aminosäuren der Ackerbohnen (Vicia faba L.). – Kulturpflanze *26*, 183–212.
– und T. Tschiersch, 1967: Blausäureglykosid-Untersuchungen am Gaterslebener Wickensortiment. – Kulturpflanze *15*, 85–96.
Hoffmann, W., und I. Nover, 1959: Ausgangsmaterial für die Züchtung mehltauresistenter Gersten. – Z. Pflanzenzücht. *42*, 68–78.
Kim, H.-S., K. Hammer, Han U.-X., P. Hanelt und Pak H.-S., 1987: Missions for the collection of plant genetic resources in the Democratic People's Republic Korea 1986. – Kulturpflanze *35*, 355–365.
Koch, H. D., und Chr. O. Lehmann, 1966: Resistenzeigenschaften im Gersten- und Weizensortiment Gatersleben. 7. Prüfung der Frostresistenz von Wintergersten im Gefrierversuch (1.). – Kulturpflanze *14*, 263–282.
– und – 1968: – 10. Prüfung von Wintergersten im künstlichen Gefrierversuch (2). – Kulturpflanze *16*, 243–254.
Kühn, F., K. Hammer und P. Hanelt, 1976: Botanische Ergebnisse einer Reise in die ČSSR 1974 zur Sammlung autochthoner Landsorten von Kulturpflanzen. – Kulturpflanze *24*, 283–347.
–, – und – 1980: Botanische Ergebnisse einer Reise in die ČSSR 1977 zur Sammlung autochthoner Landsorten von Kulturpflanzen. – Kulturpflanze *28*, 183–226.
–, H. Ohle und K. Pistrick, 1982: Bericht über eine Reise in die ČSSR 1981 zur Sammlung autochthoner Sippen von Kulturpflanzen. – Kulturpflanze *30*, 245–254.
–, – und – 1984: Katalog der 1981 in der ČSSR gesammelten indigenen Kulturpflanzen-Sippen. – Kulturpflanze *32*, 153–196.
Lehmann, Chr. O., und K. Hammer, 1983: Botanische Ergebnisse einer Reise nach Spanien 1978 zur Sammlung kultivierter und wildwachsender Leguminosen. – Kulturpflanze *31*, 185–206.
– und – 1983: Bericht über eine Reise in die Sozialistische Arabische Volksjamahiriya 1982 zur Sammlung autochthoner Sippen von Kulturpflanzen. – Kulturpflanze *31*, 207–217.
–, A. Rudolph, K. Hammer, A. Meister, K. Müntz und F. Scholz, 1978: Eiweißuntersuchungen am Getreide- und Leguminosensortiment Gatersleben. 1. Gehalt an Rohprotein und Lysin von Weizen sowie von Weizenart- und Gattungsbastarden. – Kulturpflanze *26*, 133–161.
–, –, –, –, – und – 1978: – 2. Gehalt an Rohprotein und Lysin von Gersten (Hordeum vulgare L. s. l.). – Kulturpflanze *26*, 133–181.
Maly, R., K. Hammer und Chr. O. Lehmann, 1987: Sammlung pflanzlicher genetischer Ressourcen in Süditalien – ein Reisebericht aus dem Jahre 1950 mit Bemerkungen zum Schicksal der Landsorten „in situ" und in der Genbank. – Kulturpflanze *35*, 109–134.
Meyer, H., und Chr. O. Lehmann, 1979: Resistenzeigenschaften im Gersten- und Weizensortiment Gatersleben. 22. Prüfung von Sommergersten auf ihr Verhal-

ten gegen zwei neue Rassen von Mehltau (Erysiphe graminis DC. f. sp. hordei Marchal.). – Kulturpflanze *27*, 181–188.

Nover, I., 1962: – 4. Prüfung von Winterweizen auf ihr Verhalten gegen Erysiphe graminis DC. f. sp. tritici Marchal. – Kulturpflanze, Beiheft 3, 86–92.

– 1968: Eine neue, für die Resistenzzüchtung bedeutungsvolle Rasse von Erysiphe graminis DC. f. sp. hordei Marchal. – Phytopath. Z. *62*, 199–201.

– 1972: Untersuchungen mit einer für den Resistenzträger 'Lyallpur 3645' virulenten Rasse von Erysiphe graminis DC. f. sp. hordei Marchal. – Arch. f. Pflanzenschutz *8*, 439–445.

–, M. Klinkowski und I. Simon, 1963: Ergebnisse der in Halle seit dem Jahre 1945 durchgeführten Forschungsarbeiten über Gelbrost (Puccinia striiformis West. = P. glumarum (Schm.) Erikss. et Henn.). – In: 100 Jahre Landwirtschaftliche Institute der Universität Halle, 247–263.

– und Chr. O. Lehmann, 1964: Resistenzeigenschaften im Gersten- und Weizensortiment Gatersleben. 5. Prüfung von Sommerweizen auf ihr Verhalten gegen Erysiphe graminis DC. f. sp. tritici Marchal. – Kulturpflanze *12*, 265–275.

– und– 1966: – 6. Prüfung von Gersten auf ihr Verhalten gegen Gelbrost (Puccinia striiformis West. syn. P. glumarum (Schm.) Erikss. et Henn.). – Kulturpflanze *14*, 257–262.

– und – 1967: – 8. Prüfung von Weizen auf ihr Verhalten gegen Puccinia triticina Erikss. (P. recondita Rob. ex Desm.). – Kulturpflanze *15*, 181–198.

– und – 1968: – 9. Prüfung von Wintergersten-Neuzugängen auf ihr Verhalten gegen Mehltau (Erysiphe graminis DC. f. sp. hordei Marchal.) und Zwergrost (Puccinia hordei Otth). – Kulturpflanze *16*, 231–241.

– und – 1969: – 11. Prüfung von Wintergerste auf ihr Verhalten gegen Flugbrand (Ustilago nuda (Jens.) Rostr.). – Kulturpflanze *17*, 233–240.

– und – 1969: – 12. Prüfung von Weizen-Neuzugängen auf ihr Verhalten gegen Mehltau (Erysiphe graminis DC. f. sp. tritici Marchal). – Kulturpflanze *17*, 241–251.

– und – 1970: – 13. Prüfung von Wintergersten-Neuzugängen auf ihr Verhalten gegen Gelbrost, Puccinia striiformis West. – Kulturpflanze *18*, 107–108.

– und – 1972: – 14. Prüfung von Sommergersten auf ihr Verhalten gegen Mehltau (Erysiphe graminis DC. f. sp. hordei Marchal). – Kulturpflanze *19*, 283–298.

– und – 1972: – 15. Prüfung des Verhaltens von Sommergerste gegen Flugbrand (Ustilago nuda (Jens.) Rostr.). – Kulturpflanze *19*, 299–304.

– und – 1973: – 17. Fortgesetzte Prüfung von Sommergersten auf ihr Verhalten gegen Mehltau (Erysiphe graminis DC. f. sp. hordei Marchal). – Kulturpflanze *21*, 275–294.

– und – 1974: – 18. Prüfung von Sommergersten auf ihr Verhalten gegen Zwergrost (Puccinia hordei Otth). – Kulturpflanze *22*, 25–43.

– und – 1975: – 19. Prüfung von Sommergersten auf ihr Verhalten gegen Gelbrost, Puccinia striiformis West., Rasse 24. – Kulturpflanze *23*, 75–81.

– und – 1978: – 21. Prüfung von Weizen auf ihr Verhalten gegen Gelbrost (Puccinia striiformis West.) – Kulturpflanze *26*, 213–260.

–, – und A. Seidenfaden, 1976: – 20. Prüfung des Verhaltens von Gersten gegen Flugbrand, Ustilago nuda (Jens.) Rostr. – Kulturpflanze *24*, 237–247.

–, – und I. Simon, 1972: – 16. Prüfung von Weizen-Neuzugängen auf ihr Verhalten gegen Braunrost (Puccinia recondita Rob. ex Desm., syn. P. triticina Erikss.). – Kulturpflanze *20*, 173–190.

– und R. Mansfeld, 1955: – 1. Prüfung von Sommergersten auf ihr Verhalten gegen Erysiphe graminis DC. f. sp. hordei Marchal. – Kulturpflanze *3*, 105–113.

– und – 1956: – 2. Prüfung von Wintergersten auf ihr Verhalten gegen Erysiphe graminis DC. f. sp. hordei Marchal. – Kulturpflanze *4*, 341–349.

– und – 1959: – 3. Prüfung von Gersten auf ihr Verhalten gegen Zwergrost (Puccinia hordei Otth). – Kulturpflanze *7*, 29–36.

Perrino, P., and K. Hammer, 1983: Collection of land-races of cultivated plants in South Italy 1982. – Kulturpflanze *31*, 219–226.

Perrino, P. and K. Hammer 1985: Collection of land-races of cultivated plants in South Italy 1984. – Kulturpflanze *33*, 225–236.

–, – and P. Hanelt, 1981: Report of travels to South Italy 1981 for the collection of indigenous material of cultivated plants. – Kulturpflanze *29*, 433–442.

–, – and – 1984: Collection of land-races of cultivated plants in South Italy 1983. – Kulturpflanze *32*, 207–216.

–, – and Chr. O. Lehmann, 1982: Collection of land-races of cultivated plants in South Italy 1981. – Kulturpflanze *30*, 181–190.

–, G. B. Polignano, K. Hammer and Chr. O. Lehmann, 1984: Report on a travel to the Socialist People's Libyan Arab Jamahiriya 1983 for the collection of indigenous taxa of cultivated plants. – Kulturpflanze *32*, 197–206.

Pistrick, K., 1987: Untersuchungen zur Systematik der Gattung Raphanus L. – Kulturpflanze *35*, 225–321.

Porsche, W., Chr. O. Lehmann und K. Richter, 1979: Ergebnisse von Untersuchungen an proteinreichen Herkünften des Weizens (Triticum aestivum L.). – Tag.-Ber. Akad. Landwirtsch.-Wiss. DDR, Berlin, *175*, 81–86.

Proeseler, G., und Chr. O. Lehmann, 1986: Resistenzeigenschaften im Gersten- und Weizensortiment Gatersleben. 25. Prüfung von Gersten auf ihr Verhalten gegenüber Gerstengelbmosaik-Virus (barley yellow mosaic virus). – Kulturpflanze *34*, 241–248.

– und – 1987: – 26. Prüfung von Gersten auf ihr Verhalten gegenüber Gerstengelbmosaik-Virus (barley yellow mosaic virus). – Kulturpflanze *35*, 195–201.

Schultze-Motel, J. (Hrsg.), 1986: Rudolf Mansfelds Verzeichnis landwirtschaftlicher und gärtnerischer Kulturpflanzen (ohne Zierpflanzen). 2., neubearbeitete und wesentlich erweiterte Auflage, 4 Bände. – Berlin: Akad.-Verl.; Berlin (West), Heidelberg, New York: Springer. 1998 S.

Skadow, K., und Chr. O. Lehmann, 1974: Resistenzeigenschaften im Gemüsesortiment Gatersleben. 1. Prüfung von Gurken (Cucumis sativus L.) auf ihr Verhalten gegenüber der Eckigen Blattfleckenkrankheit (Pseudomonas lachrymans (Smith et Bryan) Carsner). – Kulturpflanze *22*, 181–187.

Valkoun, J., K. Hammer, D. Kučerová and P. Bartoš, 1985: Disease resistance in the genus Aegilops L. – stem rust, leaf rust, stipe rust, and powdery mildew. – Kulturpflanze *33*, 133–153.

Walther, U., und Chr. O. Lehmann, 1980: Resistenzeigenschaften im Gersten- und Weizensortiment Gatersleben. 24. Prüfung von Sommer- und Wintergersten auf ihr Verhalten gegenüber Zwergrost (Puccinia hordei Otth). – Kulturpflanze *28*, 227–238.

Index familiarum

Acanthaceae 78
Aizoaceae 37
Amaranthaceae 39
Apocynaceae 69
Araliaceae 67
Aristolochiaceae 40
Asclepiadaceae 70
Balsaminaceae 65
Basellaceae 37
Boraginaceae 70
Campanulaceae 78
Capparaceae 42
Caryophyllaceae 37
Chenopodiaceae 38
Commelinaceae 9
Compositae 78
Convolvulaceae 70
Crassulaceae 45
Cruciferae 42
Cucurbitaceae 66
Cyperaceae 36
Dipsacaceae 78
Euphorbiaceae 65
Gentianaceae 69
Geraniaceae 62
Gramineae 10
Guttiferae 40
Hydrophyllaceae 70
Iridaceae 9
Labiatae 70
Leguminosae 45
Liliaceae 9
Linaceae 62
Malvaceae 65
Martyniaceae 78
Moraceae 36
Nolanaceae 72
Nyctaginaceae 37
Onagraceae 67
Oxalidaceae 62
Papaveraceae 40
Phytolaccaceae 37
Plantaginaceae 78
Plumbaginaceae 69
Polemoniaceae 70
Polygonaceae 36
Portulacaceae 37
Primulaceae 69
Ranunculaceae 40
Resedaceae 45
Rosaceae 45
Rubiaceae 70
Rutaceae 65
Scrophulariaceae 77
Solanaceae 72
Sterculiaceae 66
Tiliaceae 65
Tropaeolaceae 62
Umbelliferae 68
Urticaceae 36
Valerianaceae 78
Verbenaceae 70
Violaceae 66
Zygophyllaceae 62

MONOCOTYLEDONEAE

Commelinaceae

Commelina communis L.

Liliaceae

Allium altaicum Pall.
Mongolische VR
Allium ampeloprasum L. s. l.
DDR (34)
Allium angulosum L.
DDR
Allium carinatum L.
ssp. **carinatum**
ČSSR (3)
Allium cepa L.
var. **aggregatum** G. Don
ČSSR (2)
DDR (52)
Italien (2)
Koreanische DVR
Kuba (3)
VR Polen
UdSSR (Georgische SSR) (12)
var. **cepa**
ČSSR
UdSSR (Georgische SSR) (3)
Allium farreri Stearn
Allium fistulosum L.
Ägypten
VR Bulgarien
VR China (5)
DDR
Koreanische DVR (3)
Mongolische VR (5)
UdSSR
UdSSR (Georgische SSR) (8)
Allium galanthum Kar. et Kir.
Allium ledebourianum R. et S.
Allium macrostemum Bge.
Allium montanum F. W. Schmidt
DDR
Allium nutans L.
UdSSR
Allium oleraceum L.
ČSSR (2)
Allium porrum L.
DDR (4)
UdSSR (Georgische SSR) (6)
Allium × proliferum (Moench) Schrad ex Willd.
DDR (126)
UdSSR (Georgische SSR)
Allium ramosum L.
VR China
Mongolische VR
Allium sativum L.
var. **ophioscorodon** (Link) Döll
ČSSR
Frankreich
SR Rumänien
var. **sativum**
VR China (2)
ČSSR (6)
DDR (35)
Italien (2)
Koreanische DVR (3)
Kuba (4)
UdSSR (6)
UdSSR (Georgische SSR) (65)
Allium schoenoprasum L.
f. **albiflorum** Döll
f. **schoenoprasum**
Mongolische VR
Allium scorodoprasum L.
ssp. **scorodoprasum**
ČSSR (4)
DDR (2)
Allium senescens L.
Allium tuberosum Rottler ex Spr.
VR China
Japan
Nepal
Allium vineale L.
ČSSR
Asparagus officinalis L.
Hemerocallis minor Mill.
Mongolische VR (2)

Iridaceae

Belamcanda chinensis (L.) DC.
Koreanische DVR
Iris ensata Thunb.
VR China (2)
Iris halophila Pall.
Mongolische VR

Iris hexagona Walt.
Iris lactea Pall. s. l.
Mongolische VR
Iris sibirica L.

Gramineae

Aegilops bicornis (Forssk.) Jaub. et Spach
var. **bicornis**
var. **mutica** (Aschers.) Eig
Libyen
Aegilops biuncialis Vis.
SFR Jugoslawien
Türkei
UdSSR (4)
var. **biuncialis**
SFR Jugoslawien
Libyen (8)
UdSSR (3)
var. **velutina** Zhuk.
Portugal
Aegilops columnaris Zhuk.
UdSSR (4)
var. **columnaris**
Iran
UdSSR
var. **glabriuscula** Eig
UdSSR
Aegilops comosa Sibth. et Sm.
ssp. **comosa**
ssp. **heldreichii** (Boiss.) Eig
Griechenland
Aegilops crassa Boiss.
Iran (2)
UdSSR (2)
ssp. **crassa**
Irak
Iran (2)
UdSSR (3)
var. **crassa**
UdSSR
ssp. **vavilovii** Zhuk.
UdSSR (6)
UdSSR (Mittelasien)
Aegilops cylindrica Host
Frankreich
Iran (2)
UdSSR (10)
Ungarische VR (4)
var. **aristulata** (Zhuk.) Tzvel.
VR Bulgarien
Frankreich (2)
UdSSR (2)
var. **pauciaristata** Eig
VR Bulgarien
Frankreich (2)
SR Rumänien (2)
UdSSR (15)
Ungarische VR
var. **prokhanovii** Tzvel.
UdSSR
Aegilops geniculata Roth
VR Bulgarien (4)
Frankreich (18)
Griechenland (4)
Italien (20)
SFR Jugoslawien (2)
Korsika (3)
Portugal (4)
Spanien (6)
ssp. **geniculata**
Belgien
Frankreich (7)
Griechenland (2)
Italien (3)
SFR Jugoslawien (2)
Portugal (3)
Spanien
UdSSR
ssp. **gibberosa** (Zhuk.) Hammer
Frankreich (10)
Griechenland (2)
Italien (4)
Korsika (2)
SFR Jugoslawien
Portugal (4)
Sardinien
Spanien
UdSSR
var. **latiaristata** (Lange) Hammer
Portugal
Ungarische VR (2)
Aegilops juvenalis (Thell.) Eig
UdSSR (2)
Aegilops kotşchyi Boiss.
UdSSR (2)
var. **hirta** Eig
UdSSR
var. **kotschyi**
UdSSR

var. **palaestina** Eig
Iran
Israel (2)
Aegilops longissima (Schweinf. et Muschl.) Eig
ssp. **longissima**
Israel (16)
ssp. **sharonensis** (Eig) Hammer
Israel (4)
var. **major** (Eig) Hammer
Israel (4)
var. **mutica** (Post) Hammer
Israel (2)
Aegilops markgrafii (Greuter) Hammer
Griechenland (4)
Türkei
var. **markgrafii**
Türkei
var. **polyathera** (Boiss.) Hammer
Türkei
Aegilops mutica Boiss.
var. **loliacea** (Jaub. et Sp.) Eig
UdSSR (2)
var. **mutica**
UdSSR (2)
Aegilops neglecta Req. ex Bertol.
Belgien
Frankreich
UdSSR
ssp. **neglecta**
Algerien
Frankreich
Portugal
UdSSR (3)
var. **neglecta**
UdSSR
ssp. **recta** (Zhuk.) Hammer
Frankreich (11)
Griechenland
Italien (5)
Portugal
Spanien (8)
Aegilops peregrina (Hackel) Maire et Weiller
ssp. **cylindrostachys** (Eig et Feinbrun) Hammer
var. **aristata** (Eig et Feinbrun) Hammer
Zypern
var. **brachyathera** (Boiss.) Hammer
Israel
ssp. **peregrina**
Libyen
var. **intermedia** (Eig et Feinbrun) Hammer
Israel (2)
var. **variabilis** (Eig) Hammer
Palästina
Aegilops searsii Feldman et Kislev ex Hammer
Israel
Syrien (3)
Aegilops speltoides Tausch
ssp. **ligustica** (Savign.) Zhuk.
Irak
Israel
Portugal
var. **ligustica** (Savign.) Bornm.
Israel (9)
Türkei (5)
ssp. **speltoides**
Irak (2)
Portugal
Türkei
var. **speltoides**
Israel (5)
Türkei (2)
f. **striata** (Zhuk.) Hammer
Aegilops tauschii Coss.
Afghanistan (8)
Iran (6)
UdSSR (110)
ssp. **strangulata** (Eig) Tzvel.
UdSSR
var. **meyeri** (Griseb.) Tzvel.
UdSSR
Aegilops triuncialis L.
VR Bulgarien
Frankreich (6)
Griechenland (3)
Iran
Italien
SFR Jugoslawien (2)
Portugal (3)
Spanien
Türkei
UdSSR (11)
ssp. **persica** (Boiss.) Zhuk.
var. **assyriaca** Eig
var. **persica** (Boiss.) Eig
Griechenland
Irak
Iran

ssp. **triuncalis**
Frankreich (3)
Italien
Portugal
UdSSR (3)
var. **constantinopolitana** Eig
Griechenland
Spanien
UdSSR
var. **flavescens** Popova
VR Bulgarien (3)
Frankreich (8)
Griechenland (4)
Italien (3)
Portugal (3)
Spanien (4)
UdSSR (Georgische SSR) (4)
var. **triuncialis**
Bulgarien (2)
Frankreich (4)
Griechenland
Iran
Portugal (2)
Spanien (2)
UdSSR (13)
Aegilops umbellulata Zhuk.
Türkei
UdSSR (2)
ssp. **transcaucasica** Dorof. et Migusch.
Türkei (4)
ssp. **umbellulata**
Iran
UdSSR (2)
var. **pilosa** Eig
Türkei
var. **umbellulata**
Türkei (4)
UdSSR
Aegilops uniaristata Vis.
Aegilops ventricosa Tausch
Libyen (5)
UdSSR
var. **truncata** (Coss. et Dur.) Eig
Libyen
var. **ventricosa**
Algerien
Frankreich
Libyen (3)
Spanien
var. **comosa** (Coss. et Dur.) Eig
Portugal

Agropyron aucheri Boiss.
Agropyron caninum (L.) P. Beauv.
Agropyron cristatum (L.) P. Beauv. s. l.
UdSSR
Agropyron desertorum (Fisch.) Schult.
Agropyron elongatiforme Dobrov
Agropyron elongatum (Host) P. Beauv.
Agropyron intermedium (Host) P. Beauv.
UdSSR (2)
Agropyron junceum (L.) P. Beauv.
Agropyron litorale Dum.
Agropyron pauciflorum (Schwein.) Hitchc.
Agropyron pectiniforme Roem. et Schult.
Agropyron repens (L.) P. Beauv.
var. **scabriglume** Hack.
Agropyron scabriglume (Steud.) Parodi
Agropyron sibiricum (Willd.) P. Beauv.
Agropyron trachycaulum (Link) Malte
Agropyron trichophorum (Link) Richter
Agropyron ugamicum Dobrov
Agrostis canina L.
Agrostis gigantea Roth
Agrostis stolonifera L.
Agrostis tenuis Sibth.
ČSSR
Alopecurus aequalis Sobol.
Alopecurus bulbosus Gouan
Alopecurus geniculatus L.
Alopecurus myosuroides Huds.
Alopecurus pratensis L.
Alopecurus ventricosus Pers.
Iran
Aneurolepidium angustum (Trin.) Nevski
Mongolische VR
Anthoxanthum odoratum L.
Arrhenatherum elatius (L.) J. et C. Presl
Frankreich
VR Polen
Arrhenatherum parlatorei (Woods) Potztal

Arrhenatherum thorei Desm.
Avena abyssinica Hochst.
Avena barbata Pott ex Link
ssp. **barbata**; A. strigosa ssp. barbata (Pott) Thell.
Äthiopien
Balkan (2)
Israel (5)
Italien (4)
Kanarische Inseln (4)
Libyen
Portugal (2)
Spanien
Zypern
Avena brevis Roth
Spanien
Avena byzantina C. Koch
ssp. **byzantina**; A. sterilis ssp. byzantina (Koch) Thell.
Anatolien (3)
Äthiopien (3)
Balkan (28)
ČSSR (6)
Frankreich (2)
Indien (2)
Italien (77 + 2 H)
Iran (5)
Kreta (7)
Libyen (5)
Peloponnes (19)
Portugal
Spanien (15)
UdSSR (2)
Uruguay
USA
Avena fatua L.
ssp. **fatua**; A. fatua L. s. str.
VR Albanien
Anatolien (2)
Äthiopien (2)
Belgien
ČSSR (46)
DDR
Italien (4)
Kanada (2)
Libyen
Peloponnes (6)
VR Polen (11)
Türkei
UdSSR (2)
USA

Avena hybrida Peterm.
ČSSR
Avena longiglumis Dur.
Israel
Marokko
Avena nuda L.
Avena sativa L.; A. fatua ssp. sativa Thell., ssp. macrantha Malz., ssp. nodipilosa Malz., ssp. praegravis Malz.
var. **aristata** Krause
Äthiopien (4)
ČSSR (72)
Italien (6 + 1 H)
Mongolische VR (2)
VR Polen (9)
Portugal (2)
SR Rumänien
Spanien (2)
Türkei
var. **aurea** Körn.
Balkan (18)
VR Bulgarien
ČSSR (294)
Hindukusch
Italien (3)
Japan
SFR Jugoslawien (2)
Kreta (3)
Mongolische VR (2)
Österreich (2)
VR Polen (28)
SR Rumänien (6)
Spanien (2)
UdSSR
var. **borealis** Petrop.
ČSSR
var. **brachytricha** Thell.
Indien
var. **brunnea** Körn.
Australien
ČSSR (7)
Frankreich
Indien
Italien (2)
Japan
Libyen (4)
VR Polen
SR Rumänien
Türkei
var. **chinensis** (Fisch.) Döll

var. **cinerea** Körn.
Äthiopien
VR Bulgarien
ČSSR (14)
Frankreich (3)
Italien (17+1 H)
SFR Jugoslawien
VR Polen
Spanien (5)
UdSSR (Georgische SSR)
var. **eligulata** Vav.
var. **flava** Körn.
ČSSR (36)
VR Polen
var. **grisea** Körn.
Anatolien
Balkan
VR Bulgarien
ČSSR (7)
Frankreich
Italien (9)
VR Polen (4)
UdSSR (2)
UdSSR (Krim)
USA
var. **inermis** Körn.
VR China
USA
var. **krausei** Körn.
ČSSR (28)
Hindukusch (2)
Iran
Peloponnes (2)
VR Polen (3)
SR Rumänien
Türkei
var. **ligulata** Vav.
var. **macrantha** (Hackel) Malz.
Peloponnes
Portugal
var. **montana** Alef.
ČSSR (4)
Hindukusch (2)
Indien
Iran
Italien (3)
Uruguay
var. **mutica** Alef.
Balkan (10)
VR Bulgarien (6)
ČSSR (148)
Hindukusch
Italien (2)
SFR Jugoslawien (12)
Mongolische VR (5)
Österreich
VR Polen (18)
SR Rumänien (5)
Türkei (5)
UdSSR
UdSSR (Georgische SSR) (5)
UdSSR (Moldauische SSR)
Uruguay
var. **nigra** Krause
ČSSR (18)
VR Polen (7)
Portugal
var. **obtusata** Alef.
ČSSR (51)
VR Polen (3)
var. **pilosa** (Koeler) Tab.-Mor.
Anatolien (2)
Balkan
Iran
Italien
var. **pugnax** Alef.
var. **subuniflora** (Trab.) Tab.-Mor.
Portugal (2)
var. **tatarica** Ard.
ČSSR (2)
var. **tristis** Alef.
ČSSR (2)
UdSSR (Tadžikische SSR)

Avena sativa L. Fatuoid
ČSSR

Avena sterilis L. s. l.
ssp. **cinnamomea** Mordv.
Iran
ssp. **ludoviciana** (Dur.) Gillet et Magne
Frankreich
Italien (3)
Libyen (4)
Spanien
UdSSR (Georgische SSR) (4)
UdSSR (Tadžikische SSR)
UdSSR (Krim)
ssp. **sterilis**; A. sterilis ssp. macrocarpa (Moench) Briq.; A. sterilis L. s. str.
Äthiopien
England
Italien (6)

Avena strigosa Schreb.
Äthiopien (3)
ČSSR (7)
BRD (2)
Kanarische Inseln
VR Polen (4)
Spanien (4)
UdSSR
USA (2)
Avenochloa albinervis (Boiss.) Holub
Avenochloa planiculmis (Schrad.) Holub
Avenochloa pratensis (L.) Holub
Avenochloa pubescens (Huds.) Holub
Mongolische VR
Avenochloa sulcata (Gay) Holub
Beckmannia erucaeformis (L.) Host
Beckmannia syzigachne (Steud.) Fernald
Bothriochloa ischaemum (L.) Keng
Brachypodium distachyon (L.) Roem. et Schult.
Iran (2)
Brachypodium pinnatum (L.) P. Beauv.
Brachypodium silvaticum (Huds.) P. Beauv.
Briza media L.
Bromus aleutensis Trin.
Bromus arvensis L.
Bromus catharticus Vahl
Bromus erectus Huds.
var. **erectus**
var. **hackelii** Borbás
Bromus inermis Leyss.
VR China (2)
Mongolische VR
Bromus japonicus Thunb.
Iran (4)
Bromus macrostachys Desf.
Bromus madritensis L.
Iran (2)
Bromus mollis L.
Bromus racemosus L.
Bromus rubens L.
Kanarische Inseln
Bromus secalinus L.
ČSSR (8)
VR Polen (3)
UdSSR (Georgische SSR)
Bromus sterilis L.
UdSSR (Armenische SSR)
Bromus tectorum L.
Libyen
Bromus villosus Forsk.
Calamagrostis arundinacea (L.) Roth
Calamagrostis epigeios (L.) Roth
Cenchrus echinatus L.
Cenchrus tribuloides L.
Chrysopogon gryllus (Torner) Trin.
Clinelymus dahuricus (Turcz.) Nevski
Mongolische VR
Coix lacryma-jobi L.
Corynephorus canescens (L.) P. Beauv.
Cynodon dactylon (L.) Pers.
Dactylis glomerata L.
Algerien
ssp. **glomerata**
ssp. **hispanica** (Roth) Nym.
Dactylis polygama Horvat
Dactylis smithii Link
Dactylis woronowii Ovcz.
Dasypyrum villosum (L.) Borb.
VR Bulgarien
Italien (3)
Deschampsia caespitosa (L.) P. Beauv.
Digitaria sanguinalis (L.) Scop.
ssp. **aegyptiaca** (Retz.) Henr.
var. **frumentaceae** Henr.
VR Polen
Echinochloa colona (L.) Link
Echinochloa crus-galli (L.) P. Beauv.
ČSSR
UdSSR (Kuban Gebiet)
var. **mitis** (Pursh) Peterm.
Echinochloa frumentacea Link
VR China (3)
Ehrharta calycina Sm.
Eleusine coracan (L.) Gaertn.
Eleusine indica (L.) Gaertn.
Eleusine tristachya Lam.
Elymus canadensis L.
Elymus caput-medusae L.
Elymus glaucus Buckl.
Elymus sibiricus L.
Eragrostis curvula (Schrad.) Nees
Eragrostis pilosa (L.) P. Beauv.

Eragrostis poaeoides P. Beauv.
Eragrostis tef (Zucc.) Trott.
Äthiopien (2)
Eremopyrum bonaepartis (Spreng.) Nevski
Iran (3)
UdSSR
Eremopyrum hirsutum (Bertol.) Nevski
Iran
Eremopyrum orientale (L.) Jaub. et Spach
Festuca arundinacea Schreb.
Festuca cinerea Vill.
Festuca gigantea (L.) Vill.
Festuca heterophylla Lam.
Festuca pratensis Huds.
Festuca rubra L.
Finnland
Norwegen
Schweden
Festuca rupicola Heufel
Festuca stricta Host
Festuca tenuifolia Sibth.
Festuca trachyphylla (Hack.) Kraj.
Festuca tuberculosa Coss. et Dur.
Festuca valesiaca Schleich.
Festuca varia Haenke
ssp. **brachystachys** (Hack.) Hegi
Haynaldotricum hungaricum Hyl.
Holcus lanatus L.
Hordelymus europaeus (L.) Jessen ex Harz
Hordeum agriocrithon Åberg
var. **agriocrithon**; var. eu-agriocrithon Åberg
China
Israel (3)
Tibet (8)
var. **dawoense** Åberg
Tibet (9)
var. **paradoxon** Schiem.
Hordeum bogdanii Wilensky
Hordeum brevisubulatum (Trin.) Link
VR China
Hordeum bulbosum L.
ssp. **bulbosum**
Israel
Italien (2)
Libyen
Schweden
ssp. **bulbosum**
Türkei (3)
UdSSR (Armenische SSR) (5)
UdSSR (Georgische SSR) (2)
UdSSR (Mittelasien)
UdSSR (Tadžikische SSR) (2)
ssp. **nodosum** (L.) Baum
Hordeum jubatum L.; Critesion jubatum (L.) Nevski
Hordeum × lagunculiforme (Bacht.) Bacht. ex Nikif.
Israel
UdSSR (Turkmenische SSR) (37)
Hordeum marinum Huds.
ssp. **gussoneanum** (Parl.) Thell.
Iran
Italien (2)
Ungarische VR
ssp. **marinum**
Iran
Italien
Hordeum murinum L.
Kanarische Inseln
ssp. **leporinum** (Link) Arcang.
VR Bulgarien
Frankreich
Italien
ssp. **murinum**
Hordeum secalinum Schreb.
Frankreich
Hordeum spontaneum Koch
var. **bacterianum** Vav.
UdSSR (Turkmenische SSR) (5)
var. **ischnatherum** (Coss.) Thell.
Iran (3)
Libyen (4)
Marokko
UdSSR (Turkmenische SSR) (13)
UdSSR (Uzbekische SSR)
Zypern
var. **spontaneum**
Iran (12)
Israel (12)
Libyen
Marokko
UdSSR (Turkmenische SSR) (13)
var. **transcaspicum** Vav.
UdSSR (Turkmenische SSR) (10)
UdSSR (Uzbekische SSR) (2)

Hordeum spontaneum Koch × **Hordeum vulgare** L. convar. **distichon** Alef.
UdSSR (Turkmenische SSR) (3)
Hordeum turkestanicum Nevski
Hordeum violaceum Boiss. et Huet.
Hordeum vulgare L.
convar. **deficiens** (Steud.) Mansf.; H. deficiens Steud.
var. **abyssinicum** (Sér.) Körn.
Äthiopien (41)
UdSSR (Ukrainische SSR)
var. **africanum** (Vav.) Mansf.
Äthiopien (14)
var. **asmaricum** (Orl.) Mansf.
Äthiopien (6)
var. **atterbergianum** (Regel) Mansf.
UdSSR (Ukrainische SSR)
var. **copticum** (Vav.) Mansf.
Äthiopien (7)
var. **daghestanicum** (Vav. et Orl.) Mansf.
Äthiopien (2)
Libyen
var. **decorticatum** Körn.
ČSSR
var. **deficiens**
Äthiopien (288)
Irak
Jemen
UdSSR
var. **glabrideficiens** (Vav.) Mansf.
var. **hochstetteri** Mansf.
var. **macrolepis** (A. Br.) Körn.
Äthiopien (15)
UdSSR
var **nudideficiens** Körn
Äthiopien (5)
Libyen
var. **pseudoabyssinicum** (Körn.) Mansf.
Äthiopien (2)
var. **rehmii** Körn.
var. **séringei** Körn.
Äthiopien
var. **steudelii** Körn.
Äthiopien (129)
var. **subdecussatum** Körn.
var. **subdupliatrum** Körn.
var. **subinerme** Körn.
Äthiopien (3)
var. **sublaxum** (Körn.) Mansf.
var. **triceros** Körn.
Äthiopien
var. **tridax** Körn.
Äthiopien
var. **zeocrithideficiens** (Vav.) Mansf.
Äthiopien (2)
convar. **distichon** (L.) Alef. s. l.; H. distichon L.
var. **angustispicatum** Körn.
Äthiopien
Nepal (2)
var. **braunii** Körn.
Äthiopien (3)
var. **breve** Alef.; var. zeocrithum Körn.
England (1 H)
var. **brunneinudum** (Vav. et Orl.) Mansf.
Äthiopien (5)
VR Polen
var. **contractum** Körn.
Äthiopien
var. **dubium** (Körn.) Mansf.
Syrien
var. **duplialbum** Körn.
Äthiopien (11)
var. **dupliatrum** Körn.
Äthiopien (4)
var. **erectum** (Rode) Alef.
Anatolien (1 + 2 H)
Äthiopien (13)
ČSSR
Kreta
Österreich
Schweden
Tunesien (1 H)
USA
UdSSR (2)
var. **freislebenii** Mansf.
Hindukusch
Indien
var. **glabrierectum** (Vav.) Mansf.
Äthiopien
VR China
var. **griseinudum** (Vav. et Orl.) Mansf.
Äthiopien (6)
Hindukusch
Indien
VR Polen (2)

var. **griseinudum** (Vav. et Orl.)
Tibet
var. **gustafssonii** Mansf.
var. **gymnocrithum** Körn.
var. **hypianthinum** Körn.
Äthiopien (5)
Irak
Türkei
UdSSR
UdSSR (Georgische SSR)
var. **inerme** Körn.
var. **medicum** Körn.
Anatolien (4+1 H)
Äthiopien (4)
Hindukusch (2)
Irak
Iran (14)
SFR Jugoslawien
Kreta (2)
VR Polen
Türkei (40)
UdSSR (Georgische SSR) (3)
USA
var. **melanocrithum** Körn.
var. **neogenes** Körn.
Äthiopien (12)
Tibet
var. **nigrescens** Körn.
Anatolien (10+4 H)
Äthiopien (11)
Hindukusch (2+1 H)
Irak (12)
Iran (7)
Türkei (9)
var. **nigricans** Sér.
Äthiopien (12)
Iran
VR China
var. **nigrinudum** (Vav.) Mansf.
Äthiopien (15)
Irak
UdSSR
var. **nudidubium** (Körn.) Mansf.
var. **nudifurcatum** (Reg.) Mansf.
Äthiopien
UdSSR (Gebiet Leningrad) (2)
var. **nudum** (L.) Alef.
Äthiopien (37)
Australien
ČSSR (9)
Hindukusch (2)
Iran (10)

var. **nudum** (L.) Alef.
Iralien (1+1 H)
Japan
Mongolische VR
Nepal
Österreich
VR Polen (3)
UdSSR (Turkmenische SSR) (2)
UdSSR (Dagestanische ASSR) (4)
UdSSR (Gebiet Dnepropetrovsk)
var. **nutans** (Rode) Alef.
Afghanistan (1+1 H)
Ägypten
Algerien (2)
Anatolien (139+78 H)
Äthiopien (123)
Australien
Balkan (25)
Bolivien (2)
VR China
ČSSR (168)
Ekuador (2)
Finnland
Frankreich
Hindukusch (7)
Indien (4)
Irak (4)
Iran (38)
Italien (6)
Japan (1+1 H)
Jemen
SFR Jugoslawien
Kleinasien
Kreta (3)
Libanon
Libyen (9)
Marokko
Mongolische VR (7)
Nepal (3+1 H)
Österreich (20)
Pakistan
Peloponnes (4)
VR Polen (50)
SR Rumänien (12)
Schweden (7)
Spanien
Syrien
Tibet
Türkei (168+1 H)

var. **nutans** (Rode) Alef.
UdSSR (4+10 H)
UdSSR (Armenische SSR) (3)
UdSSR (Georgische SSR) (15+3 H)
UdSSR (Litauische SSR)
UdSSR (Gebiet Charkov)
UdSSR (Kaukasus)
UdSSR (Gebiet Odessa)
UdSSR (Gebiet Zakarpatsk) (1 H)
Ungarische VR (4)
Uruguay
USA
var. **persicum** Körn.
Irak (2)
Iran (2)
var. **subnutans** (Orl.) Mansf.
Äthiopien (3)
Indien
var. **syriacum** (Vav. et Orl.) Mansf.
UdSSR
var. **viride** (Vav. et Orl.) Mansf.
Äthiopien (17)
Australien
Mittelamerika (3)
VR Polen (5)
Tibet
Türkei
UdSSR (2)
UdSSR (Dagestanische ASSR)
convar. **intermedium** (Körn.) Mansf.
var. **abergii** hort.
Tibet (2)
var. **atratum** (Vav. et Orl.) Mansf.
Äthiopien
VR China
Nepal (3)
var. **atterbergii** Körn.
Äthiopien (31)
Libyen (2)
Nepal
Pakistan
Spanien
Zentralasien
var. **cornutum** Schrad.
Äthiopien
Nepal (5+2 H)
var. **gymnanomalum** Körn.
Nepal (11+7 H)
var. **harlani** (Vav. et Orl.) Mansf.
Indien
Nepal (24+4 H)
var. **haxtoni** Körn.
Äthiopien
Nepal (6)
var. **japonicum** (Vav. et Orl.) Mansf.
Nepal (3+1 H)
var. **mortoni** (Körn.) Mansf.
Äthiopien (3)
var. **nipponicum** (Vav. et Orl.) Mansf.
var. **nudihaxtoni** (Körn.) Mansf.
Nepal (10+2 H)
var. **nudijaponicum** (Vac. et Orl.) Mansf.
Nepal
var. **nudinipponicum** (Vav. et Orl.) Mansf.
Nepal (2)
var. **nuditransiens** (Körn.) Mansf.
Nepal (2+6 H)
var. **pavoninum** (Körn.) Mansf.
Korea (1 H)
var. **sikangense** Åberg
Indien
Zentralasien
var. **subaethiops** (Körn.) Mansf.
var. **subatterbergii** (Körn.) Mansf.
Äthiopien
var. **subcornutum** (Körn.) Mansf.
Nepal (1 H)
var. **subhaxtoni** (Körn.) Mansf.
Äthiopien (2)
Nepal
Zentralasien
var. **transiens** Körn.
Nepal (1 H)
var. **viridihaxtoni** hort.
Nepal (1 H)
convar. **labile** (Schiem.) Mansf.
Äthiopien (89)
convar. **vulgare**; H. vulgare L. s. str.; convar. hexastichon Alef. s. l.
var. **acachicum** Giess., Hoffm. et Schottenl.
Äthiopien (10)
var. **addisabebae** (Vav. et Orl.) Mansf.
Äthiopien

var. **aethiops** Körn.
var. **afghanicum** Vav.
var. **ankoberense** (Vav. et Orl.) Mansf.
Äthiopien
Nepal (2)
Tibet
var. **asiaticoides** Mansf.
Tibet
var. **asiaticum** (Vav.) Mansf.
Hindukusch
Japan
Tibet (11)
var. **atrispicatum** Körn.
Äthiopien
var. **atroviolaceum** Mansf.
Äthiopien
Nepal
Tibet (20)
var. **atrum** Körn.
Peru (2)
var. **brachyatherum** Körn.
var. **breviaristatum** (Vav.) Mansf.
Äthiopien (2)
Indien
USA (3)
var. **brevisetum** R. Regel
Japan (5)
var. **chalunicum** (Vav. et Orl.) Mansf.
Nepal (1 H)
var. **chinense** (Vav. et Orl.) Mansf.
var. **coeleste** L.
Afghanistan (4)
Äthiopien (67)
VR China (5)
ČSSR (2)
Hindukusch (4)
Indien (53)
Italien
Japan
Koreanische DVR (2 H)
Libyen (2)
Mongolische VR (4)
Nepal (37+1 H)
Österreich (2)
Pakistan (71)
VR Polen
Schweiz
Tibet (36)
UdSSR (Turkmenische SSR)
USA
var. **coerulescens** Sér.
Äthiopien (59)
Irak (4)
UdSSR (Georgische SSR)
var. **compactum** Körn.
Frankreich
var. **crispicapillum** Körn.
var. **crispum** Körn.
Äthiopien
var. **densum** Sér.
Anatolien
Äthiopien (18)
Balkan (2)
VR China
Hindukusch (6)
Iran (7)
Italien (4)
Japan (2)
Kanada (1 H)
Nepal (1+4 H)
Peloponnes (1+1 H)
Spanien
Türkei (2)
UdSSR (1+1 H)
UdSSR (Turkmenische SSR) (2 H)
var. **dundarbeyi** Zhuk.
Japan
UdSSR
var. **duplinigrum** (Körn.) Mansf.
Äthiopien (23)
var. **eurylepis** Körn.
Äthiopien
var. **glabriparallelum** (Orl.) Mansf.
Italien (1 H)
var. **glabripyramidatum** Vav.
var. **gracilius** Körn.
Äthiopien (6)
var. **hangaicum** (Vav. et Orl.) Mansf.
VR China (2+1 H)
var. **himalayense** (Ritt.) Körn.
Äthiopien (32)
Hindukusch (4)
Indien (48)
Mongolische VR (4)
Nepal (2)
Pakistan (30)
Tibet (52)
UdSSR (Tadžikische SSR)
Zentralasien (4)

var. **horsfordianum** Wittm.
Äthiopien (6)
Libyen
Nepal
Peru
UdSSR (Gebiet Leningrad)
var. **hybernum** Vib.
subvar. **chitralicum** Freisl.
Hindukusch (3)
subvar. **hybernum**
Afghanistan (2 + 10 H)
Algerien (8 + 5 H)
Anatolien (254 + 74 H)
Ägypten (1 + 1 H)
Äthiopien (941)
Australien
Balkan (139 + 36 H)
Bolivien (8)
VR Bulgarien (37)
VR China (13)
ČSSR (3)
Ekuador (3)
Frankreich (4 + 2 H)
Hindukusch (90 + 4 H)
Indien (72 + 10 H)
Irak (7 + 1 H)
Iran (33 + 1 H)
Italien (75 + 37 H)
Japan (1 + 2 H)
Jemen
SFR Jugoslawien (1 + 6 H)
Kanada (6 H)
Kanarische Inseln (Teneriffa) (7)
Kleinasien (3)
Kolumbien (3)
Kreta (35 + 2 H)
Libyen (100)
Marokko (13)
Mexiko (2 H)
Mittelamerika (6)
Mongolische VR (6)
Nepal (71 + 24 H)
Österreich (11 + 1 H)
Pakistan (95)
Peloponnes (34 + 25 H)
Peru (3)
VR Polen (8 + 3 H)
Portugal
SR Rumänien (1 + 1 H)
Schweden
Spanien (19 + 6 H)

subvar. **hybernum**
Tibet (2)
Tunesien (7)
Türkei (10 + 31 H)
UdSSR (4 + 3 H)
UdSSR (Armenische SSR) (6 H)
UdSSR (Azerbajdžanische SSR) (2 H)
UdSSR (Georgische SSR) (2 + 4 H)
UdSSR (Turkmenische SSR) (17 H)
UdSSR (Ukrainische SSR) (1 + 1 H)
UdSSR (Uzbekische SSR) (5 H)
UdSSR (Dagestanische ASSR) (5 H)
UdSSR (Kabardino-Balkanische ASSR) (18 H)
UdSSR (Nachičevanische ASSR (1 H)
UdSSR (Nordossetische ASSR) (1 H)
UdSSR (Gebiet Dnepropetrovsk) (11 H)
UdSSR (Gebiet Grosny) (3 H)
UdSSR (Gebiet Krasnodar) (25 H)
UdSSR (Gebiet Odessa) (11 H)
UdSSR (Gebiet Poltava) (1 H)
UdSSR (Gebiet Rostov) (4 H)
UdSSR (Gebiet Stanislavsk) (2 H)
UdSSR (Gebiet Stavropol) (61 H)
UdSSR (Gebiet Ternopol) (2 H)
UdSSR (Gebiet Zakarpatsk) (13 H)
UdSSR (Krim) (8 H)
UdSSR (Westkarpaten) (1 H)
USA (11 + 1 H)
var. **hypatherum** (Vav. et Orl.) Mansf.
VR China
Indien
Koreanische DVR (1 H)
Nepal (6 + 5 H)
UdSSR (1 H)
var. **ibericum** (Vav. et Orl.) Mansf.
Äthiopien (3)
Spanien

var. **kobdicum** (Vav. et Orl.) Mansf.
Tibet
var. **latiglumatum** Körn.
Äthiopien
var. **leiorrhynchum** Körn.
var. **mongolicum** (Vav. et Orl.) Mansf.
Mongolische VR (3)
Nepal (1 H)
Tibet (2)
var. **nanum** (Vav. et Orl.) Mansf.
var. **nigripallidum** R. Regel
Anatolien (3 + 1 H)
Äthiopien (170)
Balkan
VR Bulgarien
Irak (8 + 3 H)
Nepal (4)
UdSSR (1 H)
UdSSR (Azerbajdžanische SSR) (1 H)
UdSSR (Georgische SSR) (2 H)
var. **nigriparallelum** Giess., Hoffm. et Schottenl.
Äthiopien
var. **nigrum** (Willd.) Link
Äthiopien (72)
Bolivien
Iran
Tibet
Türkei (1 H)
UdSSR (2 H)
var. **nudipyramidatum** Körn.
Äthiopien (3)
VR China (2)
Japan
Nepal (1 + 1 H)
UdSSR (Tadžikische SSR)
USA
var. **nudischimperianum** hort.
Weihenstephan
VR China
var. **nuditonsum** (Körn.) Mansf.
var. **parallelum** Körn.
Ägypten
Anatolien (7 + 1 H)
Argentinien (1 H)
Äthiopien (65)
Balkan (3 + 1 H)
Hindukusch (5)
Indien (2)
Irak (2 H)

var. **parallelum** Körn.
Iran
Italien (6)
Japan (2)
Kanada (2 H)
Koreanische DVR
Kreta (10)
Libyen (14)
Nepal (1 + 2 H)
Peloponnes (4)
Spanien
Tibet (2)
Türkei (2 H)
UdSSR (1 H)
UdSSR (Ukrainische SSR)
USA
var. **platylepis** Körn.
Frankreich
var. **revelatum** Körn.
Äthiopien (14)
VR China (1 H)
Indien (2)
Japan
Mongolische VR (3)
Pakistan
Nepal (2)
Tibet
var. **rikotense** R. Regel
Afghanistan
Äthiopien (14)
ČSSR (2)
Hindukusch
Italien
Libyen (3)
VR Polen (2)
UdSSR
USA (5 + 1 H)
var. **schimperianum** Körn.
Äthiopien (3)
var. **subnudipyramidatum** (Orl.) Mansf.
var. **subparallelum** (Orl.) Mansf.
VR China (1 + 1 H)
Hindukusch
var. **subpyramidatum** (Orl.) Mansf.
VR China
Hindukusch
Japan (2)
var. **subviolaceum** Körn.
Äthiopien (169)
Libyen (4)

var. **subviolaceum** Körn.
UdSSR (Georgische SSR) (7)
USA
var. **tibetanum** (Vav. et Orl.) Mansf.
Mongolische VR
Nepal (2+1 H)
Tibet (7)
var. **tonsum** (Körn.) Mansf.
var. **trifurcatum** (Schlecht.) Wender.
Äthiopien
VR China
Indien
Japan
Nepal (9+1 H)
Peru
Tibet (11)
var. **urgaicum** (Vav. et Orl.) Mansf.
Mongolische VR
Tibet
var. **violaceum** Körn.
Äthiopien (4)
VR China
Frankreich
Griechenland
Indien (3)
Japan
Libyen
Nepal (3)
Tibet (26)
Koeleria glauca (Schkuhr) DC.
Koeleria macrantha (Ledeb.) Schult.
Koeleria pyramidata (Lam.) P. Beauv.
Koeleria vallesiana (Honck.) Gaudin
Lagurus ovatus L.
Lamarckia aurea (L.) Moench
Leymus arenarius (L.) Hochst.
Leymus mollis (Trin.) Hara
UdSSR
Leymus racemosus (Lam.) Tzvel.
Lolium multiflorum Lam.
VR Bulgarien
Kanarische Inseln
Libyen (2)
ssp. **italicum** (A. Br.) Volkart ex Schinz et Kell.
VR Polen
ssp. **multiflorum**
Lolium perenne L.
Iran
Lolium persicum Boiss. et Hoh.
Iran
Lolium remotum Schrank
var. **remotum**
Lolium rigidum Gaud.
Iran (4)
Lolium temulentum L.
ČSSR (15)
Irak
Italien (11)
Libyen
VR Polen
UdSSR (Georgische SSR)
var. **macrochaeton** A. Br.
Balkan
Melica altissima L.
Melica ciliata L.
Melica nutans L.
Melica picta Koch
Melica transsilvanica Schur
Nardus stricta L.
Panicum capillare L.
Panicum maximum Jacq.
Panicum miliaceum L.
convar. **compactum** Körn.
var. **astrachanicum** Vav.
Anatolien
var. **bolarium** Arn.
VR China (3)
var. **dacicum** Körn.
var. **metzgeri** Körn.
var. **rubellum** Körn.
convar. **contractum** Alef.
ČSSR (2)
var. **album** Alef.
var. **atrocastaneum** Btl.
VR China (2)
VR Polen (2)
var. **atrum** Körn.
VR China
VR Polen
var. **aureum** Alef.
VR Polen (4)
var. **cremeum** Arn.
var. **griseum** Körn.
var. **luteum** Körn.
var. **ravum** Arn.
VR China
var. **sanguineum** Alef.
VR China

var. **subluteum** Sir.
var. **subravum** Arn.
VR China
var. **subsanguineum** Körn.
VR China
convar. **miliaceum**; convar. effusum Alef.
var. **badium** Körn.
VR Polen
var. **cinereum** Alef.
VR China
VR Polen (4)
UdSSR (Georgische SSR)
var. **coccineum** Körn.
var. **fulvastrum** Sbn.
VR Polen
var. **laetum** Körn.
UdSSR (Georgische SSR)
var. **miliaceum**
var. **nigrum** Körn.
Panicum spontaneum Lyssev
Pennisetum americanum (L.) Leeke
Libyen (2)
Phalaris arundinacea L.
Phalaris bulbosa L.
Phalaris canariensis L.
ČSSR
Italien (3)
Libyen
Phalaris coerulescens Desf.
Phalaris minor Retz.
Phalaris paradoxa L.
var. **paradoxa**
var. **praemorsa** Coss. et Dur.
Phleum paniculatum Huds.
Phleum phleoides (L.) Karst.
Phleum pratense L.
ssp. **pratense**
VR Polen
ssp. **nodosum** (L.) Trabut
Poa alpina L.
Poa ampla Merr.
Poa angustifolia L.
Poa annua L.
Kanarische Inseln
var. **reptans** Hausskn.
Poa badensis Haenke
Poa bulbosa L.
var. **vivipara** Koel.
Poa caesia Smith
Poa chaixii Vill.
Poa compressa L.
Poa nemoralis L.
Poa palustris L.
Poa pratensis L.
Poa trivialis L.
Finnland
Polypogon monspeliensis (L.) Desf.
Psathyrostachys juncea (Fisch.) Nevski
Mongolische VR
Puccinellia distans (Jacq.) Parl.
Secale cereale L.
ssp. **afghanicum** (Vav.) Hammer
Afghanistan (13 H)
UdSSR (Armenische SSR)
ssp. **ancestrale** Zhuk.
Türkei (3 H)
UdSSR (2 H)
ssp. **cereale**
ČSSR (1 + 24 H)
Italien (3 + 2 H)
Österreich
Spanien
UdSSR (2 + 11 H)
var. **multicaule** Metzg.
ssp. **dighoricum** Vav.
UdSSR
UdSSR (Dagestanische ASSR) (1 H)
ssp. **segetale** Zhuk.
Türkei (15 H)
UdSSR (2 H)
UdSSR (Armenische SSR) (1 H)
UdSSR (Azerbajdžanische SSR) (1 + 1 H)
UdSSR (Dagestanische ASSR) (2 H)
UdSSR (Georgische SSR) (1 H)
UdSSR (Nachičevanische ASSR) (2 H)
Secale strictum (Presl) Presl
ssp. **anatolicum** (Boiss.) Hammer
Türkei (1 H)
ssp. **kuprijanovii** (Grossh.) Hammer
UdSSR (8 H)
UdSSR (Armenische SSR) (2 H)
UdSSR (Azerbajdžanische SSR) (1 H)
UdSSR (Gebiet Krasnodar) (1 H)

ssp. **kuprijanovii** (Grossh.) Hammer
UdSSR (Gebiet Stavropol) (1 H)
ssp. **strictum**; S. montanum Guss.
VR Bulgarien (1 H)
Frankreich (1 H)
Italien (21 H)
Secale sylvestre Host
VR Polen (1 H)
SR Rumänien (2 H)
UdSSR (Azerbajdžanische SSR) (2 H)
UdSSR (Dagestanische ASSR) (2 H)
UdSSR (Turkmenische SSR) (2 H)
Ungarische VR (5 H)
Sesleria coerulea (L.) Ard.
Setaria glauca (L.) P. Beauv.
Setaria italica (L.) P. Beauv.
ČSSR (2)
UdSSR (Georgische SSR) (8)
convar. **italica**; convar. maxima (Alef.) Körn.
VR China (15)
ČSSR (2)
Korsika (2)
UdSSR (Georgische SSR)
convar. **moharia** (Alef.) Körn.
Setaria verticillata (L.) P. Beauv.
Setaria viridis (L.) P. Beauv.
Sorghum almum Parodi
Sorghum bicolor (L.) Moench s. l.
VR China
Koreanische DVR (2)
Libyen (5)
UdSSR (Georgische SSR) (3)
Sorghum caffrorum P. Beauv.
Sorghum cernuum (Ard.) Host
Sorghum durra (Forssk.) Stapf
Sorghum nervosum Bess. ex Schult.
VR China (7)
Sorghum saccharatum (L. em L.) Moench
convar. **saccharatum**
Balkan (2)
VR China (3)
convar. **technicum** (Körn.) Tzvel.
Italien
Stipa capillata L.
DDR
Mongolische VR
Stipa stenophylla Czern.
Stipa tenacissima L.
Stipa viridula Trin.
Taeniatherum caput-medusae (L.) Nevski
Libyen
Tripsacum dactyloides (L.) L.
Trisetum flavescens (L.) P. Beauv.
ssp. **pratense** (Pers.) Aschers. et Graebn.
Triticale rimpaui Wittm.; Triticum aestivum milturum × Secale cereale
Triticum aestivum L. em. Fiori et Paoletti; T. vulgare Vill.
var. **albiceps** (Körn.) Mansf.
Anatolien
var. **albidumcompactoides** (Kob.) Mansf.
var. **albinflatum** (Vav.) Mansf.
Hindukusch (2)
Iran (5)
Pakistan (6 H)
Tibet
UdSSR
var. **alborubrum** (Körn.) Mansf.
Afghanistan (2 H)
Anatolien (2)
Balkan (21 + 7 H)
Chile (2)
VR China (1 + 1 H)
Hindukusch (5)
Iran (6 + 9 H)
Italien (2)
Kreta (2)
Portugal
Tibet (9 + 1 H)
UdSSR (Estnische SSR) (2 H)
var. **alborubrumcompactoides** (Kob.) Mansf.
VR China (1 + 1 H)
var. **alborubruminflatum** (Vav.) Mansf.
Iran (2 + 1 H)
var. **atroerinaceum** (Körn.) Mansf.
var. **atrum** (Körn.) Mansf.
Großbritannien (1 H)
var. **aureum** (Link) Mansf.; T. vulgare var. albidum Alef.
Afghanistan (10 H)
Anatolien (2)
Balkan (7 + 14 H)
VR China (5)

var. **aureum** (Link) Mansf.
ČSSR (3 H)
Hindukusch (6)
Irak (4)
Iran (8 + 2 H)
Italien (6 + 4 H)
Kanada (1 H)
Kreta (2)
Mongolische VR
Österreich
Pakistan (5 H)
Portugal (2)
Tibet (7)
Türkei
UdSSR (Georgische SSR) (1 H)
var. **barbarossa** (Alef.) Mansf.
Afghanistan
Hindukusch (4 + 2 H)
Irak
Iran (15 + 7 H)
Tibet (2)
var. **barbarossacompactoides** (Gökg.) Mansf.
Iran (3)
UdSSR (Armenische SSR)
var. **caesium** (Alef.) Mansf.
ČSSR (1 H)
var. **clavatum** (Alef.) Mansf.
var. **crassiceps** (Körn.) Mansf.
Anatolien
UdSSR (Armenische SSR)
var. **creticum** (Mazz.) Mansf.
Hindukusch
Österreich (12)
var. **delfii** (Körn.) Mansf.
Anatolien
Hindukusch (2)
Indien
Iran (23 + 7 H)
Tibet (9)
var. **erinaceum** (Desv.) Mansf.
Iran (6)
Österreich (3)
var. **erythroleucon** (Körn.) Mansf.
Afghanistan (4)
Anatolien
Argentinien (4)
Balkan (28 + 10 H)
Bulgarien
Chile (5)
Hindukusch (12 + 1 H)
Indien
var. **erythroleucon** (Körn.) Mansf.
Irak (5)
Iran (53 + 47 H)
Italien (3)
Kreta (2)
Pakistan (10 H)
Tibet (10)
Türkei
var. **erythroleuconcompactoides** (Kob.) Mansf.
Iran
var. **erythrospermum** (Körn.) Mansf.
Afghanistan (3 + 70 H)
Afrika (5)
Algerien
Anatolien (13)
Argentinien (2)
Äthiopien (2)
Balkan (39 + 69 H)
VR Bulgarien (4 + 54 H)
Chile (9)
VR China (3 + 1 H)
ČSSR (20 + 42 H)
Finnland
Hindukusch (38 + 12 H)
Indien
Irak (5)
Iran (175 + 70 H)
Italien (22 + 5 H)
Japan (2 H)
Jordanien
SFR Jugoslawien (2 H)
SFR Jugoslawien (Kroatien) (1 H)
Kanarische Inseln (Teneriffa) (8)
Koreanische DVR (2)
Kreta (5 + 7 H)
Mexiko (3)
Mittelamerika
Mongolische VR (2)
Nepal (4 H)
Österreich (51)
Pakistan (32 H)
VR Polen (4 + 32 H)
Portugal (8)
Schweden (4 H)
Spanien (14)
Syrien
Tibet (38 + 3 H)
Türkei (4 H)

var. **erythrospermum** (Körn.) Mansf.
UdSSR (1+6 H)
UdSSR (Azerbajdžanische SSR) (1 H)
UdSSR (Georgische SSR) (3 H)
Ungarische VR (2)
Uruguay
USA (6)

var. **erythrospermumcompactoides** (Kob.) Mansf.
Afghanistan (10 H)
Anatolien
Balkan (1+1 H)
VR China
Iran
Österreich (7)
VR Polen
Tibet
UdSSR

var. **ferrugineum** (Alef.) Mansf.
Afghanistan (1+12 H)
Anatolien (6)
Argentinien (4)
Äthiopien (4)
Balkan (24+31 H)
Brasilien (2)
VR Bulgarien (35 H)
Chile (8)
VR China (3+5 H)
ČSSR (9+13 H)
Hindukusch (39)
Irak
Iran (91+31 H)
Italien (9+4 H)
Japan (2 H)
Kanarische Inseln (Teneriffa) (5)
Kreta (3)
Republik Kuba
Mexiko
Mittelamerika
Mongolische VR (7)
Österreich (97)
Pakistan (4 H)
VR Polen (39 H)
Portugal (3)
Schweden (1 H)
Spanien (5)
Südafrika
Tibet (31+3 H)
Türkei (2+2 H)
UdSSR (2+4 H)

var. **ferrugineum** (Alef.) Mansf.
UdSSR (Azerbajdžanische SSR) (1 H)
UdSSR (Georgische SSR) (1+1 H)

var. **ferrugineumcompactoides** (Kob.) Mansf.
Anatolien
Balkan (2 H)
Hindukusch
Iran (4)
Österreich (45)
VR Polen (12 H)
Spanien
Tibet

var. **fetisowii** (Körn.) Mansf.
Iran

var. **glaucolutescens** (Vatz) Mansf.
ČSSR (2)
Hindukusch

var. **graecum** (Körn.) Mansf.
Afghanistan (5 H)
Ägypten
Anatolien
Balkan (10+3 H)
Brasilien
VR Bulgarien (2 H)
Chile (4)
VR China (10+5 H)
ČSSR (2+1 H)
Hindukusch (9+1 H)
Indien
Irak (2)
Iran (68+33 H)
Italien
Koreanische DVR (1 H)
Kreta
Mexiko
Pakistan (20 H)
Portugal
Südamerika
Tibet (3)
UdSSR

var. **graecumcompactoides** (Kob.) Mansf.
Anatolien
VR China
Hindukusch (3)

var. **griseowittmackianum** (Gökg.) Mansf.
Großbritannien

var. **heraticum** (Kob.) Mansf.
Hindukusch (2)
Nepal (7 H)
Tibet (2)
var. **horogi** (Vav.) Mansf.
var. **hostianum** (Clem.) Mansf.
Afghanistan (3 H)
Anatolien
Balkan (1+3 H)
Hindukusch (8+1 H)
Indien
Iran (27+12 H)
Nepal (2 H)
Pakistan (6 H)
Tibet (6+1 H)
UdSSR (1 H)
var. **hostianumcompactoides** (Gökg.) Mansf.
Afghanistan (1 H)
Anatolien (3)
var. **humboldtii** (Körn.) Mansf.
Indien
var. **icterinum** (Alef.) Mansf.
Afghanistan (1 H)
Anatolien
Balkan
Österreich (2)
var. **indicum** (Howard) Mansf.
Iran (2)
var. **ingrediens** (Vav. et Jakubz.) Mansf.
Tibet (1+1 H)
var. **introitum** (Vav. et Jakubz.) Mansf.
Hindukusch
var. **iranicum** (Vav.) Mansf.
Iran (11+5 H)
var. **kanaschii** (Kob.) Mansf.
Balkan (2)
var. **khorossanicum** (Vav.) Mansf.
Iran (2)
Pakistan (1 H)
var. **leucospermum** (Körn.) Mansf.
Anatolien (3)
Chile (2)
VR China
Hindukusch (9)
Iran (22+4 H)
Italien
Tibet (15)
var. **leucospermumcompactoides** (Gökg.) Mansf.
Finnland (1 H)
Mexiko
var. **linaza** (Körn.) Mansf.
UdSSR (Armenische SSR) (2)
var. **lutescens** (Alef.) Mansf.
Argentinien
Balkan (4+5 H)
VR Bulgarien (1+11 H)
Chile (5+8 H)
VR China (6)
ČSSR (17+76 H)
Finnland (2+1 H)
Frankreich (3 H)
Griechenland (8 H)
Großbritannien (1 H)
Hindukusch (15+3 H)
Indien (2)
Irak
Iran (5+2 H)
Italien (12+2 H)
SFR Jugoslawien (1 H)
Kreta (4)
Mongolische VR (7)
Nepal (14 H)
Österreich (120)
Pakistan (9 H)
VR Polen (4+31 H)
Portugal (4)
Schweden (7 H)
Südamerika
Syrien
Tibet (55+7 H)
Türkei (3 H)
UdSSR (Azerbajdžanische SSR) (1+1 H)
UdSSR (Georgische SSR) (3+5 H)
UdSSR (Kasachische SSR)
USA (10)
var. **lutescenscompactoides** (Kob.) Mansf.
ČSSR (1 H)
Italien (1 H)
Japan (1 H)
Österreich (39)
VR Polen (3 H)
Spanien
Tibet (3+1 H)
var. **lutinflatum** (Flaksb.) Mansf.
Nepal (5 H)

var. **lutinflatum** (Flaksb.) Mansf.
Tibet (4 + 1 **H**)
UdSSR (2)
var. **melanopogon** (Chiov.) Mansf.
Balkan (1 **H**)
VR Bulgarien (1 **H**)
VR China
Iran (2)
UdSSR (2)
var. **meridionale** (Körn.) Mansf.
Afghanistan (4 **H**)
Anatolien (1 + 1 **H**)
Hindukusch (3)
Iran (30 + 57 **H**)
Pakistan (4 **H**)
Tibet (5)
var. **meridionalecompactoides** (Gökg.) Mansf.
Anatolien (3)
var. **milturum** (Alef.) Mansf.
Afghanistan (3 **H**)
Anatolien
Balkan (2 + 7 **H**)
Chile (2 + 3 **H**)
ČSSR (2 + 29 **H**)
Finnland (1 **H**)
Hindukusch (7)
Irak (2)
Iran (2 + 1 **H**)
Italien (6 + 4 **H**)
Kreta
Mongolische VR (5)
Nepal (15 **H**)
Österreich (157)
Pakistan (2 **H**)
VR Polen (11 + 17 **H**)
Portugal (3)
Schweden (8 **H**)
Spanien (4)
Tibet (51 + 7 **H**)
UdSSR (3 + 2 **H**)
Ungarische VR (1 **H**)
Uruguay
USA (1 **H**)
var. **murinum** (Flaksb.) Mansf.
Afghanistan (3 **H**)
Anatolien
var. **nigromelanopogon** (Gökg.) Mansf.
var. **plenoerythrospermum** (Flaksb.) Mansf.
Balkan (5 + 2 **H**)
var. **plenoerythrospermum** (Flaksb.) Mansf.
VR Bulgarien (1 **H**)
Kreta
Portugal (7)
var. **plenoferrugineum** (Flaksb.) Mansf.
Griechenland (1 + 1 **H**)
Kreta (2)
Portugal (9)
var. **plenohostianum** (Gökg.) Mansf.
Balkan
var. **plenomeridionale** (Gökg.) Mansf.
Hindukusch
var. **pseudobarbarossa** (Vav.) Mansf.
Iran (2)
var. **pseudoerythrospermum** (Kudr.) Filat.
UdSSR
var. **pseudoerythroleucon** (Perc.) Mansf.
Iran (4)
var. **pseudograecum** (Flaksb.) Mansf.
Iran
var. **pseudogriseum** (Gögk.) Mansf.
Iran
var. **pseudohostianum** (Flaksb.) Mansf.
Hindukusch (3)
Indien (3)
Iran (10)
Pakistan
Tibet (1 **H**)
var. **pseudomeridionale** (Flaksb.) Mansf.
Anatolien
Balkan
Hindukusch (2)
Indien (2)
Iran (2)
UdSSR (2 **H**)
var. **pseudomurinum** (Gökg.) Mansf.
Iran
var. **pseudoturcicum** (Vav.) Mansf.
Hindukusch
Indien
Iran

var. **pseudovelutinum** (Kob.) Mansf.
Tibet
var. **pyrothrix** (Alef.) Mansf.
VR Bulgarien (1 H)
Hindukusch (4)
Irak
Iran (9+1 H)
Nepal (7 H)
Schweden (5 H)
Tibet (22)
Türkei (1 H)
var. **rubriceps** (Körn.) Mansf.
Iran (2)
UdSSR
var. **rubromurinum** (Flaksb.) Mansf.
Afghanistan (1 H)
Äthiopien
var. **rubrum** (Körn.) Mansf.
Mexiko
var. **rufinflatum** (Flaksb.) Mansf.
Iran (1+1 H)
Nepal (12 H)
Tibet (1+1 H)
var. **rufulum** (Körn.) Mansf.
var. **sardoum** (Körn.) Mansf.
Iran (16)
var. **sericeum** (Alef.) Mansf.
Anatolien
Türkei
UdSSR
var. **subbarbarossa** (Vav.) Mansf.
Hindukusch
Iran
Nepal (2 H)
Tibet (12)
var. **subbarbarossainflatum** (Palm.) Mansf.
Iran
Tibet (3)
var. **suberythroleucon** (Vav.) Mansf.
Hindukusch (2)
Iran (17+7 H)
Pakistan (1 H)
Tibet (4)
var. **suberythroleuconinflatum** (Frenk.) Mansf.
Iran (2+2 H)
Hindukusch
var. **suberythrospermum** (Vav.) Mansf.
Balkan (1+1 H)
var. **suberythrospermum** (Vav.) Mansf.
VR China (3)
ČSSR (8 H)
Hindukusch (3)
Iran (3 H)
Nepal (11 H)
Pakistan (4 H)
Tibet (33+2 H)
var. **suberythrospermumcompactoides** (Gökg.) Mansf.
VR China (2)
Tibet
var. **suberythrospermuminflatum** (Palm.) Mansf.
Pakistan (2 H)
Tibet (6+1 H)
var. **subferrugineum** (Vav.) Mansf.
ČSSR
Hindukusch
Iran (5+2 H)
Nepal (3 H)
Pakistan (1 H)
Tibet (40)
var. **subferrugineumcompactoides** (Gökg.) Mansf.
Tibet (3)
var. **subferrugineuminflatum** (Palm.) Mansf.
Tibet (4)
var. **subgraecum** (Vav.) Mansf.
VR China
Hindukusch
Iran (15+9 H)
Italien (4)
Pakistan (1 H)
Tibet (2)
var. **subgraecuminflatum** (Palm.) Mansf.
Iran (2 H)
var. **subhostianum** (Vav.) Mansf.
Afghanistan (1 H)
Hindukusch
Iran (4+1 H)
Nepal (6 H)
Tibet (12)
var. **subhostianuminflatum** (Palm.) Mansf.
Pakistan (2 H)
Tibet (2)

var. **subiranicum** (Vav.) Mansf.
Iran (1 H)
var. **submeridionale** (Vav.) Mansf.
Hindukusch (2)
Indien
Iran (5 + 6 H)
Pakistan (1 H)
Tibet (2 + 1 H)
var. **submeridionaleinflatum** (Palm.) Mansf.
Afghanistan (2 H)
Iran (1 H)
var. **subpseudohostianum** (Vav. et Kob.) Mansf.
Tibet (4)
var. **subsardoum** (Vav. et Jakubz.) Mansf.
Tibet
var. **subsericeum** (Vav. et Kob.) Mansf.
Hindukusch
var. **subturcicum** (Vav.) Mansf.
Hindukusch (3)
Iran (14 + 34 H)
Tibet (4)
var. **subturcicuminflatum** (Vav.) Mansf.
Iran (3 + 3 H)
var. **transcaspicum** (Vav.) Mansf.
Iran (3)
var. **tschermakianum** Mansf.
var. **turcicum** (Körn.) Mansf.
Anatolien
Hindukusch (4)
Iran (17 + 23 H)
Pakistan (1 H)
Tibet (2)
Türkei (1 H)
var. **turcicumcompactoides** (Zhuk.) Mansf.
Iran (3)
var. **turcomanicum** (Kob.) Mansf.
Nepal (5 H)
Tibet (3 + 1 H)
var. **velutinumcompactoides** (Zhuk.) Mansf.
var. **villosum** (Alef.) Mansf.
Anatolien
ČSSR (1 H)
Hindukusch (4 + 1 H)
Irak
Iran (2)
Italien (1 H)
Nepal (23 H)
Schweden (26 H)
Tibet (32 + 2 H)
UdSSR (Azerbajdžanische SSR)
var. **wernerianum** (Körn.) Mansf.
VR China
Österreich (8)
Spanien
var. **wittmackianum** (Körn.) Mansf.
Großbritannien (1 H)
Schweden (1 H)

Triticum aethiopicum Jakubz.
var. **arraseita** (Hochst. ex Körn.) Filat.
var. **brownii** (Perciv.) Filat.
var. **coloratum** (Vav.) Filat.
var. **densidecoloratum** (Vav.) Dorof. et Filat.
var. **densisanguineum** (Vav.) Dorof. et Filat.
var. **densischimperi** (Vav.) Filat.
var. **dispersum** (Vav.) Filat.
var. **nigroviolaceum** (Orlov) Filat.
var. **rufescens** (Perciv.) Filat.

Triticum araraticum Jakubz.
var. **araxicum** (Thum.) Jakubz.
var. **kurdistanicum** Dorof. et Migusch.
var. **nachitschevanicum** (Jakubz.) Jakubz.
var. **thumanianii** (Jakubz.) Jakubz.

Triticum baeoticum Boiss. em. Schiem.; T. aegilopoides (Link) Bal. non Forssk.; T. thaoudar Reut.; T. spontaneum Flaksb.
var. **haussknechtii** Flaksb.
Kleinasien (1 H)
var. **mayssuriani** Zhuk.
var. **pseudoboeoticum** Flaksb.
var. **reuteri** Flaksb.
Kleinasien (2)
var. **rufinigrum** Tum.
var. **symbolonense** Flaksb.
Balkan (1 H)

Triticum carthlicum Nevski
var. **arnurual** Gandil.
var. **darginicum** Berg et Muizhn.

var. **fuliginosum** Zhuk.
Chile
Iran
var. **rubiginosum** Zhuk.
UdSSR
var. **stramineum** Zhuk.
Triticum dicoccoides Körn. ex Schweinf.
var. **namuricum** Jakubz.
var. **pseudojordanicum** Jakubz.
var. **spontaneonigrum** (Flaksb.) Perc.
var. **spontaneovillosum** Perc.
Triticum dicoccon Schrank
var. **atratum** Körn.
Spanien
var. **farrum** Alef.
Balkan
ČSSR (1 H)
Iran (3)
UdSSR (Armenische SSR)
var. **ficte-semicanum** Flaksb.
var. **fuchsii** Alef.
var. **immaturatum** Flaksb.
Palästina
var. **maturatum** Flaksb.
ČSSR (5)
var. **novicium** Körn.
var. **pseudomacratherum** Flaksb.
var. **pycnurum** Alef.
var. **rufum** Schübl.
Iran (2)
var. **semicanum** Krause
var. **tragi** Körn.
var. **volgense** Flaksb.
ČSSR (5)
Triticum durum Desf.
var. **aegyptiacum** Körn.
var. **affine** Körn.
Anatolien (11 + 1 H)
Balkan (38 + 1 H)
Griechenland (4 + 1 H)
Irak (2)
Iran (4)
Italien (3 + 1 H)
Kreta (4 + 1 H)
Syrien (3).
Türkei (2 H)
UdSSR (2)
UdSSR (Azerbajdžanische SSR) (4 + 1 H)
Zypern (8)
var. **africanum** Körn.
Anatolien (1 + 1 H)
Balkan (6 + 2 H)
Griechenland (7 H)
Hindukusch (3)
Irak
Iran (15 + 1 H)
Italien
Kreta (2)
UdSSR (Azerbajdžanische SSR) (1 H)
Zypern (5)
var. **alboobscurum** Flaksb.
Anatolien
Iran (5)
Irak
Zypern (2)
var. **alboprovinciale** Flaksb.
Iran (4 + 2 H)
Irak
UdSSR (Azerbajdžanische SSR)
Zypern (2)
var. **alexandrinum** Körn.
Anatolien (2)
Argentinien (2)
Balkan (3 + 3 H)
Iran
Irak (3)
Italien
Kreta
Türkei (1 H)
Zypern (2)
var. **apulicum** Körn.
Anatolien (1 + 1 H)
Balkan (1 H)
Hindukusch
Iran (2 + 1 H)
Kreta (1 H)
UdSSR (2)
UdSSR (Azerbajdžanische SSR) (5 H)
var. **boeufii** Flaksb.
VR Bulgarien (1 H)
var. **coerulescens** (Bayle) Körn. (1)
Finnland
UdSSR (Azerbajdžanische SSR) (1 H)
Zypern
var. **erythromelan** Körn.
Afghanistan (1 H)
Anatolien
Griechenland (1 H)

var. **erythromelan** Körn.
Iran
Kreta (1 H)
Zypern (3)
var. **fastuosum** (Lag.) Körn.
Anatolien
Griechenland (2 H)
Zypern
var. **hordeiforme** (Host) Körn.
Afghanistan (2 + 1 H)
Anatolien (49 + 11 H)
Balkan (17 + 2 H)
VR Bulgarien (2 H)
Hindukusch (2)
Iran (9 + 1 H)
Italien
Kreta (2)
Syrien
Türkei (4 H)
UdSSR
UdSSR (Azerbajdžanische SSR) (3 H)
Zypern
var. **italicum** Alef.
Anatolien
Balkan (1 H)
UdSSR (Azerbajdžanische SSR) (1 H)
var. **leucomelan** Alef.
Anatolien
Balkan (9 + 3 H)
Griechenland (3 + 2 H)
Irak (2 + 1 H)
Iran (6)
Italien (6)
Kreta (2)
Zypern (10)
var. **leucurum** Alef.
Afghanistan (1 H)
Anatolien (20 + 3 H)
Balkan (15 + 2 H)
VR Bulgarien (1 H)
Griechenland (4)
Irak (4 + 1 H)
Iran
Italien (2)
Kreta (5)
Türkei (2 H)
UdSSR
UdSSR (Azerbajdžanische SSR) (3 + 1 H)
Zypern (6)
var. **libycum** Körn.
Anatolien
Iran
Italien
Portugal (2)
UdSSR (Azerbajdžanische SSR) (2 H)
var. **melanopus** Alef.
Anatolien (3)
Balkan (27 + 7 H)
Griechenland (8 H)
Hindukusch (4)
Irak (1 + 1 H)
Iran (9 + 1 H)
Kreta (4)
Mongolische VR
Spanien
UdSSR (3 + 1 H)
Zypern (13)
var. **murciense** Körn.
Anatolien (4)
Balkan (3 + 1 H)
VR Bulgarien (1 H)
Chile
Griechenland (1 H)
Iran (28 + 2 H)
Irak (2)
Italien
SFR Jugoslawien (1 H)
Kreta (1 + 1 H)
Portugal
Syrien
Türkei (2 H)
UdSSR (Azerbajdžanische SSR)
Zypern (2)
var. **mutico-affine** Körn.
var. **mutico-coerulescens** Flaksb.
var. **mutico-italicum** Flaksb.
var. **mutico-murciense** Flaksb.
var. **mutico-valenciae** Flaksb.
var. **niloticum** Körn.
Griechenland (1 H)
Iran (4)
Kreta (2)
UdSSR
var. **obscurum** Körn.
Anatolien (2)
Irak
Zypern
var. **provinciale** Alef.
Iran

var. **provinciale** Alef.
UdSSR (Azerbajdžanische SSR) (1 H)
var. **reichenbachii** Körn.
Algerien
Anatolien (8)
Balkan (21 + 6 H)
Griechenland (3 + 9 H)
Irak (6)
Iran (5)
Italien (12)
Kreta (2)
Portugal
Syrien (2)
UdSSR (Azerbajdžanische SSR) (2 H)
Zypern (12)
var. **triste-leucomelan** Gökg.
var. **valenciae** Körn.
VR Bulgarien (1 H)
Hindukusch
Irak
Iran (3 + 1 H)
UdSSR
Zypern (2)
Triticum × fungicidum Zhuk.
Triticum ispahanicum Heslot
var. **ispahanicum**
Triticum karamyschevii Nevski; Triticum palaeocolchicum Men.
Triticum macha Dekapr. et Men.
var. **colchicum** Dekapr. et Men.
var. **palaeocolchicum** Dekapr. et Men.
UdSSR (Georgische SSR)
var. **palaeoimereticum** Dekapr. et Men.
UdSSR (Georgische SSR)
var. **rubiginosum** Men.
UdSSR (Georgische SSR)
var. **scharaschidzei** Men.
UdSSR (Georgische SSR)
var. **subletshchumicum** Dekapr. et Men.
Triticum militinae Zhuk. et Migusch.
Triticum monococcum L.
var. **albo-hornemanni** Flaksb.
var. **atriaristatum** Flaksb.
Balkan (1 + 1 H)
var. **flavescens** Körn.
Österreich
var. **hohensteinii** Flaksb.
UdSSR (Georgische SSR)
var. **hornemanni** Clem.
Balkan (1 H)
var. **macedonicum** Papag.
VR Albanien (8 + 1 H)
VR Bulgarien (2)
Kleinasien
var. **nigricultum** Flaksb.
Balkan (3 + 1 H)
var. **sofianum** Stranski
Balkan (1 + 1 H)
var. **vulgare** Körn.
Balkan (24 + 1 H)
Triticum petropavlovskyi Udacz. et Migusch.
var. **petropavlovskyi**
Triticum polonicum L.
var. **chrysospermum** Körn.
var. **levissimum** (Hall.) Körn.
Hindukusch
var. **nigrobarbatum** Desf.
Äthiopien
Balkan
var. **novissimum** Körn.
var. **pseudochrysospermum** Gökg.
var. **pseudolevissimum** Jakubz.
var. **pseudomartinari** Flaksb.
Kleinasien
var. **pseudonovissimum** Flaksb.
Iran
var. **skalosubovii** Greb.
Triticum spelta L.
var. **albovelutinum** Körn.
var. **album** Alef.
var. **alefeldii** Körn.
var. **arduini** Mazz.
Iran (2)
var. **coeruleum** Alef.
var. **duhamelianum** Mazz.
var. **neglectum** Körn.
var. **rubrovelutinum** Körn.
var. **vulpinum** Alef.
Triticum sphaerococcum Perc.
var. **globosum** Perc.
var. **rotundatum** Perc.
var. **rubiginosum** Perc.
Hindukusch
var. **spicatum** Perc.

var. **tumidum** Perc.
Indien (2)
Triticum timonovum Heslot et Ferrari
Triticum timopheevi Zhuk.
var. **nigrum** Ericz.
var. **timopheevi**; var. typicum Zhuk.
Triticum turanicum Jakubz.; Triticum orientale Perc. non M. Bieb.
var. **insigne** (Perc.) Gökg.
var. **notabile** (Perc.) Mansf.
var. **pseudobandirmaicum** Gökg.
Triticum turgidum L.
var. **buccale** Alef.
Frankreich (1 H)
var. **coeleste** Alef. (2 H)
var. **columbinum** Alef.
var. **dinurum** Alef.
SFR Jugoslawien (1 H)
var. **dreischianum** Körn.
Balkan (1 H)
var. **false-jodurum** Flaksb.
var. **gentile** Alef.
Balkan (2 H)
UdSSR (Armenische SSR)
var. **griseo-salomonis** Gökg.
Balkan (1 H)
var. **jodurum** Alef.
Australien (2 H)
Portugal
var. **linneanum** Alef.
Tibet (1 H)
var. **lusitanicum** Körn.
VR China (1 H)
var. **martensii** Körn.
Balkan (3 H)
Iran
Italien (2 H)
UdSSR (Azerbajdžanische SSR) (1 H)
var. **megalopolitanum** Körn.
Balkan (1+3 H)
var. **melanatherum** Körn.
Anatolien
Balkan (5 H)
Italien (1 H)
var. **nachitschevanicum** Kulesch.
UdSSR (Armenische SSR)
var. **nigrobarbatum** Dev.
var. **nigroglumarum** Haciz.
var. **plinianum** Körn.
VR China
Iran
Italien (1 H)
UdSSR (Armenische SSR)
var. **pseudocervinum** Körn.
Balkan (1 H)
var. **pseudolinneanum** Flaksb.
var. **pseudomirabile** Perc.
Balkan
var. **pseudosalomonis** Papag.
var. **rubroatrum** Körn.
var. **salomonis** Körn.
Balkan (11 H)
Kreta
UdSSR (Uzbekische SSR)
var. **schemachinicum** Dek.
Iran (2)
var. **speciosissimum** Körn.
Balkan (4 H)
UdSSR (Armenische SSR) (1 H)
var. **speciosum** Alef.
Triticum urartu Thum. ex Gandil.
var. **binartulutriru** Gandil. ex Dorof. et al.
var. **nigrum** Thum. ex Dorof. et al.
var. **spontaneoalbum** Thum. ex Dorof. et al.
var. **spontaneorubrum** Thum. ex Dorof. et al.
var. **urartu**
Triticum vavilovii (Thum.) Jakubz.
var. **arnuru** Gandil.
var. **mupuru** Gandil.
Triticum zhukovskyi Men. et Eriz.
Zea mays L.
convar. **amylacea** (Sturt.) Greb.
convar. **aorista** Greb.; ssp. semidentata Kulesh.
Südbalkan
convar. **ceratina** Kulesh.
Ostasien
convar. **dentiformis** Körn.; Z. indentata Sturt.
var. **alboapicularis** Kulesh. et Kozhuh.
var. **flavorubra** Körn.
VR Albanien
VR Bulgarien (4)
Süditalien (2)
UdSSR (Georgische SSR) (5)

var. **leucodon** Alef.
UdSSR (Georgische SSR) (19)
var. **luteoapicularis** Kulesh. et Kozhuh.
var. **xanthodon** Alef.
convar. **mays**; Z. m. vulgaris Körn.; Z. indurata Sturt.
var. **alba** Alef.
VR Bulgarien
Frankreich (2)
Marokko
Süditalien (6)
UdSSR (Georgische SSR) (18)
UdSSR (Ossetien) (3)
Ungarische VR
var. **alboflava** Körn.
var. **caesia** Alef.
var. **japonica** hort.
var. **mays**; var. vulgata Körn.
VR Bulgarien
ČSSR (Slowakische SR) (10)
Frankreich (6)
Jugoslawien
Libyen
Marokko (2)
Spanien (Baskenland)
Süditalien (40)
UdSSR (Georgische SSR) (7)
Ungarische VR (11)
var. **rubra** Bonaf.
var. **rubropaleata** Körn.
ČSSR (Slowakische SR) (2)
Ungarische VR (2)
var. **tunicata** St. Hil.
var. **versicolor** Körn.
convar. **microsperma** Körn.; Z. everta Sturt.
var. **glaucornis** Alef.
var. **gracillima** Körn.
Süditalien (2)
Ungarische VR
var. **haematornis** Alef.
var. **leucornis** Alef.
var. **oryzoides** Körn.
VR China
ČSSR (Slowakische SR) (2)
var. **oxyornis** Körn.
convar. **saccharata** Körn.; Z. m. rugosa Bonaf.; Z. saccharata Sturt.
var. **coeruleodulcis** Körn.
var. **dulcis** Körn.
var. **flavodulcis** Körn.
var. **rubrodulcis** Körn.
Zea mexicana (Schrad.) Kuntze; Euchlaena mexicana Schrad.
Zea perennis (Hitchc.) Reeves et Mangelsd.; Euchlaena perennis Hitchc.

Cyperaceae

Cyperus esculentus L.

DICOTYLEDONEAE

Moraceae

Cannabis sativa L.
ČSSR
Koreanische DVR
Italien
SR Rumänien
Ungarische VR
Humulus lupulus L.

Urticaceae

Parietaria judaica L.
Parietaria officinalis L.
Urtica cannabina L.
Urtica dioica L.
Urtica pilulifera L.
var. **dodartii** (L.) Aschers.
var. **pilulifera**

Polygonaceae

Fagopyrum esculentum Moench
var. **emarginatum** (Roth) Alef.
VR China
var. **esculentum**
VR China (5)
ČSSR (21)
DDR (4)
Iran
Koreanische DVR (2)
VR Polen (2)
UdSSR

Fagopyrum tataricum (L.) Gaertn.
VR China
ČSSR (5)
UdSSR (Belorussische SSR)
Oxyria digyna (L.) Hill
Polygonum convulvolus L.
Polygonum tinctorium Lour.
Reynoutria weyrichii (F. Schmidt) Moldenke
Rheum officinale Baill.
Rheum palmatum L.
Rheum rhabarbarum L.
Rheum rhabarbarum L. × **Rheum rhaponticum** L.
Rheum rhaponticum L.
Rumex alpinus L.
VR Polen
Rumex aquaticus L.
ssp. **protractus** Rech. f.
Mongolische VR
Rumex crispus L.
UdSSR
Rumex obtusifolius L.
ssp. **obtusifolius**
Rumex patientia L.
Rumex rugosus Campd.
ČSSR
UdSSR (Tadžikische SSR)
Rumex scutatus L.
Rumex thyrsiflorus Fingerh.
Rumex tianschanicus Losinsk.

Phytolaccaceae

Phytolacca acinosa Roxb.
Phytolacca americana L.
Phytolacca clavigera W. W. Smith
Phytolacca heteropetala H. Walt.
Phytolacca icosandra L.
Phytolacca polyandra Batal.
Phytolacca rugosa A. Br. et Bouché

Nyctaginaceae

Mirabilis jalapa L.
DDR

Aizoaceae

Tetragonia crystallina (L.) L'Hérit.
Tetragonia eremaea Ostenf.
Australien
Tetragonia tetragoniodes (Pall.) O. Kuntze
DDR (4)

Portulacaceae

Portulaca oleracea L.
ssp. **oleracea**
ssp. **sativa** (Haw.) Schübl. et Mart.
Libyen (2)
Talinum cuneifolium (Vahl.) Willd.
Talinum paniculatum (Jacq.) Gaertn.
Talinum patens (Jacq.) Willd.

Basellaceae

Basella alba L.
Ullucus tuberosus Lozano

Caryophyllaceae

Agrostemma brachylobum (Fenzl) Hammer
Agrostemma githago L.
var. **githago**
Belgien
BRD (3)
ČSSR (18)
Dänemark (2)
DDR (6)
Frankreich (10)
Griechenland (2)
Großbritannien (3)
Italien (11)
Österreich (3)
VR Polen (22)
Portugal (2)
SR Rumänien
Schweden (8)
Schweiz (4)
Spanien (6)
UdSSR (Georgische SSR)
var. **linicolum** (Terech.) Hammer

var. **macrospermum** (Levina) Hammer
Balkan
Bulgarien (2)
ČSSR (6)
Griechenland
Italien (3)
SFR Jugoslawien (2)
Portugal
Spanien (2)
UdSSR (Georgische SSR)
Gypsophila elegans M. B.
Gysophila paniculata L.
Gypsophila repens L.
Gypsophila scorzonerifolia Sér.
Herniaria hirsuta L.
Polycarpon tetraphyllum (L.) L.
Saponaria officinalis L.
DDR
Silene coeli-rosa (L.) Godr. in Gren. et Godr.
Silene gallica L.
ČSSR
Spergula arvensis L.
var. **arvensis**
DDR
var. **maxima** (Weihe) Mert. et Koch
DDR
var. **sativa** (Boenningh.) Mert. et Koch
ČSSR (2)
Dänemark (2)
Spergularia media (L.) Presl
Vaccaria hispanica (Mill.) Rauschert
ssp. **grandiflora** (Fisch. ex Sér.) Natho
Irak
ssp. **hispanica**
Hindukusch
Libyen
Mongolische VR

Chenopodiaceae

Atriplex hortensis L.
ČSSR
DDR (4)
SR Rumänien (2)

Beta corolliflora Boss.
Beta lomatogona Fisch. et Mey.
Türkei
Beta patellaris Moq.
Spanien
Beta trigyna Waldst. et Kit.
Türkei
Beta vulgaris L.
ssp. **macrocarpa** (Guss.) Thell.
Griechenland
ssp. **maritima** (L.) Arcang.
Türkei
var. **maritima** Boiss.
Belgien
Großbritannien
SFR Jugoslawien
Kykladen
Portugal
ssp. **orientalis** (Roth) Aellen
Indien
ssp. **vulgaris**
Hindukusch (3)
convar. **cicla** (L.) Alef.
Irak
UdSSR (Georgische SSR)
var. **cicla** L. s. l.
Italien
SFR Jugoslawien (Dalmatien)
Libyen (3)
var. **cretica** Krass.
Israel
var. **flavescens** DC.
f. **leucopleura** (Alef.) Voss
f. **rhodopleura** (Alef.) Voss
convar. **vulgaris**; convar. crassa Alef.
var. **altissima** Döll
VR China
UdSSR (Tadžikische SSR)
var. **lutea** DC.
var. **rapacea** Koch
f. **crassa** (Alef.) Helm
VR Polen
f. **longorubra** (Alef.) Helm
f. **xanthina** Aellen; f. lutea Hegi
ČSSR (4)
Italien (2)
var. **vulgaris**; var. conditiva Alef.
VR China
ČSSR
UdSSR
UdSSR (Georgische SSR) (4)

Blitum capitatum L.
Blitum virgatum L.
UdSSR (Armenische SSR)
Chenopodium album L.
Belgien
DDR
Libyen
Chenopodium ambrosioides L.
Kanarische Inseln
Chenopodium aristatum L.
Chenopodium bonus-henricus L.
DDR
Chenopodium botrys L.
UdSSR (Armenische SSR)
Chenopodium ficifolium Smith
Chenopodium giganteum D. Don
Chenopodium glaucum L.
Chenopodium hybridum L.
Chenopodium murale L.
Chenopodium opulifolium Schrad.
Chenopodium polyspermum L.
Belgien
Chenopodium quinoa Willd.
Peru (9)
Chenopodium rubrum L.
Belgien
Frankreich
Chenopodium schraderianum Roem. et Schult.
var. **schraderianum**
Chenopodium strictum Roth
Chenopodium vulvaria L.
Spinacia oleracea L.
var. **inermis** (Moench) Metzg.
Balkan (3)
VR China (4)
ČSSR
Hindukusch (3)
Italien (5)
Koreanische DVR
Mongolische VR
Türkei (6)
UdSSR (Azerbajdžanische SSR)
UdSSR (Georgische SSR) (3)
var. **oleracea**; var. spinosa (Moench) Metzg.
Balkan (3)
VR China (7)
Hindukusch (7)
Japan
Koreanische DVR
var. **oleracea**
Nepal
Türkei (4)
Spinacia tetrandra Stev.
Spinacia turkestanica Ilj.

Amaranthaceae

Amaranthus acutilobus Ul. et Bray
Amaranthus albus L.
Amaranthus blitoides S. Wats.
Amaranthus bouchonii Thell.
DDR
Amaranthus caudatus L.
ssp. **caudatus**
var. **alopecurus** Moq. in DC.
var. **caudatus**
Indien
Peru
ssp. **mantegazzianus** (Passer.) Hanelt
Amaranthus crispus (Lesp. et Thév.) Terrac.
Amaranthus cruentus L.
convar. **cruentus**
Burundi
Ruanda
Amaranthus deflexus L.
Portugal
Amaranthus dubius Mart. ex Thell.
Belgien
Burundi
Ruanda
Amaranthus graecizans L. em. Aschers.
var. **graecizans**
var. **sylvestris** (Vill.) Aschers.
Amaranthus hybridus L. em. Robins.
convar. **erythrostachys** (Moq. in DC.) Thell.; A. hypochondriacus L.
Balkan
VR China (2)
Indien (4)
Koreanische DVR (4)
Mexico
UdSSR (Georgische SSR)
convar. **hybridus**

Amaranthus lividus L.
convar. **ascendens** (Lois.) Thell. ex Aschers. et Graebn.
Kanarische Inseln
Ruanda
convar. **lividus**
Amaranthus muricatus (Moq.) Gill. ex Hick.
Spanien
Amaranthus powelli S. Wats.
Amaranthus quitensis H. B. K.
Amaranthus retroflexus L.
VR China
Amaranthus spinosus L.
Amaranthus tricolor L. em. Fiori et Paol.
convar. **mangostanus** (Jusl.) Thell. ex Aschers. et Graebn.
Indien
convar. **tristis** (L.) Thell. ex Aschers. et Graebn.
VR China (4)
Koreanische DVR
Amaranthus viridis L.; A. gracilis Desf.
Peru
Celosia argentea L.
f. **argentea**
Sri Lanka
f. **cristata** (L.) O. Kuntze
Gomphrena globosa L.

Ranunculaceae

Aconitum barbatum Pers.
Aconitum napellus L.
Actaea rubra (Ait.) Willd.
Actaea spicata L.
Adonis flammeus Jacq.
Clematis orientalis L. s. l.
Mongolische VR
Consolida ajacis (L.) Schur
ČSSR
Consolida regalis S. F. Gray
DDR
Delphinium elatum L.
ČSSR
Mongolische VR
Helleborus foetidus L.
Nigella arvensis L.
Nigella ciliaris DC.
Nigella damascena L.
Italien (3)
Nigella hispanica L.
Nigella integrifolia Regel
Nigella nigellastrum (L.) Willk.
Nigella orientalis L.
Nigella sativa L.
Äthiopien
Libyen
UdSSR (Tadžikische SSR)
Pulsatilla vulgaris Mill.
Ranunculus arvensis L.
Italien
Ranunculus lanuginosus L.
Thalictrum minus L.

Aristolochiaceae

Aristolochia elegans Mast.

Guttiferae

Hypericum attenuatum Choisy
Hypericum calycinum L.
Hypericum grandifolium Choisy
Hypericum inodorum Willd.
Hypericum perforatum L.

Papaveraceae

Argemone alba Lestib.
Argemone intermedia Sweet
Argemone mexicana L.
var. **ochroleuca** (Sweet) Lindl.
Argemone platyceras Link et Otto
var. **hunnemannii** (Otto et Dietr.) Fedde
Chelidonium majus L.
var. **laciniatum** (Mill.) Syme
var. **majus**
Dicranostigma franchetianum (Prain) Fedde
Eschscholtzia californica Cham.
Glaucium corniculatum (L.) Rudolph
Glaucium flavum Crantz
Italien
Glaucium oxylobum Boiss. et Buhse
Glaucium vitellinum Boiss. et Buhse

Hypecoum procumbens L.
Meconopsis cambrica (L.) Vig.
Papaver aculeatum Thunb.
Australien
Südafrika
Papaver alpinum L.
ssp. **kerneri** (Hay.) Fedde
ssp. **rhaeticum** (Ler.) Mgf.
Italien
ssp. **sendtneri** (Kern. ex Hey.) Schinz et Keller
Papaver amurense Busch ex Karrer
UdSSR
Papaver apulum Ten.
Papaver argemone L.
Papaver atlanticum (Ball.) Coss.
Papaver bracteatum Lindl.
Iran
Papaver californicum A. Gray
Papaver canescens Tolm. s. l.
Papaver croceum Ldb.
UdSSR (Kirgisische SSR)
Papaver dahlianum Nordh.
Papaver dubium L.
DDR
Spanien
Papaver fauriei Fedde
Papaver fugax Poir.
Türkei
Papaver glaucum Boiss. et Hausskn.
Papaver heldreichii Boiss.
Papaver × hungaricum Borbás
DDR
Papaver hybridum L.
Papaver lateritium C. Koch
Papaver lecoquii Lamotte
Papaver litwinowii Fedde ex Bornm.
Papaver nudicaule L.
Mongolische VR (3)
UdSSR
Papaver orientale L.
Papaver pavoninum Schrenk in Fisch. et C. A. Mey.
UdSSR (Tadžikische SSR)
Papaver pinnatifidum Moris
Italien
Papaver radicatum Rottb. s. l.
Finnland
Papaver rhoeas L.
Belgiem (4)
ČSSR (2)
DDR (6)

Papaver rhoeas L.
Irland
Italien (2)
SFR Jugoslawien
Libyen (2)
VR Polen (2)
SR Rumänien (4)
Spanien (5)
Papaver rupifragum Boiss. et Reut.
Papaver somniferum L.
ssp. **setigerum** (DC.) Corb.
Italien (2)
Kanarische Inseln
Portugal (3)
Spanien
ssp. **somniferum**
Italien (2)
convar. **alefeldii** Hammer
var. **contrasticum** Danert
Spanien
var. **pallidum** Rothm.
Anatolien (2)
ČSSR (10)
DDR (6)
Frankreich (3)
Italien
Österreich
VR Polen (6)
SR Rumänien (6)
Schweiz
Spanien
var. **quassandum** Alef.
VR Bulgarien
DDR (4)
Frankreich
Italien (2)
Österreich
VR Polen
SR Rumänien
Schweiz
var. **rutilum** Danert
var. **sanguineum** Vess.
Frankreich
var. **spilanthum** Danert
ČSSR (2)
convar. **somniferum**
var. **candidum** Vess.
SR Rumänien (2)
var. **coerulescens** Rothm.
Anatolien
ČSSR (67)
DDR

var. **coerulescens** Rothm.
Italien
SFR Jugoslawien (2)
Österreich
VR Polen (16)
SR Rumänien (10)
Spanien
UdSSR (7)
Ungarische VR
var. **nigrum** Hayne
ČSSR (21)
DDR
Frankreich
VR Polen (8)
SR Rumänien (13)
UdSSR (2)
var. **paeoniflorum** Alef.
ČSSR
var. **papyrinum** Danert
DDR
var. **roseolum** Vess.
Mongolische VR
SR Rumänien (3)
var. **serenum** Danert
ČSSR (22)
VR Polen (2)
SR Rumänien (2)
UdSSR
var. **somniferum**
ČSSR (2)
ssp. **songaricum** Basil.
convar. **orientale** Danert s. l.
var. **foratum** Danert
var. **glaucescens** (Rothm.) Danert
Anatolien
Belgien
ČSSR (2)
DDR
Italien
VR Polen
SR Rumänien (2)
DR Vietnam
var. **leucum** (Rothm.) Hammer
DR Vietnam
var. **ocellatum** Danert
ČSSR
var. **rotundilobum** Danert
DR Vietnam
convar. **rothmaleri** Hammer
var. **albescens** Vess.
Anatolien (2)
SR Rumänien
var. **albescens** Vess.
Spanien
var. **igneum** Danert
var. **livens** Vess.
Anatolien
VR China
ČSSR (4)
Österreich
SR Rumänien (3)
var. **rhodanthum** Vess.
SR Rumänien (3)
var. **rubidum** Vess.
Anatolien
ČSSR (2)
Frankreich
SR Rumänien (2)
var. **rubricundum** Vess.
Anatolien
var. **sigillatum** Danert
ČSSR (6)
Papaver spicatum Boiss. et Ball
Papaver strictum Boiss. et Ball
Türkei
Papaver tauricolum Boiss.
DDR
Roemeria refracta (Stev.) DC.
Stylophorum diphyllum (Michx.) Nutt.

Capparaceae

Capparis spinosa L.
Gynandropsis gynandra (L.) Briq.

Cruciferae

Barbarea intermedia Boreau
VR Polen
Barbarea stricta Andrz.
Norwegen (2)
Barbarea verna (Mill.) Aschers.
DDR
Barbarea vulgaris R. Br.
Norwegen
Brassica alboglabra Bailey
VR China (5)
Spanien
Brassica barrelieri (L.) Janka
ssp. **oxyrrhina** (Coss.) Ball et Heyw.
Portugal

Brassica carinata A. Br.
Äthiopien (22)
Zambia (4)
Brassica elongata Ehrh.
ssp. **elongata**
DDR (2)
ssp. **integrifolia** (Boiss.) Breistr.
UdSSR (2)
Brassica fruticulosa Cyr.
ssp. **fruticulosa**
Brassica incana Ten.
Brassica juncea (L.) Czern.
VR China (11)
Hindukusch (2)
Koreanische DVR
Tibet (2)
UdSSR
var. **crispifolia** Bailey
var. **japonica** (Thunb.) Bailey
VR China
Brassica napiformis Bailey
VR China
Brassica napus L.
ssp. **napus**
var. **napus**; var. arvensis (Lam.) Thell.
f. **annua** (Schübl. et Mart.) Thell.
Italien
f. **biennis** (Schübl. et Mart.) Thell.
Frankreich (2)
VR Polen
var. **pabularia** (DC.) Rchb.
ssp. **napobrassica** (L.) Hanelt; var. napobrassica (L.) Rchb.
Italien
VR Polen
Brassica nigra (L.) Koch
Äthiopien (2)
Balkan (17)
Italien (5)
Brassica oleracea L.
ssp. **oleracea**; var. sylvestris L.
Italien
convar. **acephala** (DC.) Alef.
var. **costata** DC.
var. **medullosa** Thell.
VR Polen
var. **sabellica** L.
var. **viridis** L.; var. acephala DC.
Ägypten
convar. **botrytis** (L.) Alef.
var. **botrytis** L.
VR China
var. **italica** Plenck
Italien (17)
convar. **capitata** (L.) Alef.
var. **capitata** L. s. l.
Rotkohle; f. rubra (L.) Duch. ex Lam.
Weißkohle; f. capitata (L.) Duch. ex Lam.
VR China (3)
ČSSR (3)
var. **sabauda** L.
convar. **caulorapa** (DC.) Alef.
var. **gongylodes** L.
VR China
DDR
UdSSR (Georgische SSR)
convar. **fruticosa** (Metzg.) Alef.
var. **gemmifera** DC.
ČSSR
var. **ramosa** DC.
Brassica rapa L. emend. Metzg.
ssp. **chinensis** (Jusl.) Hanelt; B. chinensis Jusl.
var. **communis** (Tsen et Lee) Hanelt; B. chinensis var. chinensis
VR China (9)
var. **parachinensis** (Tsen et Lee) Hanelt; B. chinensis var. parachinensis (Bailey) Sinsk.
VR China (3)
var. **rosularis** (Tsen et Lee) Hanelt; B. chinensis var. rosularis Tsen et Lee
VR China (2)
ssp. **dichotoma** (Roxb.) Hanelt; var. dichotoma (Roxb.) Kitamura
Indien
ssp. **narinosa** (Bailey) Hanelt; B. narinosa Bailey
VR China (4)
ssp. **nipposinica** (Bailey) Hanelt; B. nipposinica Bailey
var. **laciniifolia** (Bailey) Hanelt; B. nipposinica var. laciniifolia Bailey
ssp. **oleifera** (DC.) Metzg.; B. rapa var. sylvestre (Lam.) Briggs
var. **oleifera** DC.

f. **annua** (Metzg.) Thell.; f. praecox (DC.) Mansf.
Italien (3)
Mittelamerika
f. **biennis** (Metzg.) Thell.; f. autumnalis (DC.) Mansf.
var. **silvestris** (Lam.) Briggs s. str.; f. campestris (L.) Bogenhardt
ČSSR (3)
ssp. **pekinensis** (Lour.) Hanelt; B. pekinensis (Lour.) Rupr.
var. **cephalata** (Tsen et Lee) Hanelt; B. pekinensis var. pekinensis
VR China (12)
Koreanische DVR (4)
var. **cylindrica** (Tsen et Lee) Hanelt; B. pekinensis var. cylindrica Tsen et Lee
VR China (3)
Koreanische DVR (3)
var. **laxa** (Tsen et Lee) Hanelt; B. pekinensis var. laxa Tsen et Lee
VR China (2)
ssp. **rapa**
DDR
Brassica souliei (Batt.) Batt.
Bunias erucago L.
Bunias orientalis L.
Camelina alyssum (Mill.) Thell.; C. sativa (L.) Crantz ssp. alyssum (Mill.) E. Schmid
Camelina microcarpa Andrz. in DC.; C. sativa (L.) Crantz ssp. microcarpa (Andrz.) Thell.
Camelina sativa (L.) Crantz
ssp. **pilosa** (DC.) N. Zing.
ssp. **sativa**
VR Polen
Capsella bursa-pastoris (L.) Medik.
VR China
UdSSR (Armenische SSR)
Capsella grandiflora (Fauché et Chaub.) Boiss.
Capsella rubella Reut.
Cochlearia glastifolia L.
DDR
Cochlearia officinalis L.
ČSSR
Conringia orientalis (L.) Dum.
DDR
UdSSR (Armenische SSR)
Crambe abyssinica Hochst. ex Fries
Kenya
Crambe filiformis Jacq.
Spanien
Crambe hispanica L.
Spanien
Crambe kotschyana Boiss.
Mittelasien
Diplotaxis erucoides (L.) DC.
Italien
Diplotaxis tenuifolia DC.
Italien
Eruca sativa Mill.; Eruca vesicaria (L.) Cav. ssp. sativa (Mill.) Thell.
Ägypten
Iran
Italien (6)
SFR Jugoslawien (Dalmatien)
Libyen (3)
Hesperis matronalis L.
Hirschfeldia incana (L.) Lagr.-Foss.
Iberis amara L.
Isatis indigotica Fort.
Isatis tinctoria L.
DDR
Frankreich
Italien
Madeira
Spanien
UdSSR (Tadžikische SSR)
Ungarische VR
Lepidium sativum L.
var. **crispum** (Medik.) DC.
var. **latifolium** DC.
Hindukusch (2)
UdSSR (Armenische SSR)
UdSSR (Dagestanische ASSR)
UdSSR (Georgische SSR) (7)
var. **sativum**
Balkan
DDR
Hindukusch
Italien
Libyen
UdSSR (Armenische SSR)
Nasturtium officinale R. Br.
Frankreich
Raphanus raphanistrum L.
ssp. **landra** (Moretti ex DC.) Bonn. et Lay. s. l.; ssp. maritimus (Sm.) Thell.
Frankreich

ssp. **landra** (Moretti ex DC.) Bonn. et Lay. s. l.
Italien (5)
UdSSR
ssp. **raphanistrum** s. l.; incl. ssp. microcarpus (Lange) Thell.
ČSSR (4)
DDR
Kanarische Inseln
SR Rumänien
Raphanus sativus L.
convar. **caudatus** (L. f.) Pistrick; var. mougri Helm
Indien
convar. **oleifer** (Stokes) Alef.; var. oleiformis Pers.
VR China
Italien
VR Polen
convar. **sativus** s. l.; var. radicula Pers. et var. niger Kerner
Ägypten
Balkan (3)
VR China (21)
ČSSR (4)
Hindukusch (7)
Italien
Japan
Koreanische DVR
Libyen
Mongolische VR
UdSSR (Georgische SSR)
Rhynchosinapis cheiranthos (Vill.) Dandy
Frankreich
Rorippa sylvestris (L.) Bess.
Sinapis alba L.
ssp. **alba**
Frankreich (2)
Italien (2)
Koreanische DVR
Kreta (4)
VR Polen
Spanien
ssp. **mairei** (Lindb.) Maire
Italien
Sinapis arvensis L.
ssp. **arvensis**
var. **arvensis**
Italien (4)
var. **orientalis** (L.) Koch et Ziz
ČSSR (2)
ssp. **nilotica** (O. E. Schulz) Baillargeon
Sisymbrium irio L.
Italien
Sisymbrium officinale (L.) Scop.
DDR
Thlaspi arvense L.

Resedaceae

Reseda alba L.
Reseda lutea L.
Reseda luteola L.

Crassulaceae

Rhodiola rosea L.
ČSSR
Sedum montanum Song. et Perr.
Sedum reflexum L.
Sedum telephium L.

Rosaceae

Agrimonia eupatoria L.
Duchesnea indica (Andr.) Focke
Filipendula ulmaria (L.) Maxim.
Fragaria daltoniana J. Gay
Fragaria moschata (Duch.) Weston
Fragaria vesca L.
Finnland
var. **monophylla** (Duch.) Hegi
var. **semperflorens** (Duch.) Sér.
Fragaria virginiana Duch.
Fragaria viridis (Duch.) Weston
Geum aleppicum Jacq.
Geum urbanum L.
Potentilla pimpinelloides L.
Sanguisorba minor Scop.
ssp. **magnolii** (Spach) Nordb.
ssp. **minor**
ssp. **muricata** (Spach) Briquet
Sanguisorba tenuifolia Fisch.

Leguminosae

Amphicarpaea bracteata (L.) Fern.
Anthyllis montana L.
Anthyllis vulneraria L.

ssp. **maritima** (Schweigg.) Corb.
VR Polen
ssp. **polyphylla** (DC.) Nym.
VR Polen
ssp. **vulneraria**
Astragalus boeticus L.
Balearen, Mallorca
Griechenland
Astragalus hamosus L.
Italien
Griechenland
Astragalus mongholicus Bge.
Mongolische VR
Baptisia australis (L.) R. Br.
Baptisia leucantha Torr. et A. Gray
USA (Wisconsin)
Cajanus cajan (L.) Huth
Cicer arietinum L.
Afghanistan
Ägypten
Anatolien (3)
Äthiopien (2)
VR Bulgarien
ČSSR (17)
N-Griechenland (8)
Irak (6)
Italien (62)
Kreta (2)
Peloponnes (5)
UdSSR (Georgische SSR) (3)
Cicer pinnatifidum Jaub. et Spach
Cicer songoricum Steph. ex DC.
Coronilla emerus L.
Coronilla scorpioides (L.) Koch
Coronilla varia L.
DDR
Ungarische VR (2)
Dorycnium pentaphyllum Scop.
ssp. **germanicum** (Grembl.) Rouy
ssp. **herbaceum** (Vill.) Rouy
BRD
ČSSR
UdSSR (Georgische SSR)
Galega officinalis L.
Galega orientalis Lam.
Genista tinctoria L.
Glycine canescens F. J. Herm.
Glycine max (L.) Merr.
convar. **gracilis** (Skvortz). Lehm.
var. **gracilis** (Skvortz.) Lehm.
VR China
var. **involutans** (Enk.) Lehm.
UdSSR
var. **nigra-brunnea** (Skvortz.) Lehm.
VR China (2)
convar. **grandifolia** (Tupik.) Lehm.
var. **albo-sublutea** (Tupik.) Lehm.
VR China
var. **grandifolia** (Tupik.) Lehm.
var. **monticola** (Enk.) Lehm.
VR China
var. **rufo-cinnamomea** (Tupik.) Lehm.
var. **rufo-rubrocastanea** (Tupik.) Lehm.
convar. **intermedia** (Tupik.) Lehm.
var. **brachicarpa** (Enk.) Lehm.
var. **intermedia** (Tupik.) Lehm.
UdSSR (14)
VR Polen
var. **lucida** (Enk.) Lehm.
var. **macrocarpa** (Enk.) Lehm.
VR China
var. **robusticaulis** (Enk.) Lehm.
var. **rufo-lutescens** (Tupik.) Lehm.
UdSSR (3)
var. **rufo-lutescens** (Tupik.) Lehm.
UdSSR (3)
convar. **max**
var. **affine-lutescens** (Skvortz.) Lehm.
var. **albo-ater** (Tupik.) Lehm.
var. **albo-flavea** (Tupik.) Lehm.
VR China (3)
UdSSR
var. **albo-flavida** (Tupik.) Lehm.
VR China (12)
var. **atrovirens** Lehm.
var. **brunnea** (Skvortz.) Lehm.
VR China
VR Polen
var. **communis** (Enk.) Lehm.
VR China (9)
var. **immaculata** (Enk.) Lehm.
VR China (5)
var. **lanceolata** (Skvortz). Lehm.
VR China (2)
var. **lepida** (Skvortz.) Lehm.
var. **maculosa** Lehm.
var. **max**
VR China
UdSSR (2)

var. **nigra-lutescens** (Skvortz.) Lehm.
VR China
var. **nigricans-lutescens** (Skvortz.) Lehm.
VR China
UdSSR
var. **ochroleuca** Lehm.
VR China
var. **ovata-lutescens** (Skvortz.) Lehm.
var. **rara** (Skvortz.) Lehm.
VR China
var. **robusta** (Skvortz.) Lehm.
VR China
var. **rufo-flavescens** (Tupik.) Lehm.
var. **rufo-flavida** (Tupik.) Lehm.
VR China
var. **serotina** (Enk.) Lehm.
VR China
var. **tarda** (Enk.) Lehm.
UdSSR
var. **virescens-virescens** (Skvortz.) Lehm.
VR China
var. **viridis** (Enk.) Lehm.
Glycine soja Sieb. et Zucc.
var. **soja**
Glycyrrhiza echinata L.
Glycyrrhiza glabra L.
var. **glabra**
var. **glandulifera** (W. et K.) Herd. et Reg.
Glycyrrhiza pallidiflora Maxim.
Hippocrepis comosa L.
Frankreich
Kummerowia stipulacea (Maxim.) Makino
VR China
Lablab purpureus (L.) Sweet; Dolichos lablab L.
Indien
Lathyrus amphicarpos L.; L. quadrimarginatus Bory et Chaub.
Portugal
Lathyrus angulatus L.
Portugal
Spanien
Lathyrus annuus L.
Israel
Spanien
Lathyrus aphaca L.
N-Griechenland (2)
N-Indien (2)
Israel
Italien
Lathyrus articulatus L.
VR Bulgarien (2)
Kreta
Marokko
Portugal (2)
Lathyrus aureus (Stev.) Brandza
UdSSR (Krim)
Lathyrus cicera L.
N-Griechenland (4)
Italien
Kreta (14)
Libyen
Peloponnes (33)
Portugal
Spanien
Lathyrus cirrhosus Sér. in DC.
Frankreich
Lathyrus clymenum L.
VR Bulgarien (2)
Italien (3)
Kreta (5)
Marokko
Peloponnes (5)
Lathyrus davidii Hance
Lathyrus digitatus (Bieb.) Fiori
UdSSR (Krim)
Lathyrus gorgoni Parl.
Kreta
Lathyrus hierosolymitanus Boiss.
Lathyrus hirsutus L.
Ägypten
Italien
UdSSR (Krim)
Lathyrus inconspicuus L.
Lathyrus latifolius L.
var. **ensifolius** (Bad.) Sér.
Frankreich
var. **latifolius**
Ungarische VR
var. **membranaceus** (Presl) Beck
Italien
Lathyrus laxiflorus (Desf.) O. Ktze.
Griechenland
Lathyrus neurolobus Boiss. et Heldr.
Lathyrus niger (L.) Bernh.
Ungarische VR
Lathyrus nissolia L.

Lathyrus ochrus (L.) DC.
N-Griechenland
Italien (3)
Kreta (7)
Peloponnes (27)
Portugal (2)
Spanien (2)
Lathyrus pannonicus (Jacq.) Garcke
ssp. **varius** (C. Koch) P. W. Ball
Italien
Lathyrus pratensis L.
ČSSR
DDR (2)
Lathyrus rotundifolius Willd. s. l.
ssp. **miniatus** (M. B.) Davis
UdSSR (Armenische SSR)
ssp. **rotundifolius**
Lathyrus sativus L.
Afghanistan
Anatolien (5)
Äthiopien (2)
VR Bulgarien (9)
ČSSR (25)
N-Griechenland (4)
Indien (3)
Irak
Iran (8)
Israel
Italien (9)
Kreta (9)
Peloponnes (6)
Spanien (2)
Türkei
UdSSR (Krim) (2)
UdSSR (Tadžikische SSR)
Lathyrus sphaericus Retz.
Lathyrus sylvestris L.
Dänemark
Kanada
VR Polen
Lathyrus tingitanus L.
Portugal
Spanien
Lathyrus tuberosus L.
Lathyrus venosus Muhl.
var. **intonsus** Butt. et St. John
Kanada
Lathyrus vernus (L.) Bernh.
var. **gracilis** (Gaud.) Arcang.
Lens culinaris Medik.
Afghanistan (4)
Ägypten

Lens culinaris Medik.
VR Albanien
Anatolien
Chile
N-Griechenland (22)
Iran (10)
Italien
Jemen
Kreta (8)
Libyen
Peloponnes (51)
UdSSR
Lens ervoides (Brign.) Grande
UdSSR (Krim)
Lens nigricans (M. B.) Godr.
Lens orientalis (Boiss.) Schmalh.
Lespedeza bicolor Turcz.
Lespedeza dahurica (Laxm.) Schindl.
Mongolische VR
Lespedeza hedysarioides (Pall.) Kitag.
Lotus arenarius Brot.
Lotus caucasicus Kuprian.
UdSSR
Lotus conimbricensis Brot.
Italien
Lotus corniculatus L.
VR Polen
UdSSR (Krim)
Ungarische VR
ssp. **frondosus** Freyn
Lotus edulis L.
Korsika
Lotus krylovii Schischk. et Serg.; L. frondosus Kuprian. non Freyn
VR China
Lotus ornithopodioides L.
Italien
Kreta
Lotus pedunculatus Cav.
Portugal
Lotus preslii Ten.
Lotus subbiflorus Lag.
ssp. **subbiflorus**
Frankreich
Portugal
Lotus tenuis Waldst. et Kit.
Argentinien
DDR
Frankreich
Ungarische VR
USA

Lotus uliginosus Schkuhr
BRD
Frankreich
Lotus weilleri Maire
Lupinus albus L.
ssp. **albus**
Ägypten (2)
Algerien (7)
Äthiopien
Azoren
Großbritannien
Italien (25)
Kreta (5)
Marokko
Peloponnes (8)
Portugal
Spanien (66)
UdSSR
ssp. **graecus** (Boiss. et Sprun.) Franco et P. Silva
Italien (2)
Lupinus angustifolius L.
ssp. **angustifolius**
Algerien (2)
Israel
Italien
Korsika (2)
Portugal (6)
Spanien (119)
ssp. **reticulatus** (Desv.) Cout.
Italien
Portugal
Spanien (10)
Lupinus arboreus Sims
Lupinus benthamii Heller
USA (Kalifornien)
Lupinus cosentinii Guss.; L. varius auct. non L.
Spanien
Lupinus densiflorus Benth.
var. **menziesii** (Agardh) C. P. Smith
USA (Kalifornien)
Lupinus hartwegii Lindl.
Lupinus hispanicus Boiss. et Reut.
ssp. **bicolor** (Merino) Gladst.; L. rothmaleri Klink.
Portugal
Spanien
ssp. **hispanicus**
Spanien (4)
Lupinus leucophyllus Dougl.
W-Kanada
Lupinus luteus L.
Anatolien
DDR (12)
Marokko (2)
Portugal (11)
Sizilien
Spanien (35)
UdSSR
Lupinus micranthus Guss.
SFR Jugoslawien (2)
Portugal (4)
Spanien (7)
Lupinus mutabilis Sweet s. l.
Lupinus nanus Dougl.
USA (Kalifornien)
Lupinus nootkatensis Donn ex Sims
USA (Alaska)
Lupinus pilosus Murr.
Israel (2)
Kreta
Syrien
Lupinus polycarpus Greene; Lupinus micranthus Dougl. non Guss.
USA (Kalifornien)
Lupinus polyphyllus Lindl.
var. **albiflorus** Bergm.
var. **grandifolius** (Lindl.) C. P. Smith
USA (Kalifornien)
var. **polyphyllus**
var. **prunophilus** (Jones) Phillips
Kanada
Lupinus pubescens Benth.
Lupinus rivularis Dougl.
USA (Kalifornien)
Lupinus subcarnosus Hook.
Lupinus succulentus Dougl.
USA (Kalifornien) (4)
Macroptilium lathyroides (L.) Urb.
var. **semierectum** (L.) Urb.; Phaseolus semierectus L.
Macrotyloma uniflorum (Lam.) Verdc.; Dolichos uniflorus Lam.
Medicago aculeata Willd.; M. turbinata Willd.
var. **aculeata**
var. **inermis** (Aschers.) Heyn
Medicago arabica (L.) Huds.
Medicago blancheana Boiss.
Medicago cancellata M. Bieb.
Medicago carstiensis Wulf.

Medicago ciliaris (L.) Krocker
Medicago coronata (L.) Bart.
VR Bulgarien
Türkei
Medicago cretacea M. Bieb.
Medicago disciformis DC.
VR Bulgarien
Medicago falcata L.
Medicago glandulosa David.
Medicago glutinosa N. Bieb.
ssp. **glutinosa**
ssp. **polychroa** (Grossh.) Sinsk.
Medicago granadensis Willd.
Medicago hemicycla Grossh.
Medicago hybrida (Pourr.) Trautv.
Medicago intertexta (L.) Mill.
Portugal
Medicago laciniata (L.) Mill.
var. **laciniata**
Marokko
Medicago lupulina L.
var. **lupulina**
Frankreich
USA (Kalifornien)
var. **willdenowiana** Koch
Medicago minima (L.) Bart.
var. **brevispina** Benth.
UdSSR (Georgische SSR)
var. **minima**
VR Bulgarien
Frankreich
Medicago murex Willd.
Kreta
Medicago nigra (L.) Krock.; M. polymorpha L.
var. **brevispina** (Benth.) Heyn
var. **nigra**; var. polymorpha
Ägypten
Italien (3)
Kreta
Marokko
var. **vulgaris** (Benth.) Shin.
VR Bulgarien
VR China
Medicago orbicularis (L.) Bart.
VR Bulgarien
Kreta
Medicago papillosa Boiss.
Medicago prostrata Jacq.
Medicago radiata L.
Medicago rhodopea Vel.
Medicago rigidula (L.) All.
var. **agrestis** (Ten.) Burn.
Griechenland
var. **rigidula**
VR Bulgarien
Kreta
Medicago romanica Prod.
Medicago rotata Boiss.
Israel
Medicago rugosa Desr.
Medicago sativa L.
ssp. **caerulea** (Less. ex Ldb.) Schmalh.
ssp. **sativa**
Medicago scutellata (L.) Mill.
Italien
Kreta
Medicago suffruticosa Ram. ex DC.
Medicago tornata (L.) Mill.
var. **spinulosa** (Moris) Heyn
Portugal
Medicago truncatula Gaertn.; M. tribuloides Desr.
var. **longispina** Urb.
Kreta
var. **tricycla** (Nègre) Heyn
Marokko
var. **truncatula**
Medicago turbinata (L.) All.; M. tuberculata Willd.
var. **aculeata** (Moris) Heyn
var. **turbinata**
Kreta
Medicago × **varia** Martyn
Melilotus alba Medik.
var. **alba**
var. **annua** Coe
Melilotus indica (L.) All.
Ägypten
Melilotus italica Lam.
Melilotus messanensis (L.) All.
Ägypten
Portugal
Melilotus officinalis (L.) Pall.
Melilotus sulcata Desf.
Italien
Melilotus wolgica Poir.
Onobrychis altissima Grossh.
Iran (4)
Onobrychis arenaria (Kit. ex Willd.) DC.
DDR
UdSSR

Onobrychis bobrovii Grossh.
UdSSR (Dagestan)
Onobrychis caput-galli (L.) Lam.
Onobrychis crista-galli L.
Onobrychis cyri Grossh.
UdSSR (Georgische SSR)
Onobrychis inermis Stev.
Onobrychis montana Lam. et DC.
Schweiz
Onobrychis transcaucasica Grossh.
UdSSR
Onobrychis viciaefolia Scop.
DDR
Italien
Ononis campestris G. Koch; O. spinosa L.
Ononis natrix L.
Ornithopus compressus L.
Portugal
Ornithopus sativus Brot.
convar. **melanospermus** Vogt
f. **coccineus** Vogt
f. **melanospermus** Vogt
convar. **sativus**
var. **pilosus** Han.
f. **luteus** Han.
f. **pilosus** Han.
f. **sulphureus** Vogt
var. **sativus**
f. **candidus** Vogt
f. **flavo-viridis** Vogt
f. **sativus**
Phaseolus acutifolius A. Gray
Senegal
Zambia
Phaseolus coccineus L.
var. **albiflorus** (DC.) Bailey
BRD
VR Bulgarien (2)
ČSSR (6)
DDR (2)
Italien (4)
Niederlande (3)
Österreich
VR Polen (7)
SR Rumänien
var. **bicolor** (Vellozo) Van Eselt.
ČSSR (9)
Österreich
SR Rumänien
Tibet
var. **coccineus**
BRD (3)
VR Bulgarien
ČSSR (9)
DDR (10)
Italien (2)
Niederlande (6)
Österreich
VR Polen (3)
Portugal (4)
SR Rumänien
Tibet (5)
UdSSR (Georgische SSR) (4)
var. **rubronanus** Bailey
Phaseolus lunatus L.
VR China
Irak
Zambia
Phaseolus vulgaris L.
ssp. **vulgaris**
var. **nanus** (Jusl.) Aschers.
Lutei mit Fäden
Anatolien (2)
VR Bulgarien (4)
VR China (2)
ČSSR (20)
DDR
Griechenland
Koreanische DVR
Mexiko
Niederlande (2)
VR Polen (2)
SR Rumänien
Ungarische VR (12)
Lutei ohne Fäden
Anatolien
VR Bulgarien
Chile
ČSSR (10)
DDR (2)
Italien (3)
Niederlande (3)
Österreich
VR Polen (3)
SR Rumänien
UdSSR (Georgische SSR) (4)
Ungarische VR (6)
Viridis mit Fäden
Anatolien (2)
Angola (6)
Australien (2)
Brasilien (8)

Virides mit Fäden
VR Bulgarien (11)
VR China (12)
ČSSR (81)
DDR (13)
Ecuador (8)
El Salvador
Frankreich (3)
Griechenland (25)
Guatemala (3)
Irak (5)
Italien (60)
SFR Jugoslawien (3)
Kolumbien (16)
Koreanische DVR (12)
Kostarika (3)
Kuba (26)
Mexiko (13)
Niederlande (143)
Österreich (45)
VR Polen (44)
SR Rumänien (6)
Tibet (2)
UdSSR (7)
UdSSR (Georgische SSR) (121)
Ungarische VR (40)
USA (4)
Zambia (4)

Virides ohne Fäden
Anatolien
Australien
Brasilien
VR Bulgarien (5)
Chile (4)
VR China
ČSSR (7)
Frankreich
Griechenland (2)
Italien (23)
SFR Jugoslawien
Kolumbien
Koreanische DVR
Mexiko
Niederlande (17)
Österreich (5)
VR Polen (6)
SR Rumänien (3)
Schweiz
Südafrika (3)
UdSSSR (Georgische SSR) (44)
Ungarische VR (6)

var. **vulgaris**; var. communis Aschers.

Lutei mit Fäden
ČSSSR (3)
SR Rumänien
UdSSR (Georgische SSR)

Lutei ohne Fäden
VR China
ČSSR (5)
Italien (5)
SFR Jugoslawien
Österreich (18)
VR Polen (2)
SR Rumänien (7)
UdSSR (Georgische SSR) (9)
Ungarische VR (2)

Virides mit Fäden
VR Albanien (4)
Anatolien (8)
Angola (4)
Äthiopien
Brasilien
VR Bulgarien (47)
Chile (5)
ČSSR (69)
DDR (2)
N-Griechenland (49)
Guatemala
Hindukusch (2)
Irak (2)
Italien (99)
SFR Jugoslawien (3)
Kolumbien (3)
Koreanische DVR (30)
Kuba (2)
Mexiko (10)
Niederlande (12)
Österreich (32)
Peru (2)
VR Polen (123)
SR Rumänien (24)
Tibet
UdSSR (4)
UdSSR (Georgische SSR) (86)
Ungarische VR (4)
USA (5)

Viridis ohne Fäden
Anatolien (3)
VR Bulgarien (3)
Chile (4)
VR China (3)
ČSSR (16)

Virides ohne Fäden
DDR (2)
N-Griechenland (16)
Hindukusch
Italien (77)
SFR Jugoslawien (3)
Koreanische DVR (9)
Niederlande (11)
Österreich (29)
VR Polen (8)
SR Rumänien (15)
Türkei
UdSSR
UdSSR (Georgische SSR) (150)
Ungarische VR (3)
Pisum abyssinicum A. Br.
var. **vavilovianum** Gov.
Äthiopien (4)
var. **viridulogriseum** Gov.
Äthiopien (2)
Pisum elatius (M. B.) Stev.
Pisum fulvum Sibth. et Sm.
Pisum sativum L. s. l.
ssp. **sativum**
convar. **axiphium** Alef.
var. **bretonicum** Körn. s. l.
ČSSR (3)
UdSSR (Georgische SSR)
var. **compocarpum** Alef.
ČSSR (8)
Griechenland (2)
Peloponnes (4)
Spanien (4)
UdSSR (Georgische SSR) (3)
var. **dinocarpum** Alef. s. l.
VR China
Peloponnes (6)
var. **durius** Alef.
Anatolien (2)
ČSSR (2)
UdSSR (Armenische SSR)
var. **furcans** Alef.
ČSSR
var. **giganteum** Lehm.
var. **kappertii** Lehm.
var. **melileucum** Alef. s. l.
VR China
var. **minus** Gov.
UdSSR (Georgische SSR)
var. **pedale** Alef. s. l.
var. **procerum** Alef.
var. **pseudopatris** Lehm.
var. **punctato-marmoratum** Körn
var. **viridum** Gov.
convar. **medullare** Alef.
var. **balticum** Alef. s. l.
ČSSR (4)
Hindukusch
Italien (2)
VR Polen (4)
var. **ecirrhosum** Berger
var. **gribowoense** Lehm.
var. **pervicax** Alef. s. l.
ČSSR (3)
Italien (2)
VR Polen
var. **pliculum** Alef.
var. **reginae** Alef. s. l.
Italien
VR Polen
var. **schneebergeri** Alef. s. l.
ČSSR (14)
Hindukusch
VR Polen (3)
UdSSR (Kirov)
var. **unionis** Alef. s. l.
ČSSR (5)
Spanien
var. **vilmorinii** Körn.
convar. **medullosaccharatum** (Körn.) Lehm.
var. **körnickei** Lehm.
var. **prasinum** Lehm.
var. **majakense** Lehm.
convar. **sativum**; convar. vulgare Alef.
var. **arcuatum** Alef. s. l.
ČSSR
UdSSR (Uzbekische SSR)
var. **atrovirens** Körn.
var. **chloromelan** Körn.
var. **cimitari** Alef. s. l.
ČSSR (2)
Italien (3)
var. **coronatum** Alef.
UdSSR
var. **episcopi** Alef. s. l.
VR China (3)
ČSSR (6)
Libyen
Peloponnes (2)
UdSSR (Georgische SSR)
var. **fonticulorum** Alef. s. l.
Italien (7)

var. **glaucospermum** (Alef.) Gov.
VR Bulgarien
ČSSR (4)
Hindukusch (3)
Indien
Italien (2)
Niederlande
Peloponnes
VR Polen
UdSSR
var. **gratiosum** Alef. s. l.
VR China (4)
Italien
var. **jessenii** Alef. s. l.
ČSSR
Hindukusch
Italien (5)
Libyen
Peloponnes
VR Polen (2)
var. **mesomelan** Alef.
Äthiopien
VR China (3)
ČSSR
N-Griechenland (3)
Hindukusch (13)
Kreta
Mongolische VR
Peloponnes
VR Polen
Portugal
var. **nanoanglicum** Körn.
ČSSR (2)
Italien
var. **nanoviride** Alef. s. l.
ČSSR (3)
Indien (2)
Italien
var. **ponderosum** Alef.
VR Bulgarien
ČSSR (8)
N-Griechenland
Italien
UdSSR
var. **pretiosum** Alef.
Italien
var. **pseudomesomelan** Lehm.
var. **superfluens** Alef. s. l.
Äthiopien (13)
VR China (2)
ČSSR (9)
Hindukusch (30)

var. **superfluens** Alef. s. l.
Indien (2)
Italien
SFR Jugoslawien (2)
Kreta
Libyen
Mexiko
Mongolische VR
Peloponnes (5)
VR Polen (5)
Spanien (2)
UdSSR (2)
Zambia
var. **vitellinum** Alef.
var. **waterlooense** Alef. s. l.
ČSSR (2)
N-Griechenland (3)
Hindukusch (3)
Italien (12)
Peloponnes
VR Polen (2)
Spanien (5)
convar. **speciosum** (Dierb.) Alef.
Populationen
VR Albanien (H)
Äthiopien (2)
VR Bulgarien (H)
Peloponnes
var. **alveolare** Gov.
Äthiopien
Italien
var. **alveolatum** Gov.
var. **angulare** Gov.
Äthiopien
var. **ankoberense** Gov.
ČSSR
Hindukusch
Peloponnes
var. **apunctatum** Gov.
Hindukusch (2)
var. **arvense** (L.) Alef.
Äthiopien
ČSSR (11)
Hindukusch (2)
Peloponnes
VR Polen
UdSSR (Armenische SSR)
var. **asmaricum** Gov.
var. **bimaculatum** Gov.
var. **capucinorum** Alef.
Äthiopien (3)
ČSSR (2)

var. **capucinorum** Alef.
Spanien (2)
var. **centrali-sibiricum** Gov.
ČSSR (7)
VR Polen
UdSSR
var. **commato-semineum** Gov. s. l
Hindukusch (3).
var. **concolor** Gov. s. l.
Äthiopien (6)
var. **fusco-umbilicatum** Gov.
Ägypten
Äthiopien (4)
ČSSR (2)
Hindukusch (3)
Mexiko
Spanien (3)
UdSSR (2)
var. **grandigriseum** Körn. s. l.
Äthiopien
VR China
VR Polen
var. **griseo-coloratum** Gov.
VR Albanien
Äthiopien (4)
ČSSR
Frankreich
N-Griechenland
Peloponnes
Spanien (3)
var. **hibernicum** Alef.
VR Albanien (1 H)
ČSSR (4 H)
N-Griechenland (2 H)
Mongolische VR
UdSSR (Georgische SSR)
var. **hiemale** Körn.
VR Albanien (2 H)
VR China
ČSSR (2 H)
Frankreich (2)
N-Griechenland (8 H)
Mongolische VR
Peloponnes (1 H)
VR Polen (1 H)
var. **ircutianum** Gov.
VR Polen
var. **melanocarpum** Alef.
var. **navale** Alef.
ČSSR
N-Griechenland
Italien (3)
var. **navale** Alef.
Peloponnes
var. **nigro-umbilicatum** Gov.
ČSSR (4)
Hindukusch
N-Griechenland (3 H)
Italien (2)
VR Polen
var. **nigro-violaceum** Gov.
var. **praecox** Alef.
ČSSR (2+1 H)
Hindukusch
Mongolische VR
VR Polen (2)
var. **pseudoroseum** Lehm.
VR China
var. **punctatum** (Ted.) Gov. p. p.
var. **roseum** Alef.
VR Polen
var. **sanguivitta** Alef.
VR China (2)
Hindukusch
Mongolische VR
var. **sanguivittopsis** Lehm.
Hindukusch (3)
Mongolische VR
var. **subharraricum** Gov.
Äthiopien
var. **subrufum** Lehm.
var. **thebaicum** (Willd.) Alef. s. l.
ČSSR (2)
Italien
Peloponnes
UdSSR (Pskov)
var. **violaceo-punctatum** Gov.
VR Albanien (1+1 H)
ČSSR
Frankreich
N-Griechenland (5 H)
Italien (2)
Hindukusch
Peloponnes (1 H)
var. **viridipunctulum** Alef.
ČSSR (1+1 H)
Mongolische VR (2)
UdSSR (3)
UdSSR (Georgische SSR)
UdSSR (Uzbekische SSR)
var. **zeylanicum** Alef.
Äthiopien (3)
ČSSR (2)
Hindukusch

var. **zeylanicum** Alef.
Italien
Kreta
ssp. **transcaucasicum** Gov.
UdSSR (Georgische SSR) (2)
Pisum syriacum (Berger) Lehm.
Sarothamnus scoparius (L.) Wimm.
Scorpiurus muricatus L. em Fiori et Paol.
ssp. **subvillosus** (L.) Thell.
Italien
Spartium junceum L.
Sphaerophysa salsula (Pall.) DC.
Mongolische VR
Tetragonolobus purpureus Moench
Italien
Tetragonolobus requienii (Mauri ex Sang.) Sang.
Tetragonolobus maritimus (L.) Roth; T. siliquosus (L.) Roth
Thermopsis caroliniana M. A. Curtis
Thermopsis chinensis Benth.
Thermopsis fabacea DC.
Thermopsis lanceolata R. Br.
Thermopsis lupinoides (L.) Link
Japan
Thermopsis rhombifolia (Nutt.) Rich.
Trifolium alexandrinum Jusl.
Indien
Italien
Portugal
Trifolium alpestre L.
Trifolium ambiguum M. B.
Trifolium angustifolium L.
Frankreich
UdSSR
Trifolium apertum Bobr.
UdSSR
Trifolium arvense L.
Trifolium bocconei Savi
Trifolium campestre Schreb.
Frankreich
Marokko
Schweden
Trifolium carmeli Boiss.
Israel
Trifolium cernuum Brot.
Frankreich
Trifolium cherleri Jusl.
Korsika
Trifolium clypeatum L.
Israel
Trifolium curvisepalum Täckh.
Trifolium desvauxii Boiss. et Bl.
Trifolium dichroanthum Boiss.
Israel
Trifolium dubium Sibth.
Belgien (2)
BRD
Portugal
Trifolium diffusum Erh.
UdSSR (Armenische SSR)
Trifolium echinatum M. B.
ssp. **supinum** (Savi) Aschers. et Graeb.
SR Rumänien
Trifolium fragiferum L.
ssp. **bonannii** (Presl.) Soj.
UdSSR
Ungarische VR
ssp. **fragiferum**
DDR (2)
Trifolium glomeratum L.
Korsika
Madeira
Marokko
Portugal
Trifolium heldreichianum Hausskn.
Trifolium hirtum All.
Trifolium hybridum L.
Trifolium incarnatum L.
Italien
Portugal
Trifolium isodon Murb.
Trifolium isthmocarpum Brot.
Portugal
Trifolium laevigatum Desf.
Trifolium lappaceum L.
Frankreich
Marokko
Portugal (2)
Trifolium leucanthum M. Bieb.
Trifolium ligusticum Balb.
Korsika
Portugal (2)
Trifolium medium Grufb.
var. **medium**
var. **sarosiense** (Hazsl.) Nyar.
Trifolium michelianum Savi s. l.
ssp. **balansae** (Boiss.) Thell.
VR Bulgarien

Trifolium microcephalum Pursh
USA
Trifolium miegeanum Maire
Portugal
Trifolium montanum L.
Trifolium nigrescens Viv.
ssp. **nigrescens**
Portugal
ssp. **petrisavii** (G. C. Clementi) Holmb.
Türkei
Trifolium occidentale D. E. Coombe
Frankreich
Trifolium ochroleucon Huds.
ČSSR
Trifolium pallidum W. et K.
Italien
Trifolium pannonicum Jacq.
Trifolium phleoides Pourr.
Trifolium pratense L.
ssp. **expansum** (W. et K.) Simk.
Iran
Türkei (4)
ssp. **pratense**
ČSSR
Portugal
ssp. **sativum** (Schreb.) Schübl. et Mart.
f. **albiflorum** Alef.
Trifolium repens L.
Iran
f. **giganteum** Lagr.-Foss.
Trifolium resupinatum L.
var. **majus** Boiss.
Afghanistan
Iran
Portugal
var. **minus** Boiss.
var. **resupinatum**
Trifolium rubens L.
Trifolium scabrum L.
Frankreich
Italien
Portugal
Trifolium spumosum L.
Trifolium squamosum L.; T. maritimum Huds.
Großbritannien (Essex)
Marokko
Trifolium squarrosum L.
Italien
Trifolium stellatum L.
Frankreich
Italien
SFR Jugoslawien
Portugal
Trifolium striatum L.
Frankreich
Trifolium suffocatum L.
Frankreich
Portugal
Trifolium tomentosum L.
Korsika
Portugal
Trifolium trichocephalum M. Bieb.
Trifolium tumens Stev.
Trifolium xerocephalum Fenzl
Trigonella caerulea (L.) Sér. in DC.
UdSSR (Georgische SSR) (20)
Trigonella calliceras Fisch et Mey.
Trigonella corniculata L.
Frankreich (2)
Indien
Italien
Trigonella cretica (L.) Boiss.
Trigonella foenum-graecum L.
Ägypten (3)
Äthiopien
Frankreich
Indien (2)
Italien (3)
Libyen (6)
UdSSR (Kopet-Dag)
USA
Trigonella geminiflora Bge.
Trigonella monspeliaca L.
Frankreich
Trigonella noëana Boiss.
Trigonella polycerata L.
Vicia americana Muhl. ex Willd.
Kanada
Vicia amoena Fisch. in DC.
var. **angusta** Freyn
var. **oblongifolia** Rgl.
VR China
Vicia amphicarpa L.
Israel
Vicia amurensis Oett.
VR Chia
UdSSR
Vicia anatolica Turrill; V. hajastana Grossh.
UdSSR (Kopet-Dag)

Vicia angustifolia L.
ssp. **angustifolia**
ČSSR (5)
Dänemark
DDR (8)
Finnland
Frankreich (5)
Großbritannien
Irland
Niederlande
VR Polen (2)
Portugal (3)
Schweden (2)
Teneriffa
UdSSR
ssp. **segetalis** (Thuill.) Gaud.
Afghanistan
Ägypten
VR Albanien
Anatolien (5)
BRD
VR Bulgarien (2)
ČSSR (13)
DDR (2)
Frankreich (11)
N-Indien (3)
Iran
Italien (2)
Japan (15)
SFR Jugoslawien
Kreta (2)
Pakistan
Peloponnes (12)
VR Polen (6)
Portugal (2)
Spanien
Tibet
Tunesien (2)
UdSSR (12)
Ungarische VR
Vicia articulata Hornem.
Italien (3)
Spanien (6)
Vicia benghalensis L.
Italien
Portugal
Spanien
Vicia biennis L.; V. picta Fisch. et Mey.
Vicia bithynica L.
Frankreich
N-Griechenland
Vicia bithynica L.
Italien (4)
Peloponnes
Vicia cassubica L.
VR Polen
Schweden
UdSSR
Vicia cordata Wulf.
Ägypten (2)
VR Albanien
Anatolien (6)
Frankreich
N-Griechenland (3)
Italien (12)
Kreta (6)
Peloponnes
Portugal (4)
Spanien (4)
Vicia cracca L.
var. **cracca**
DDR (2)
Finnland
Frankreich (2)
SR Rumänien
Schweden
Spanien
UdSSR (2)
var. **grossheimii** (Ekvtim.) Radzhi
Vicia dalmatica Kern.
VR Bulgarien
UdSSR (Krim)
Vicia dasycarpa Ten.
Anatolien (7)
Italien
VR Polen (3)
Spanien (2)
Vicia disperma DC.
Portugal
Vicia dumetorum L.
DDR (2)
Vicia elegans Guss.
UdSSR (Armenische SSR) (2)
Vicia epetiolaris Burk.
Vicia eriocarpa (Hausskn.) Hal.
Anatolien (15)
N-Griechenland (2)
Peloponnes (2)
Vicia ervilia (L.) Willd.
Afghanistan (13)
VR Albanien (8)
Anatolien (9)
Frankreich

Vicia ervilia (L.) Willd.
N-Griechenland (19)
Irak
Iran (6)
Kreta (6)
Peloponnes (15)
Spanien (4)
Syrien (6)
Türkei (19)
UdSSR (Georgische SSR)
Zypern
Vicia faba L.
ssp. **faba**
var. **equina** Pers.
subvar. **equina**
Ägypten
Anatolien (2)
VR China (4)
ČSSR (6)
Italien (6)
SFR Jugoslawien
Kreta (4)
Peloponnes (7)
VR Polen (12)
UdSSR (Georgische SSR)
UdSSR (Ukrainische SSR) (3)
subvar. **rugosa** Murat.
Ägypten (4)
Äthiopien
VR Bulgarien
VR China
N-Griechenland
Italien (7)
Marokko (2)
Schweiz
Spanien (3)
Türkei (3)
UdSSR (Burjatische ASSR)
var. **faba**
subvar. **clausa** Murat.
ČSSR
Griechenland (5)
Italien (12)
SFR Jugoslawien
Kreta
Libyen
Spanien (7)
Türkei (2)
subvar. **faba**
VR Bulgarien
ČSSR
Italien
subvar. **faba**
Peloponnes
VR Polen (8)
ssp. **minor** (Peterm. em. Harz) Rothm.
var. **minor**
subvar. **minor**
Elatae-Gruppe
Afghanistan
Anatolien
VR Bulgarien
ČSSR (2)
Frankreich (7)
Peloponnes (6)
VR Polen (9)
Schweiz (2)
Spanien
UdSSR (7)
Pluricaules-Gruppe
Afghanistan
Frankreich (2)
Indien
Italien (11)
Marokko
Peloponnes (14)
Spanien
Syrien
UdSSR (7)
subvar. **tenuis** Murat.
Afghanistan (3)
Ägypten
Äthiopien (69)
Indien (2)
Libyen (3)
Spanien (7)
Syrien
UdSSR (Tadžikische SSR)
Vicia galilaea Plitm. et Zoh.
var. **faboidea** (Plitm. et Zoh.) Schäf.
Türkei
var. **galilaea**
Israel
Vicia gigantea Hook.
Vicia graminea Sm.
Vicia grandiflora Scop.
var. **grandiflora**
VR Polen
Türkei
var. **kitaibeliana** Koch
Ungarische VR
Vicia hirsuta (L.) S. F. Gray
Äthiopien

Vicia hirsuta (L.) S. F. Gray
DDR
Großbritannien (2)
N-Indien (3)
VR Polen (3)
Vicia hybrida L.
Anatolien
Italien
UdSSR (Krim)
Vicia hyrcanica Fisch. et Mey.
Vicia incana Gouan
Frankreich
Vicia incisaeformis Stef.
Vicia johannis Tamamsch.
var. **johannis**
Frankreich
Türkei (2)
UdSSR (3)
var. **procumbens** Schäf.
Türkei (55)
UdSSR
Vicia lathyroides L.
ČSSR
Ungarische VR
Vicia ludoviciana Nutt.
USA (Texas)
Vicia lutea L.
Frankreich
N-Griechenland
Peloponnes (2)
Portugal
Vicia macrocarpa (Moris) Bertol.
Griechenland (Karpathos) (2)
Italien (3)
Sizilien (8)
Vicia megalotropis Ldb.
Vicia melanops Sibth. et Sm.
var. **loiseaui** d'Allz.
Frankreich
var. **melanops**
Vicia michauxii Spreng.
UdSSR (Armenische SSR)
UdSSR (Mittelasien)
UdSSR (Uzbekische SSR)
Vicia monantha Retz.
ssp. **monantha**; V. cinerea M. B.
Spanien
ssp. **triflora** (Ten.) Burtt et Lewis; V. calcarata Desf.
Ägypten (2)
Spanien
Vicia narbonensis L.
var. **aegyptiaca** Körn.
Spanien (3)
Türkei (10)
var. **affinis** Körn.
Frankreich
Spanien
Tunesien (3)
Türkei (3)
var. **jordanica** Schäf.
Frankreich
Israel (4)
Türkei
var. **narbonensis**
Italien (2)
Kreta (2)
Portugal (6)
var. **salmonea** (Mout.) Schäf.
Israel (2)
Vicia neglecta Hanelt et Mettin
VR China
Vicia ochroleuca Ten.
ssp. **dinara** (Borb.) Maly ex Rohl.
SFR Jugoslawien
Vicia onobrychioides L.
Frankreich
Mallorca
Vicia oroboides Wulf.
Vicia orobus DC.
Norwegen
Vicia palaestina Boiss.
Vicia pannonica Crantz
ssp. **pannonica**
Anatolien
Ungarische VR
ssp. **striata** (Bieb.) Nym.
Anatolien (10)
Frankreich (2)
N-Griechenland
Peloponnes
Spanien
Vicia peregrina L.
Anatolien (3)
Spanien
Türkei
UdSSR (Armenische SSR)
UdSSR (Kopet-Dag)
UdSSR (Mittelasien)
Vicia pilosa M. Bieb.
UdSSR (Krim.)
Vicia pisiformis L.
Ungarische VR

Vicia pseudorobus Fisch. et Mey.
VR China
UdSSR (Vladivostok)
Vicia pubescens Link
Portugal
Vicia pyrenaica Pourr.
Pyrenäen
Vicia sativa L.
convar. **cosentini** (Guss.) Arcang.
Anatolien (2)
Frankreich
N-Griechenland (5)
Italien (5)
Kreta (3)
Peloponnes (27)
Spanien (6)
UdSSR (Kopet-Dag)
convar. **sativa**
var. **platysperma** Barul.; V. leganyana Rap. et Leng.
ČSSR (3)
DDR
N-Griechenland
VR Polen (4)
var. **sativa**
VR Albanien (8)
Anatolien (15)
VR Bulgarien (31)
ČSSR (23)
DDR (2)
Frankreich (4)
N-Griechenland (21)
Ian (22)
Italien (18)
SFR Jugoslawien (4)
Kreta (12)
Mongolische VR (5)
Peloponnes (40)
VR Polen (12)
SR Rumänien
Spanien (52)
UdSSR (6)
UdSSR (Georgische SSR) (9)
Vicia semiglabra Rupr. ex Boiss.
ssp. **caucasica** (Ekvtim.) Radzhi; V. sosnovskyi Ekvtim.
UdSSR (Kaukasus)
Vicia sepium L.
var. **montana** Koch
Finnland (2)
var. **sepium**
DDR
var. **sepium**
SR Rumänien
UdSSR (2)
Vicia serratifolia Jacq.
Frankreich (3)
Spanien
Türkei
UdSSR
Ungarische VR
Vicia sylvatica L.
DDR (2)
Vicia tenuifolia Roth
ČSSR (2)
DDR
Schweden
UdSSR (3)
Vicia tenuissima (M. B.) Schinz et Thell.
Portugal
Vicia tetrasperma (L.) Schreb.
DDR
Großbritannien
VR Polen
UdSSR (Georgische SSR)
UdSSR (Krim)
Vicia unijuga A. Br.
Vicia vicioides (Desf.) Cout.
Vicia villosa Roth
ssp. **eriocarpa** (Hausskn.) Ball.
Anatolien (15)
N-Griechenland (2)
Peloponnes (2)
ssp. **varia** (Host) Corb.; V. dasycarpa Ten.
Anatolien (7)
Italien
VR Polen (3)
Spanien (2)
ssp. **villosa**
Anatolien (15)
ČSSR (3)
DDR
Iran
VR Polen (2)
f. **albiflora** Schur
Vigna aconitifolia (Jacq.) Maréchal; Phaseolus aconitifolius Jacq.
Vigna angularis (Willd.) Ohwi et Ohashi; Phaseolus angularis (Willd.) W. F. Wight
Äthiopien
VR China (25)

Vigna angularis (Willd.) Ohwi et Ohashi
Japan (2)
Koreanische DVR
Vigna mungo (L.) Hepper; Phaseolus mungo L.
Afghanistan
Indien
Vigna radiata (L.) Wilcz.; Phaseolus radiatus L.
Ägypten
VR China (5)
Irak (8)
Peloponnes (2)
UdSSR (Krim)
Vigna umbellata (Thunb.) Ohwi et Ohashi; Phaseolus calcaratus Roxb.
VR China
Indonesien
UdSSR (Georgische SSR)
Vigna unguiculata (L.) Walp.
ssp. **cylindrica** (L.) Verdc.
ssp. **sesquipedalis** (L.) Verdc.
VR China (17)
Indien
ssp. **unguiculata**
Afrika (12)
Ägypten
VR China (2)
Indien
Irak (2)
Italien (4)
Kolumbien
UdSSR (6)

Oxalidaceae

Oxalis tetraphylla Cav.
Oxalis tuberosa Molina

Geraniaceae

Erodium gruinum (L.) L'Hér.

Tropaeolaceae

Tropaeolum majus L.

Zygophyllaceae

Peganum harmala L.

Linaceae

Linum altaicum Ledeb.
Linum austriacum L.
ssp. **austriacum**
DDR
UdSSR
ssp. **collinum** Nym.
UdSSR (Georgische SSR)
ssp. **euxinum** (Juz.) Ockendon
UdSSR (Krim)
Linum capitatum Kit. ex Schultes
Linum elegans Spruner ex Boiss.
Kreta
Linum flavum L.
Ungarische VR
Linum grandiflorum Desf.
Linum hirsutum L.
ssp. **hirsutum**
SR Rumänien
Linum komarovii Jus.
Linum leonii F. W. Schultz
DDR
Linum lewisii Pursh
Kanada
Linum mesostylum Juz.
Linum narbonense L.
Linum nodiflorum L.
UdSSR (Krim)
Linum pallescens Bunge
UdSSR
Linum perenne L
ssp. **anglicum** (Mill.) Ockendon
ssp. **extraaxillare** (Kit.) Nym.
VR Polen
ssp. **perenne**
ČSSR
Linum stelleroides Planch.
Linum strictum L.
ssp. **strictum**
Linum suffruticosum L.
ssp. **salsoloides** (Lam.) Rouy
Frankreich
Linum tauricum Willd.
Linum tenuifolium L.
ČSSR
DDR

Linum tenuifolium L.
Frankreich
Ungarische VR
Linum thracicum Degen
SR Rumänien
Linum trigynum L.
Frankreich
Linum usitatissimum L.
ssp. **angustifolium** (Huds.) Thell.
England (2)
Frankreich (13)
Irland
Italien (21)
Kanarische Inseln
Korsika (2)
Portugal (2)
Spanien (6)
UdSSR (Georgische SSR) (3)
ssp. **usitatissimum**
convar. **crepitans** (Boenningh.) Kulpa et Danert
var. **crepitans** Boenningh.
Balkan
SFR Jugoslawien
Portugal (6)
Spanien
Türkei
UdSSR (3)
convar. **elongatum** Vav. et Ell.
var. **crispum** Vav. et Ell.
Frankreich
var. **elatum-multicaule** Schur
Argentinien
Belgien (2)
Brasilien
VR Bulgarien (19)
Chile
VR China (2)
ČSSR (4)
Deutschland (12)
Finnland (7)
Frankreich
Großbritannien
Hindukusch (4)
Indien
Iran
Irland
Mittelamerika
Niederlande
VR Polen (8)
Portugal
Rhodos

var. **elatum-multicaule** Schur
SR Rumänien (7)
Spanien (2)
Türkei (2)
UdSSR (10)
UdSSR (Estnische SSR) (3)
UdSSR (Lettische SSR) (7)
UdSSR (Litauische SSR)
Ungarische VR (2)
USA (6)
var. **flavescens** Alef.
var. **regale** Scheidw.
Äthiopien
Argentinien (2)
Balkan
Belgien (2)
VR Bulgarien (3)
VR China
ČSSR (2)
DDR
Finnland (2)
Frankreich (2)
Italien
Niederlande (2)
VR Polen (4)
Portugal
Spanien
var. **roseum** Vav. et Ell.
Ägypten
Deutschland
convar. **mediterraneum** (Vav. ex Ell.) Kulpa et Danert
var. **macranthum** Vav. et Ell.
var. **macrocarpum** Alef.
Ägypten
Argentinien
Balkan (16)
Brasilien
VR China (2)
Frankreich (2)
Hindukusch
Indien (2)
Italien (9)
Libyen (5)
Marokko (7)
Nordafrika
Portugal (2)
Sizilien (2)
Türkei (2)
Ungarische VR
Zypern (2)
convar. **usitatissimum**

var. **albidum** How. et Rahm.
Argentinien
Hindukusch
Israel
var. **albocoeruleum** How. et Rahm.
Äthiopien (2)
Frankreich
Iran
Norwegen
Türkei
UdSSR (2)
var. **album** How. et Rahm.
Argentinien
Äthiopien
Hindukusch
Marokko
VR Polen
var. **angustipetalum** Vav. et Ell.
Frankreich (2)
Schweden
var. **axumicum** Cif.
Australien
var. **caesium** How. et Rahm.
Afghanistan
Ägypten (2)
Argentinien
Äthiopien (22)
Balkan (5)
Belgien
VR Bulgarien (7)
Chile
VR China
ČSSR (4)
Dänemark
Erythraea
Finnland
Frankreich (6)
Großbritannien
Hindukusch (9)
Indien (5)
Irak
Iran (59)
Irland (2)
Italien
Japan (2)
Kanada (5)
Kreta
Marokko
Mittelamerika
Niederlande
Österreich
VR Polen (4)

var. **caesium** How. et Rahm.
Portugal (3)
Rhodos
SR Rumänien (7)
Schweiz
Spanien (3)
Türkei (7)
UdSSR (15)
UdSSR (Estnische SSR) (2)
UdSSR (Lettische SSR)
Ungarische VR
Uruguay
USA
Zypern
var. **candidum** Vav. et Ell.
var. **choresmicum** Vav. et Ell.
var. **elegans** Vav. et Ell.
var. **indicum** How. et Rahm.
Afghanistan
Hindukusch (4)
Marokko
Spanien
Ungarische VR
var. **lutescens** How. et Rahm.
Argentinien
var. **luteum** How. et Rahm.
var. **pekinense** Vav. et Ell.
var. **pratense** How. et Rahm.
Äthiopien
var. **purpurascens** Vav. et Ell.
var. **usitatissimum**
Argentinien (3)
Äthiopien (8)
Australien
Balkan (3)
Brasilien (2)
VR Bulgarien (14)
Chile (2)
VR China
DDR
Finnland (2)
Frankreich (3)
Griechenland
Hindukusch (14)
Indien (3)
Iran (3)
Israel
Italien
SFR Jugoslawien (6)
Kanada
Kreta
Marokko (2)

var. **usitatissimum**
Niederlande (2)
Österreich
VR Polen
Portugal (9)
SR Rumänien (2)
Schweden (2)
Schweiz
Spanien (4)
Türkei (27)
UdSSR (3)
Ungarische VR (3)
Uruguay (6)
Zypern

Euphorbiaceae

Euphorbia lathyris L.
Koreanische DVR
UdSSR (Kuban-Gebiet)
Ricinus communis L.
Äthiopien
Australien (2)
VR China (2)
Italien
UdSSR (3)

Rutaceae

Dictamnus albus L.
Ruta chalepensis L.
var. **chalepensis**
Italien
Ruta graveolens L.
Libyen
var. **vulgaris** Willk.
DDR (8)
Ruta montana L.

Balsaminaceae

Impatiens balsamina L.
UdSSR (Georgische SSR) (3)

Tiliaceae

Corchorus olitorius L.
VR China
Indien
Libyen

Malvaceae

Abelmoschus esculentus (L.) Moench
Ägypten
Irak (4)
Libyen (4)
Abutilon theophrasti Medik.
VR China (3)
Koreanische DVR
Althaea cannabina L.
Althaea ficifolia (L.) Cav.
Althaea officinalis L.
DDR (2)
Althaea rosea (L.) Cav.
var. **nigra** hort.
Althaea rugosa (Alef.) Litvin.
UdSSR (Georgische SSR)
Anoda cristata (L.) Schlechtd.
Gossypium arboreum L.
Gossypium barbadense L.
Gossypium herbaceum L.
Gossypium hirsutum L.
Hibiscus cannabinus L.
Ägypten (2)
Hibiscus trionum L.
Kitaibelia vitifolia Willd.
Lavatera thuringiaca L.
Lavatera trimestris L.
DDR
Malachra capitata L.
Malope trifida Cav.
Malva alcea L.
var. **fastigiata** Koch
Malva neglecta Wallr.
Malva nicaensis All.
Malva parviflora L.
Malva pusilla Sm.
Malva sylvestris L.
ssp. **mauritiana** (L.) Aschers. et Graebn.
Mongolische VR
ssp. **sylvestris**
Italien
UdSSR (Georgische SSR)
Malva verticillata L.
var. **chinensis** (Mill.) Danert
Hindukusch (3)
var. **crispa** L.
Mongolische VR
UdSSR (Georgische SSR) (5)
var. **neuroloma** Schlechtd.
Mongolische VR

var. **rosulata** Danert
Mongolische VR
Tibet (4)
var. **tibetica** Danert
Tibet
var. **verticillata**
VR China
Sida rhombifolia L.
Urocarpidium peruvianum (L.) Krapov.

Sterculiaceae

Pentapetes phoenicea L.

Violaceae

Viola tricolor L.
ssp. **arvensis** (Murr.) Gaud.
var. **agrestis** (Jord.) Gren.
ssp. **tricolor**

Cucurbitaceae

Benincasa hispida (Thunb.) Cogn.
Citrullus colocynthis (L.) Schrad.
Citrullus lanatus (Thunb.) Matsum. et Nakai
ssp. **lanatus**
var. **citroides** (Bailey) Mansf.; C. colocynthoides Pang. (6)
var. **lanatus**
Wildsippe, Kapprovinz („Tsamma")
ssp. **vulgaris** (Schrad.) Fursa; C. vulgaris Schrad.
var. **caffer** (Schrad.) Mansf.
VR China
SFR Jugoslawien
Südbalkan
Süditalien
UdSSR (Georgische SSR)
Cucumis anguria L.
ssp. **anguria**
ssp. **longipes** (Hook. f.) Greb.
Cucumis dipsaceus Ehrh.
Cucumis melo L.
ssp. **agrestis** (Naud.) Greb.
convar. **agrestis** (Naud.) Greb.
Afghanistan
convar. **agrestis** (Naud.) Greb.
Nigeria
Senegal
Südafrika
Türkei
UdSSR (Aschchabad)
UdSSR (Taschkent)
Westafrika
convar. **conomon** (Thunb.) Greb.
VR China
Japan
DR Vietnam
ssp. **melo**
convar. **dudaim** (L.) Greb.
Afghanistan
Irak
UdSSR (Georgische SSR)
convar. **flexuosus** (L.) Greb.
Indien
Irak
Libyen
Süditalien
convar. **melo**
VR China
Kreta
Libyen
Südbalkan
Süditalien
Türkei
UdSSR (Georgische SSR)
Cucumis metuliferus E. Mey. ex Schrad.
Cucumis myriocarpus Naud.
Cucumis sativus L.
ssp. **agrestis** Gabaev; var. hardwickii (Royle) Alef.
ssp. **sativus**
(Freilandgurken)
Afghanistan
VR China
Hindukusch
Koreanische DVR
Libyen
Südbalkan
Süditalien
UdSSR (Armenische SSR)
UdSSR (Georgische SSR)
Cucurbita ficifolia Bouché; C. melanosperma A. Br.
Cucurbita foetidissima Kunth
Cucurbita lundelliana Bailey
Cucurbita maxima Duch. ex Lam.

ssp. **andreana** (Naud.) Filov
ssp. **maxima**
convar. **bananina** Greb.
convar. **hubbardina** Greb.
convar. **maxima**
Argentinien
Chile
VR China
SFR Jugoslawien
Libyen
SR Rumänien
Süditalien
UdSSR (Georgische SSR)
convar. **parvifructina** Greb.
Wildsippe, Argentinien (C. andreana Naud.)
convar. **turbaniformis** (Roem.) Alef.
convar. **zapallitina** Greb.
Cucurbita mixta Pang.
Mittelamerika
Cucurbita moschata (Duch. ex Lam.) Duch ex Poir.
convar. **abbreviatina** Greb.
convar. **japonica** (Zhit.) Greb.
convar. **moschata**
convar. **nativa** Greb.
Cucurbita okeechobeensis Bailey
Cucurbita palmata Wats.
Cucurbita pepo L.
ssp. **pepo**
convar. **giromontiina** Greb.
var. **courgero** (Sér.) Greb.
var. **giromontia** Alef. s. l.
Griechenland
SFR Jugoslawien
Libyen
Süditalien
UdSSR (Georgische SSR)
var. **oleifera** Pietsch
Mitteleuropa
convar. **microcarpina** Greb.
var. **aurantia** (Willd.) Alef.
var. **coronaria** hort.
var. **ovifera** (L.) Alef.
var. **pomiformis** (Roem.) Alef.
var. **pyriformis** Alef.
var. **verrucosa** (L.) Alef.
convar. **patissonina** Greb.
convar. **pepo**; convar. citrullinina Greb.
var. **pepo**
Brasilien
var. **pepo**
ČSSR (Slowakische SR)
SFR Jugoslawien
Mexiko
Nigeria
SR Rumänien
Süditalien
Südbalkan
UdSSR (Georgische SSR)
var. **styriaca** Greb.
Mitteleuropa
convar. **torticollis** (Alef.) Greb.
Cucurbita sororia Bailey
Cyclanthera brachystachia (Sér.) Cogn.; C. explodens Naud.
Cyclanthera pedata (L.) Schrad.
Diplocyclos palmatus (L.) C. Jeffrey; Bryonopsis laciniosa Naud.
Ecballium elaterium (L.) A. Rich.
Echinocystis wrightii (A. Gray) Cogn.
Kedrostis africana (L.) Cogn.
Lagenaria siceraria (Mol.) Standl.; L. vulgaris Sér.
ssp. **asiatica** (Kob.) Heiser
ssp. **siceraria** L. vulgaris ssp. africana Kob.
Luffa acutangula (L.) Roxb.
Luffa cylindrica (L.) Roem.; L. aegyptiaca Mill.
Melothria japonica (Thunb.) Maxim.
Melothria pendula L.
Melothria scabra Naud.
Momordica balsamina L.
Momordica charantia L.
Thladiantha dubia Bunge
Trichosanthes cucumerina L.
ssp. **anguina** (L.) Greb.

Onagraceae

Oenothera biennis L.

Araliaceae

Aralia cordata Thunb.

Umbelliferae

Ammi majus L.
Portugal
Ammi visnaga (L.) Lam.
Irak
Portugal
Anethum graveolens L.
Afghanistan
Ägypten
Balkan (2)
VR Bulgarien
ČSSR (5)
Indien (2)
Irak
Koreanische DVR
Libyen
Mongolische VR
VR Polen
SR Rumänien (2)
UdSSR (Georgische SSR) (17)
Ungarische VR
Angelica archangelica L.
ssp. **archangelica**
BRD
DDR (3)
ssp. **litoralis** (Fries) Thell.
Dänemark
Schweden
Anthriscus cerefolium (L.) Hoffm.
ssp. **cerefolium**
DDR (3)
UdSSR (Georgische SSR)
Apium graveolens L.
var. **dulce** (Mill.) Pers.
Balkan (2)
VR China
Italien (3)
Japan
var. **graveolens**; var. silvestre Presl
BRD (2)
DDR (2)
Frankreich
Italien
var. **lusitanicum** (Mill.) DC.
var. **rapaceum** (Mill.) Gaud.
ČSSR
var. **secalinum** Alef.
BRD
VR China (4)
UdSSR (Georgische SSR) (8)
Bifora radians M. B.
Carum carvi L.
ČSSR (2)
Finnland
Frankreich
Italien
SR Rumänien
UdSSR (Georgische SSR)
Chaerophyllum aureum L.
Chaerophyllum bulbosum L.
DDR
Cnidium officinale Mak.
Koreanische DVR
Conium maculatum L.
Frankreich
Coriandrum sativum L.
var. **microcarpum** DC.
Afghanistan
VR China (5)
Spanien
UdSSR (Armenische SSR) (2)
UdSSR (Georgische SSR) (38)
UdSSR (2)
var. **sativum**
Ägypten
Irak
Italien
Libyen (4)
UdSSR (Georgische SSR)
UdSSR (Tadžikische SSR)
Cuminum cyminum L.
var. **cyminum**
Ägypten
Libyen
UdSSR (Armenische SSR)
Daucus aureus Desf.
Israel
Daucus carota L.
ssp. **carota**
DDR
Italien
ssp. **commutatus** (Paol.) Thell.
Italien
ssp. **gummifer** Hook. f.
Frankreich
ssp. **maritimus** (Lam.) Batt.
ssp. **sativus** (Hoffm.) Schübl. et Mart.
VR China (2)
Libyen
Neuseeland
UdSSR (Georgische SSR) (3)
UdSSR (Krim)

Daucus muricatus L.
Didiscus pusillus (DC.) F. v. M.
Foeniculum vulgare Mill.
Italien
var. **azoricum** (Mill.) Thell.
DDR (2)
Italien
Spanien
var. **dulce** (Mill.) Thell.
UdSSR (Georgische SSR)
var. **vulgare**
Heracleum mantegazzianum Sommier et Levier
ČSSR
Levisticum officinale Koch
ČSSR
DDR (2)
VR Polen
Myrrhis odorata (L.) Scop.
DDR (2)
Finnland
Oenanthe decumbens (Thunb.) Pol.
Koreanische DVR
Oenanthe pimpinelloides L.
Orlaya kochii Heywood
Pastinaca sativa L.
ssp. **urens** (Req. ex Godr.) Čelak.
Belgien
ssp. **sativa**
var. **pratensis** Pers.
DDR
Schweden
var. **sativa**
ČSSR
DDR (3)
UdSSR (Georgische SSR) (2)
Petroselinum crispum (Mill.) Nym. ex A. W. Hill
convar. **crispum**
var. **crispum**
f. **crispum**
var. **neapolitanicum** Danert
Italien (3)
var. **vulgare** (Nois.) Danert
f. **angustifolium** (Hayne) Danert
ČSSR
f. **vulgare** (Nois.) Danert
Frankreich
Italien (6)
Libyen
UdSSR (Georgische SSR) (14)
f. **vulgare** (Nois.) Danert
UdSSR (Tadžikische SSR)
convar. **radicosum** (Alef.) Danert
var. **radicosum** (Alef.) Danert
f. **breve** (Alef.) Danert
f. **radicosum** (Alef.) Danert
ČSSR (5)
Pimpinella anisum L.
Ägypten
VR Bulgarien
Indien
Türkei
Pimpinella major (L.) Huds.
Pimpinella rhodantha Boiss.
Pimpinella saxifraga L.
Scandix pecten-veneris L.
Seseli montanum L.
Silaum silaus (L.) Schinz et Thell.
Sium sisarum L.
var. **sisarum**
Trachyspermum ammi (L.) Sprague

Primulaceae

Anagallis arvensis L.
ssp. **arvensis**
var. **carnea** Schrank
var. **coerulea** (Schreb.) Gren. et Godr.
Anagallis monelli L.
Lysimachia punctata L.
Primula veris L.

Plumbaginaceae

Plumbago zeylanica L.

Gentianaceae

Centaurium minus Moench
DDR
Gentiana lutea L.

Apocynaceae

Catharanthus roseus (L.) Don
var. **albus** Don
var. **roseus**

Rauvolfia serpentina (L.) Benth. ex Kurz
Rauvolfia tetraphylla L.
Rauvolfia verticillata (Lour.) Baill.

Asclepiadaceae

Asclepias incarnata L.
VR China
Asclepias rubra L.
Asclepias syriaca L.

Rubiaceae

Asperula orientalis Boiss. et Hoh.; A. azurea Jaub. et Sp.
Asperula tinctoria L.
Rubia cordifolia L.
VR China
Rubia tinctorum L.

Polemoniaceae

Polemonium coeruleum L.
Mongolische VR

Convolvulaceae

Ipomoea lacunosa L.
Ipomoea purpurea (L.) Roth
Pharbitis nil (L.) Choisy

Hydrophyllaceae

Phacelia campanularia A. Gray
Phacelia cicutaria Greene
Phacelia ciliata Benth.
Phacelia distans Benth.
Phacelia grandiflora (Benth.) A. Gray
Phacelia magellanica (Lam.) Cov.
Phacelia malvifolia Cham. et Schlechtd.
Phacelia tanacetifolia Benth.
var. **tenuisecta** Brand
Phacelia viscida (Benth.) Torr.

Boraginaceae

Alkanna primuliflora Griseb.
Anchusa officinalis L.
Borago officinalis L.
Cerinthe minor L.
Ungarische VR
Cynoglossum officinale L.
Lithospermum arvense L.
Lithospermum erythrorhizon Sieb. et Zucc.
Lithospermum officinale L.
Lithospermum purpureo-coeruleum L.
DDR
Symphytum asperum Lepech.
Symphytum officinale L.
ssp. **officinale**
DDR
Symphytum × uplandicum Nym.
DDR (8)

Verbenaceae

Stachytarpheta jamaicensis (L.) Vahl
Sri Lanka
Verbena officinalis L.

Labiatae

Agastache urticifolia (Benth.) Kuntze
Betonica officinalis L.
Calamintha sylvatica Bromfield
Calamintha nepeta (L.) Savi
UdSSR (Georgische SSR)
Clinopodium chinense (Benth.) O. Ktze.
Clinopodium vulgare L.
Italien
Dracocephalum austriacum L.
Dracocephalum grandiflorum L.
Dracocephalum moldavica L.
Dracocephalum multicaule Montr. et Auch.
Dracocephalum ruyschiana L.
Horminum pyrenaicum L.
Hyssopus officinalis L.
ssp. **aristatus** (Godr.) Briq.
ssp. **officinalis**

var. **officinalis**
f. **albus** (Alef.) Gams
f. **officinalis**
DDR
f. **rubra** (Mill.) Gams
Hyssopus seravschanicus (Dub.) Pazij
Lallemantia canescens (L.) Fisch. et Mey.
Lallemantia iberica (M. B.) Fisch. et Mey.
f. **sulphurea** Grossh.
Lallematia peltata (L.) Fisch. et Mey.
UdSSR (Armenische SSR) (2)
Lallemantia royleana (Benth.) Benth.
UdSSR
Lavandula angustifolia Mill.
Lavandula latifolia Medik.
Lavandula maroccana Murb.
Lavandula multifida L.
Lavandula stoechas L.
Leonurus cardiaca L.
Leonurus sibiricus L.
Leonurus villosus Desf.
Lycopus exaltatus L. f.
Majorana hortensis Moench
Marrubium vulgare L.
Melissa officinalis L.
DDR (2)
Mentha aquatica L.
Belgien
Portugal
Mentha arvensis L.
Belgien
ssp. **austriaca** (Jacq.) Briq.
DDR
ssp. **haplocalyx** Briq.
Mentha cervina L.
Mentha ×dalmatica Tausch
Mentha gattefossei Maire
Mentha ×gentilis L.
DDR (14)
Mentha longifolia (L.) L.
Frankreich (3)
Italien (3)
Spanien
UdSSR (Georgische SSR) (3)
var. **crispa** Benth.
Mentha ×piperita L.
DDR (3)
Italien
Mentha pulegium L.
Frankreich
Mentha ×rotundifolia (L.) Huds.
Mentha spicata L. em. L.
VR China
ČSSR
DDR (4)
Republik Kuba
Spanien
UdSSR (Georgische SSR)
Mentha suaveolens Ehrh.
ssp. **insularis** (Req.) Greuter
Korsika
ssp. **suaveolens**
Frankreich
Italien
Spanien
Moluccella laevis L.
Monarda didyma L.
Monarda fistulosa L.
Moschosma polystachyum Benth.
Nepeta cataria L.
ČSSR
DDR (2)
var. **citriodora** (Becker) Balbis
Nepeta grandiflora M. B.
Ocimum basilicum L.
ssp. **basilicum**
var. **basilicum**
Irak (2)
Italien (2)
UdSSR (Armenische SSR)
UdSSR (Georgische SSR) (2)
var. **difforme** Benth.
Italien
f. **bullatum** (Lam.) Gams
var. **glabratum** Benth.
var. **majus** Benth.
Italien (10)
UdSSR (Mittelasien)
var. **purpurascens** Benth.
Italien
UdSSR (Armenische SSR)
UdSSR (Georgische SSR) (2)
ssp. **minimum** (L.) Danert
var. **minimum** (L.) Alef.
f. **minimum** (L.) Danert
Ocimum canum Sims
Ocimum carnosum Link et Otto
Ocimum gratissimum L.
Portugal

Ocimum tenuifolium L.
Koreanische DVR
Republik Kuba
Origanum vulgare L.
Ungarische VR
ssp. **virens** (Hoffm. et Link) Ietswaart
ssp. **viride** (Boiss.) Hayek
Italien (2)
ssp. **vulgare**
var. **vulgare**
Perilla frutescens (L.) Britt.
VR China
Koreanische DVR (6)
Perilla ocimoides L.
Phlomis tuberosa L.
Mongolische VR
Phlomis viscosa Poir.
Prunella laciniata (L.) L.
Prunella vulgaris L.
Salvia coccinea Juss. ex Murr.
Salvia columbariae Benth.
Salvia glutinosa L.
ČSSR
Salvia jurišicii Košan
Salvia officinalis L.
ssp. **minor** (Gmel.) Gams
var. **albiflora** Alef.
f. **albiflora** (Alef.) Gams
ČSSR
f. **minor** (Gmel.) Gams
SFR Jugoslawien
SR Rumänien (2)
f. **rubriflora** (Alef.) Gams
Salvia pratensis L.
Salvia sclarea L.
UdSSR
Salvia verbenaca L.
Salvia verticillata L.
Italien
Salvia viridis L.
var. **horminum** (L.) Batt. et Trab.
f. **alba** Voss-Vilmorin
f. **rubra** Voss-Vilmorin
f. **vulgaris** Voss-Vilmorin
var. **viridis**
Satureja hortensis L.
SR Rumänien (2)
UdSSR (Georgische SSR) (4)
Satureja montana L.
ssp. **kitaibelii** (Wierzb. ex Heuff.) P. W. Ball
ssp. **kitaibelii**
SR Rumänien
ssp. **montana**
DDR (3)
Scutellaria altissima L.
Scutellaria baicalensis Georgi
VR China
Scutellaria lateriflora L.
Scutellaria orientalis L.
var. **pinnatifida** Boiss.
Sideritis hyssopifolia L.
Stachys affinis Bunge; St. sieboldii Miq.
Teucrium scorodonia L.
Thymus britannicus Ronn.
Thymus drucei Ronn.
Thymus serpyllum L. em. Mill.
ssp. **chamaedrys** (Fries.) Vollm.
ssp. **marschallianus** (Willd.) Lyka
ssp. **serpyllum**
Thymus vulgaris L.
Ziziphora capitata L.

Nolanaceae

Nolana humifusa (Gouan) Johnst.
Nolana paradoxa Lindl.
Nolana prostrata L.

Solanaceae

Atropa baetica Willk.
Atropa bella-donna L.
var. **bella-donna**
DDR
Griechenland
var. **lutea** Döll
Atropa caucasica Kreyer
Atropanthe sinensis (Hemsl.) Pascher
Browallia americana L.
Browallia viscosa H.-B. K.
Cacabus miersii (Hook. f.) Wettst.
Capsicum annuum L.
Argentinien (6)
Äthiopien (15)
VR Bulgarien (5)
VR China (17)
DDR
Indien (4)

Capsicum annuum L.
Irak (2)
Italien (63)
Koreanische DVR (17)
Republik Kuba (12)
Libyen
Mexico (6)
Mittelamerika (142)
Panama
Peru (8)
SR Rumänien
Spanien
Sudan (2)
Taiwan (2)
Thailand
Türkei (5)
UdSSR (Abchasische SSR) (3)
UdSSR (Georgische SSR) (26)
Ungarische VR (15)
USA (9)
Venezuela
Zambia (4)
Capsicum baccatum L.
var. **baccatum**
var. **pendulum** (Willd.) Eshbaugh
Argentinien (2)
El Salvador
Paraguay
Peru (3)
Capsicum chacoense Hunz.
Capsicum chinense Jacq.
Peru
Capsicum frutescens L.
Angola
Costa Rica
Republik Kuba (25)
Mittelamerika (23)
Mexiko
Peru (9)
Zambia (2)
Capsicum pubescens Ruiz et Pav.
Mittelamerika (8)
Peru (5)
Cyphomandra betacea (Cav.) Sendtn.
Datura ceratocaula Ort.
Datura discolor Bernh.
Mexiko (2)
Datura ferox L.
DDR
Italien (2)
Datura inoxia Mill.
Australien

Datura inoxia Mill.
Italien
Kanarische Inseln
Koreanische DVR
Nepal
Republik Kuba
Libyen
Datura leichhardtii F. Muell. ex Benth.
ssp. **pruinosa** (Greenm.) Hammer
Datura metel L.
var. **fastuosa** (L.) Danert
Karibische Inseln
var. **metel**
var. **muricata** (Bernh.) Danert
var. **rubra** (Bernh.) Danert
Nepal
Datura quercifolia H. B. K.
Datura stramonium L.
var. **godronii** Danert
var. **inermis** (Jacq.) Timm.
var. **stramonium**
f. **labilis** Hammer
ČSSR
f. **stramonium**
Australien
ČSSR
DDR
Italien (3)
SFR Jugoslawien
Republik Kuba
Österreich
VR Polen
SR Rumänien (3)
Spanien (2)
Teneriffa
Türkei
UdSSR
UdSSR (Georgische SSR) (2)
Ungarische VR
var. **tatula** (L.) Torr.
f. **bernhardii** (Lundstr.) Danert
f. **tatula** (L.) Torr.
Italien
SFR Jugoslawien
Koreanische DVR
Nepal
Peru
Teneriffa
Datura wrightii hort. ex Regel
Australien
Kalifornien (4)

Datura wrightii hort. ex Regel
Mexiko
Nepal
Dunalia australis (Griseb.) Sleum.
Hyoscyamus albus L.
var. **albus**
Balearen
Frankreich (2)
Griechenland (3)
Irak
Italien (8)
Kanarische Inseln
Korsika (2)
Kreta
Libyen
Madeira
Portugal
Spanien (6)
var. **major** (Mill.) Heldr.
Italien
Libyen
Marokko
Portugal (2)
Spanien
Hyoscyamus aureus L.
Kreta
Rhodos
Türkei
Hyoscyamus desertorum (Aschers. ex Boiss.) Täckh.
Ägypten
Hyoscyamus×**gyoerffyi** Hammer et Melchers
Hyoscyamus muticus L.
Ägypten (2)
Libyen
Nepal
Türkei
Hyoscyamus niger L.
var. **annuus** Sims
Belgien
BRD
Dänemark
Österreich
SR Rumänien
UdSSR (Georgische SSR)
var. **niger**
BRD (2)
Finnland
Frankreich
Österreich
Türkei (3)
var. **niger**
UdSSR (6)
UdSSR (Turkmenische SSR)
var. **pallidus** (W. et Kit.) Rchb.
Irak
Hyoscyamus pusillus L.
Iran
UdSSR (Mittelasien)
UdSSR (Armenische SSR)
Hyoscyamus turcomanicus Pojark.
Lycopersicon esculentum Mill.
var. **amplipinnatum** Lehm.
var. **bukasovii** Mazk.
Bolivien
var. **cerasiforme** (Dun.) Alef. s. l.
(rotfrüchtig)
Argentinien (3)
VR China
DDR
Peru (6)
SR Rumänien
Schweiz (2)
Venezuela
(gelbfrüchtig)
VR China
Mittelamerika
var. **colombianum** Mazk.
Bolivien
var. **commune** Bail.
(rotfrüchtig)
Balkan
VR China (2)
DDR (4)
Italien (6)
SFR Jugoslawien
Republik Kuba
Sudan
UdSSR
(gelbfrüchtig)
DDR
var. **cordiforme** Lehm.
var. **densifolium** Lehm.
var. **esculentum**
Balkan (5)
DDR
Italien (7)
Sudan (2)
var. **finiens** Lehm.
var. **flammatum** Lehm.
(rotfrüchtig)
Balkan (3)
VR China

var. **flammatum** Lehm.
DDR
Italien (2)
Sudan
(gelbfrüchtig)
DDR
var. **grandifolium** Bail.
var. **incarnatum** Lehm.
VR China
Sudan
var. **mikadofolium** Lehm.
var. **oviforme** (A. Voss) Lehm.
Balkan
Italien (3)
SFR Jugoslawien
var. **persicoides** Lehm.
var. **perspicuum** Lehm.
var. **pluriloculare** Lehm.
var. **pygmaeum** Lehm.
var. **pyriforme** (Dun.) Alef. s. l.
(rotfrüchtig)
Argentinien
VR China (2)
SR Rumänien
(gelbfrüchtig)
VR China
var. **scopigerum** Lehm.
var. **speciosum** Lehm.
Italien
var. **subviride** Lehm.
var. **validum** Bail.
var. **violaceum** Lehm.
Sudan
Lycopersicon hirsutum Humb. et Bonpl.
Peru
Lycopersicon peruvianum (L.) Mill.
Peru
Lycopersicon pimpinellifolium (Jusl.) Mill.
var. **pimpinellifolium**
Peru (3)
var. **ribesoides** (A. Voss) Lehm.
Mandragora officinarum L.
Nicandra physalodes (L.) Gaertn.
f. **physalodes**
Nepal
Nicotiana acuminata (Grah.) Hook.
var. **acuminata**
var. **multiflora** (Philippi) Reiche
Nicotiana africana Merxmüller
Namibia
Nicotiana alata Link et Otto
var. **grandiflora** Comes
Nicotiana amplexicaulis N. T. Burbidge
Nicotiana arentsii Goodspeed
Nicotiana benavidesii Goodspeed
Nicotiana cavicola N. T. Burbidge
Nicotiana clevelandii A. Gray
Nicotiana corymbosa Remy
var. **corymbosa**
Nicotiana debneyi Domin
Nicotiana excelsior (Black) Black
Australien
Nicotiana exigua Wheeler
Nicotiana glauca Grah.
Griechenland
Madeira
Nicotiana glutinosa L.
Nicotiana goodspeedii Wheeler
Australien
Nicotiana gossei Domin
Nicotiana ingulba Black
Nicotiana kawakamii Ohashi
Nicotiana knightiana Goodspeed
Nicotiana langsdorffii Weinm.
Nicotiana longiflora Cav.
Nicotiana maritima Wheeler
Nicotiana megalosiphon Heurck et Muell.
Nicotiana miersii Remy
Nicotiana noctiflora Hook.
var. **albiflora** Comes
Nicotiana nudicaulis Watson
Nicotiana occidentalis Wheeler
ssp. **occidentalis**
Australien
ssp. **obliqua** N. T. Burbidge
Australien
Nicotiana otophora Griseb.
Nicotiana palmeri A. Gray
Nicotiana paniculata L.
Peru
Nicotiana pauciflora Remy
Nicotiana petunioides (Griseb.) Millán
Nicotiana plumbaginifolia Viv.
Nicotiana quadrivalvis Pursh
var. **bigelovii** (Torr.) De Wolf
var. **quadrivalis**
Nicotiana raimondii Macbride
Nicotiana repanda Willd. ex Lehm.
Nicotiana rosulata (S. Moor.) Domin
ssp. **rosulata**

Nicotiana rotundifolia Lindl.
Australien
Nicotiana rustica L.
var. **asiatica** Schrank
Libyen (5)
UdSSR (Georgische SSR)
var. **brasilia** Schrank
var. **cordata** Erh.
var. **major** Alef.
Libyen (3)
var. **pavonii** (Dun.) Goodspeed
Peru (2)
var. **rustica**
Libyen (4)
UdSSR (Georgische SSR)
var. **texana** (Naud.) Comes
Libyen (2)
UdSSR (Krim)
Nicotiana×sanderae hort. ex Wats.
Nicotiana solanifolia Walp.
Nicotiana suaveolens Lehm.
Nicotiana sylvestris Speg. et Comes
Nicotiana tabacum L.
var. **alipes** Schrank
var. **attenuata** Schrank
Koreanische DVR
var. **havanensis** Comes
Republik Kuba
Peru
var. **lingua** Schrank
UdSSR (Krim)
var. **macrophylla** Schrank
Koreanische DVR
UdSSR (Georgische SSR) (3)
var. **pallescens** Schrank
Republik Kuba
UdSSR (Krim)
var. **sagittata** Danert
var. **serotina** Schrank
var. **tabacum**
Koreanische DVR
var. **undulata** Erh.
Koreanische DVR
UdSSR (Krim) (3)
Nicotiana tomentosa Ruiz et Pav.
var. **leguiana** (Macbride) Goodspeed
Nicotiana tomentosiformis Goodspeed
Nicotiana trigonophylla Dun.
Mexiko
Nicotiana undulata Ruiz et Pav.
Peru
Nicotiana velutina Wheeler
Australien
Petunia axillaris (Lam.) B. S. P.
Petunia parviflora Juss.
Physalis alkekengi L.
Physalis angulata L.
var. **angulata**
var. **lanceifolia** (Nees) Waterf.
Physalis ixocarpa Brit.
Physalis peruviana L.
Ruanda
Physalis philadelphica Lam.; Physalis ixocarpa auct. non Brot.
Mexiko
Mittelamerika
Physalis pruinosa L.
Physochlaina orientalis (M. B.) G. Don
Salpiglossis sinuata Ruiz et Pav.
Saracha edulis (Schlechtd.) Thell.
Schizanthus pinnatus Ruiz et Pav.
Scopolia carniolica Jacq.
Scopolia lurida (Link et Otto) Dun.
Scopolia stramonifolia (Wall.) Semenova
Solanum abutiloides (Griseb.) Bitter et Lillo
Solanum aethiopicum L.
Solanum alatum Moench
Solanum americanum Mill.
Republik Kuba
Mittelamerika (10)
Solanum atropurpureum Schrank
Solanum aviculare Forst. f.
Solanum campanulatum R. Br.
Solanum capsiciforme (Domin) Baylis
Solanum citrullifolium A. Br.
Solanum dulcamara L.
UdSSR (2)
UdSSR (Georgische SSR)
var. **persicum** Schrank
UdSSR
Solanum erianthum D. Don
Republik Kuba
Solanum giganteum Jacq.
Solanum havanense Jacq.
Republik Kuba
Solanum jamaicense Mill.
Republik Kuba
Solanum laciniatum Ait.
DR Vietnam

Solanum luteum Mill.
var. **luteum**
f. **luteum**
f. **miniatibaccatum** (Blom) Wess
Solanum macrocarpon L.
Solanum mauritianum Scop.
Solanum melanocerasum All.
Solanum melongena L.
Ägypten
VR Bulgarien
VR China (7)
Irak
Koreanische DVR
Nigeria
Türkei (2)
Solanum nigrum L.
ssp. **nigrum**
var. **atriplicifolium** (Desp.) G. Mey.
var. **nigrum**
f. **humile** (Bernh.) Lindm.
f. **nigrum**
ssp. **schultesii** (Opiz) Wess.
f. **luridum** Wess.
Solanum nitidibaccatum Bitt.
Solanum nodiflorum Jacq.
Solanum olgae Pojark.
Solanum pennellii Correll
Solanum pseudocapsicum L.
Solanum pseudolulo Heiser
Solanum quitoense Lam.
Solanum rantonnettii Carr.
Solanum robustum Wendl.
Solanum rostratum Dun.
Solanum seafortianum Andr.
Solanum sisymbriifolium Lam.
Solanum sodomaeum L.
Solanum torvum Swartz
Republik Kuba (2)
Solanum tripartitum Dun.
Solanum tucumanense Griseb.
Trechonaetes sativa Miers
Vestia lycioides Willd.
Withania aristata Pauq.
Kanarische Inseln
Withania coagulans (Stocks.) Dun.
Withania somnifera (L.) Dun.

Scrophulariaceae

Antirrhinum barrelieri Boreau
Spanien (3)
Antirrhinum braun-blaquetii Rothm.
Spanien
Antirrhinum majus L.
ssp. **majus**
Andorra
VR Bulgarien (2)
Kanarische Inseln
ssp. **tortuosum** (Bosc) Rouy
Spanien
Antirrhinum meonanthum Hoffmanns. et Link
Antirrhinum nuttallianum Benth.
Antirrhinum siculum Mill.
Sizilien
Asarina procumbens Mill.; Antirrhinum asarina L.
Celsia orientalis L.
Digitalis cariensis Jaub. et Spach
ssp. **lamarckii** (Ivan.) Werner
Türkei
Digitalis davisiana Heyw.
Griechenland
Digitalis ferruginea L.
ssp. **ferruginea**
Italien
Türkei (2)
Digitalis grandiflora Mill.
ČSSR
SFR Jugoslawien
Türkei
Digitalis heywoodii (P. et M. Silva) P. et M. Silva
Spanien
Digitalis laevigata Waldst. et Kit.
ssp. **graeca** (Ivan.) Werner
Griechenland
ssp. **laevigata**
SFR Jugoslawien
Digitalis lanata Ehrh.
ssp. **lanata**
Digitalis lutea L.
ssp. **australis** (Ten.) Arcang.
Italien
SFR Jugoslawien
ssp. **lutea**
var. **lutea**
Italien
Digitalis × mertonensis Buxt. et Darl.
Digitalis obscura L.
Spanien (2)

Digitalis parviflora Jacq.
Digitalis purpurea L.
var. **amandiana** (Samp.) Werner
var. **purpurea**
Belgien
Digitalis purpurea L. ×**Digitalis thapsi** L.
Digitalis thapsi L.
Spanien
Digitalis trojana Ivan.
Türkei
Digitalis viridiflora Lindl.
Maurandiella antirrhiniflora (H. B. K.) Rothm.; Antirrhinum maurandioides A. Gray
Misopates orontium (L.) Rafin.
Verbascum austriacum Schott
Verbascum blattaria L.
Verbascum densiflorum Bertol.
DDR
Verbascum lychnitis L.
Verbascum nigrum L.
Finnland
Verbascum phlomoides L.
Verbascum thapsus L.
Veronica serpyllifolia L.

Acanthaceae

Acanthus longifolius Poir.

Martyniaceae

Proboscidea louisianica (Mill.) Thell.

Plantaginaceae

Plantago afra L.
Plantago arenaria Waldst. et Kit.
Plantago lanceolata L.
Plantago major L.
Plantago media L.
Plantago sempervirens Crantz

Valerianaceae

Patrinia intermedia (Vahl) R. et Sch.
Valeriana alliariaefolia Vahl
Valeriana officinalis L.
ČSSR (2)
Valeriana phu L.
Valeriana sambucifolia Mik.
Valerianella caritana Lous.
Frankreich
Valerianella dentata (L.) Poll.
Valerianella eriocarpa Desv.
ssp. **eriocarpa**
Frankreich
Valerianella locusta (L.) Laterrade
Valerianella pumila (L.) DC.
Valerianella rimosa Bast.

Dipsacaceae

Cephalaria syriaca (L.) Roem. et Schult.
Italien
UdSSR (Armenische SSR)
Dipsacus laciniatus L.
Dipsacus pilosus L.
Dipsacus sativus (L.) Honckeny
Dipsacus silvester Huds.
DDR (2)

Campanulaceae

Campanula rapunculus L.
BRD
Italien
Campanula rapunculoides L.
DDR
Codonopsis clematidea C. B. Clarke
Lobelia erinus L.
Lobelia siphilitica L.
Lobelia tenuior R. Br.
Platycodon grandiflorum (Jacq.) A. DC.
Koreanische DVR

Compositae

Achillea asplenifolia Vent.
Achillea collina J. Becker ex Rchb.
Achillea distans W. et K. ex Willd.
Achillea millefolium L.
Achillea nobilis L.

ssp. **neilreichii** (Kern.) Velen.
Ungarische VR
Achillea pannonica Scheele
DDR
Ambrosia artemisiifolia L.
Anacyclus clavatus (Desf.) Pers.
Italien
Anacyclus pyrethrum (L.) Link
var. **depressus** (Ball) Maire
Anacyclus radiatus Lois.
ssp. **coronatus** (Murb.) Humphries
ssp. **radiatus**
Frankreich
Anacyclus valentinus L.
Marokko
Anthemis altissima L. em. Spreng.
Anthemis arvensis L.
Anthemis austriaca Jacq.
Anthemis carpathica Willd.
Anthemis cotula L.
Anthemis mixta L.
Frankreich
Anthemis nobilis L.
var. **aurea** (L.) P. Cout.
var. **flosculosa** Pers.
var. **nobilis**
Anthemis tinctoria L.
var. **pallida** DC.
var. **tinctoria**
UdSSR (Armenische SSR)
Arctium lappa L.
var. **edule** (Sieb.) Mansf.
Arctium minus (Hill) Bernh.
Arcticum palladinii (Marc.) Grossh.
UdSSR (Georgische SSR)
Arctium tomentosum Mill.
Arnica chamissonis Less.
ssp. **foliosa** (Nutt.) Maguire
Arnica nevadensis A. Gray
Artemisia abrotanum L.
DDR
Artemisia absinthium L.
Norwegen
VR Polen
Artemisia capillaris Thunb.
VR China
Artemisia dracunculus L.
DDR
Artemisia integrifolia L.
VR China
Artemisia laciniata Willd.
VR China
Artemisia selengensis Turcz.
VR China
Artemisia vulgaris L.
VR China
Calendula arvensis L.
Italien
Libyen
Spanien (2)
Calendula eckerleinii Ohle
Marokko
Calendula incana Willd.
ssp. **algarbiensis** (Boiss.) Ohle
ssp. **maderensis** (DC.) Ohle
Calendula maroccana Ball
Calendula meuselii Ohle
Marokko
Calendula officinalis L.
VR Bulgarien
Italien (2)
Libyen
Mongolische VR
Spanien
Calendula stellata Cav.
Calendula suffruticosa Vahl
ssp. **boissieri** Lanza
Algerien
ssp. **fulgida** (Raf.) Ohle
Italien
ssp. **lusitanica** (Boiss.) Ohle
Callistephus chinensis (L.) Nees
Carthamus glaucus M. B.
ssp. **anatolicus** (Boiss.) Hanelt
Israel (5)
Carthamus lanatus L.
ssp. **creticus** (L.) Holmb.
ssp. **lanatus**
VR Bulgarien
Frankreich (2)
Italien
SFR Jugoslawien
ssp. **turkestanicus** (Pop.) Hanelt
UdSSR (3)
Carthamus tinctorius L.
var. **inermis** Schweinf.
ČSSR
DDR (2)
Libyen
Marokko (3)
Sudan
Tunesien
var. **tinctorius**
Äthiopien

var. **tinctorius**
DDR
Koreanische DVR (2)
Marokko
Spanien
Sudan
Centaurea cyanus L.
VR Polen (2)
Centaurea depressa M. B.
UdSSR (Georgische SSR)
Cephalophora aromatica Schrad.
Chondrilla juncea L.
Italien
Chrysanthemum balsamita L.
DDR
Chrysanthemum carinatum Schousb.
Marokko
Chrysanthemum cinerariaefolium (Trev.) Vis.
Koreanische DVR
Chrysanthemum clusii (Fisch. ex Rchb.) Kreutz
Chrysanthemum coccineum Willd.
Chrysanthemum coronarium L.
Balearen
VR China (3)
DDR
Koreanische DVR (5)
SFR Jugoslawien
Kanarische Inseln
Türkei (2)
Chrysanthemum macrophyllum Waldst. et Kit.
Chrysanthemum multicolor Hyl.; Chrysanthemum segetum auct. hort. non L.
Chrysanthemum myconis L.
Chrysanthemum parthenium (L.) Bernh.
Italien
Chrysanthemum segetum L.
BRD
Dänemark
Frankreich
Chrysanthemum spatiosum Bail.
VR China (3)
Koreanische DVR
Chrysanthemum×spectabilis (Lilj.) A. Nilss.
Chrysanthemum viscido-hirtum (Schott) Thell.
Cichorium endivia L.
ssp. **divaricatum** (Schousb.) Sell
ssp. **endiva**
var. **crispum** Lam.
Balkan
Italien (3)
Spanien
var. **endivia**
Griechenland (2)
Italien (5)
var. **latifolium** Lam.
Balkan
Italien (8)
Cichorium intybus L.
var. **foliosum** Hegi
var. **intybus**; var. sylvestre Vis.
BRD
DDR (2)
var. **sativum** Lam. et DC.
Cirsium eriophorum (L.) Scop.
DDR
Cnicus benedictus L.
UdSSR (Armenische SSR) (2)
Cotula coronopifolia L.
Crepis capillaris (L.) Wallr.
Crepis dioscoridis L.
Cynara cardunculus L.
Cynara scolymus L.
Dimorphotheca pluvialis (L.) Moench
Echinacea angustifolia DC.
Erechthites hieracifolia (L.) Raf. ex DC.
var. **praealtata** (Raf.) Fern.
Eupatorium rugosum Houtt.
Grindelia robusta Nutt.
Grindelia squarrosa (Pursh) Dun. s. l.
Grindelia stricta DC. s. l.
Guizotia abyssinica (L. f.) Cass.
Äthiopien
Indien
Italien
Helianthus annuus L.
VR Bulgarien
DDR (2)
Irak (4)
Italien (4)
Republik Kuba (3)
Koreanische DVR
VR Polen (2)
UdSSR (5)
UdSSR (Georgische SSR) (2)

Helianthus annuus L.
Ungarische VR
ssp. **lenticularis** (Dougl.) Cock.
Kanada
Helianthus argophyllus T. et G.
Helianthus strumosus L.
Helianthus tuberosus L.
DDR (5)
Inula helenium L.
ČSSR
DDR (7)
UdSSR (Armenische SSR)
Lactuca perennis L.
Lactuca saligna L.
Lactuca sativa L.
convar. **incocta** Helm
var. **capitata** L.
Balkan
ČSSR (21)
Italien (2)
SFR Jugoslawien (Dalmatien)
Libyen
UdSSR (Georgische SSR) (3)
var. **cripsa** L.
Balkan
VR China (2)
ČSSR (7)
Italien (5)
Koreanische DVR
Republik Kuba
UdSSR (Georgische SSR) (4)
convar. **sativa**
var. **angustana** Irish ex Bremer
VR China (10)
UdSSR (2)
var. **longifolia** Lam.
Balkan
Iran (2)
Italien (18)
Koreanische DVR
Spanien
UdSSR
UdSSR (Georgische SSR)
Lactuca serriola L.
DDR
Italien
Portugal
Spanien
f. **integrifolia** Bogenh.
Lactuca viminea (L.) J. et C. Presl
ssp. **chondrilliflora** (Bor.) Bonn.
Italien

Lactuca virosa L.
DDR
Leuzea centauroides (L.) J. Holub
Madia elegans D. Don
Madia gracilis (Smith) Keck
Madia sativa Molina
Matricaria matricarioides (Less.) Porter
Matricaria nigellaefolia DC.
Matricaria recutita L.; Matricaria chamomilla L.
f. **eradiata**
Pentzia globifera (Thunb.) Hutch.; Matricaria globifera Fenzl
Pentzia grandiflora (Thunb.) Hutch.; Matricaria grandiflora Fenzl ex Ham.
Polymnia connata (Spreng.) Blake
Pulicaria dysenterica (L.) Bernh.
Pulicaria vulgaris Gaertn.
Reichardia picroides (L.) Roth
Reichardia tingitana (L.) Roth
Scorzonera hispanica L.
Scolymus hispanicus L.
Serratula tinctoria L.
Silphium perfoliatum L.
Silybum eburneum Coss. et Dur.
Silybum marianum (L.) Gaertn.
Solidago virgaurea L.
Spilanthes acmella (L.) Murr. s. l.
Spilanthes oleracea L.
Tagetes erecta L.
UdSSR (Georgische SSR) (13)
Tagetes lucida Cav.
Tagetes patula L.
UdSSR (Georgische SSR) (2)
Tanacetum poteriifolium (Ledeb.) Grierson
Tanacetum vulgare L.
var. **crispum** Pers.
var. **vulgare**
Taraxacum kok-saghyz Rodin
Taraxacum officinale Weber
DDR
Taraxacum sublaciniosum Dahlst. et H. Lindb. f. in Dahlst.
Tragopogon floccosus W. et Kit.
Tragopogon porrifolium L.
ssp. **australe** (Jord.) Nym.
Frankreich (3)
Marokko
ssp. **porrifolium**

Telekia speciosa (Schreb.) Baumg.
DDR
Tripleurospermum disciforme (C. A. M.) Sch.-Bip.
Tripleurospermum inodorum (L.) Sch.-Bip.
Tripleurospermum maritimum (L.) Koch
DDR
Schweden
Tripleurospermum tenuifolium (Kit.) Freyn
VR Bulgarien

Tussilago farfara L.
Xanthium albinum (Widder) H. Scholz; Xanthium riparium Itzigs. et Hertsch em. Lasch
Xanthium spinosum L.
Xanthium strumarium L.
Zinnia haageana Rgl.
Zinnia peruviana (L.) L. s. l.

Zentralinstitut für Genetik und Kulturpflanzenforschung
der Akademie der Wissenschaften der DDR
DDR - 4325 Gatersleben
Kr. Aschersleben, Bezirk Halle
Deutsche Demokratische Republik

Einzeln nicht im Handel
Erschienen im Akademie-Verlag, DDR - 1086 Berlin, Leipziger Straße 3–4
202 · 100/491/88
Printed in the German Democratic Republic
Gesamtherstellung: VEB Druckerei »Gottfried Wilhelm Leibniz«,
4450 Gräfenhainichen

ACADEMIA SCIENTIARUM
RESPUBLICAE GERMANICAE DEMOCRATICAE

1989

SUPPLEMENTUM
CULTIVARORUM

ad

INDEX SEMINUM GATERSLEBENSIS

ZENTRALINSTITUT
FÜR GENETIK UND KULTURPFLANZENFORSCHUNG
GATERSLEBEN

Nota bene

Supplementum ad Index seminum formae cultae plantarum usualium agri- et horticulturae nonnullasque, medicinales continet. Cultivares singulae in horto et agro nostro non nisi areis angustis coli possunt. Itaque tanta pondera seminum solummodo offeruntur, quanta in commutatione inter hortos botanicos usitata sunt.

Zur Beachtung

Der Anhang des Samenverzeichnisses enthält Sorten von Kulturpflanzen des Acker- und Gartenbaues sowie einige Arzneipflanzen. Die einzelnen Sorten können auf dem Versuchsfeld nur in kleinen Parzellen angebaut werden. Es sind daher nur die im Tauschverkehr der botanischen Gärten üblichen kleinen Samenmengen abgebbar.

Explanatio signorum

Zeichenerklärung

Signo H formae hiemantes (**Avena, Hordeum, Secale, Triticum** et **Pisum**) designantur.

Mit einem **H** sind die Winterformen (Hafer, Gerste, Roggen, Weizen und Erbsen) bezeichnet.

Signo **S** formae dulces Lupinorum designantur.

Mit einem **S** sind die alkaloidarmen Lupinen (Süßlupinen) gekennzeichnet.

Cultivares **Viciae sativae**, quorum semina cyanoglycosidae non continent, designantur *n. HCN*.

Sorten von **Vicia sativa**, in deren Samen kein Blausäureglykosid nachweisbar ist, sind mit *n. HCN* gekennzeichnet.

Hordea resistentes designantur signo *res. b. frig.*: resistens bene frigoribus hiemalibus, examinatum experimento artificioso.

Resistente Gersten werden gekennzeichnet durch *res. b. frig.*: Gute Kälteresistenz, geprüft im künstlichen Gefrierversuch.

Hordea, **Tritica** et **Cucumeres** resistentes adversus formas Europae Centralis **Erysiphe graminis** DC. f. sp. **tritici** March. vel f. sp. **hordei** March., **Puccinia triticina** Erikss., **Puccinia striiformis** West., **Puccinia hordei** Otth, **Ustilago nuda** (Jens.) Rostr. et **Pseudomonas lachrymans** (Smith et Bryan) Carsner describentur literis indicatis.

Krankheitsresistente Gersten, Weizen und Gurken werden in der angegebenen Literatur beschrieben.

Literae

Al Alazzeh, A., K. Hammer, Chr. O. Lehmann and P. Perrino, 1982: Report on a travel to the Socialist People's Libyan Arab Jamahiriya 1981 for the collection of indigenous taxa of cultivated plants. – Kulturpflanze *30*, 191–202.

Beridze, R. K., R. Fritsch, V. N. Kandelaki, D. Mandžgaladze, K. Pistrik and N. Taralašvili, 1986: Collection of indigenous taxa of cultivated plants in the Georgian SSR 1985. – Kulturpflanze *34*, 305–316.

–, –, K. Pistrick and I. M. Sakvarelidze, 1984: Report of a collecting mission to the Georgian SSR 1983 for the study of indigenous material of cultivated plants. – Kulturpflanze *32*, 217–227.

–, P. Hanelt and R. Fritsch, 1983: Report of a collecting mission to the Georgian SSR 1982 for the study of indigenous material of cultivated plants. – Kulturpflanze *31*, 173–184.

–, –, V. N. Kandelaki, I. M. Sakvarelidze and J. Schultze-Motel, 1985: A further mission to the Georgian SSR 1984 for collecting indigenous material of cultivated plants. – Kulturpflanze *33*, 199–212.

–, – and J. Kruse, 1982: Report of a travel to the Georgian SSR 1981 for the collection of indigenous material of cultivated plants. – Kulturpflanze *30*, 203–213.

–, –, D. Mandžgaladze and K. Pistrick , 1987: Collection of plant genetic resources in the Georgian SSR 1986. – Kulturpflanze *35*, 335–353.

Esquivel, M., L. Castiñeiras, B. Rodriguez and K. Hammer, 1987: Collecting plant genetic resources in Cuba. – Kulturpflanze *35*, 367–378.

Frauenstein, K., und K. Hammer, 1985: Prüfung von Aegilops-Arten auf Resistenz gegen echten Mehltau, Erysiphe graminis DC., Braunrost, Puccinia recondita Rob. ex Desm., und Spelzenbräune, Septoria nodorum Berk. – Kulturpflanze *33*, 155–163.

– und Chr. O. Lehmann, 1979: Resistenzeigenschaften im Gersten- und Weizensortiment Gatersleben. 23. Orientierende Prüfung von Weizen mit *Cercosporella herpotrichoides* Fron. – Kulturpflanze *27*, 189–195.

Groll, U., K. Frauenstein und K. Hammer, 1985: Prüfung von Aegilops-Arten auf Resistenz gegen Pseudocercosporella herpotrichoides (Fron) Deighton. – Kulturpflanze *33*, 165–172.

Hammer, K., 1980: Vorarbeiten zur monographischen Darstellung von Wildpflanzensortimenten: Aegilops L. – Kulturpflanze *28*, 33–180.

– 1985: Vorarbeiten zur monographischen Darstellung von Wildpflanzensortimenten: Aegilops L. – Resistenzuntersuchungen. – Kulturpflanze *33*, 123–131.

– 1985: Bericht über eine Reise in die VR Polen zur Sammlung autochthoner Sippen von Kulturpflanzen im Jahre 1984. – Kulturpflanze *33*, 213–223.

–, Baik M.-C. and Han U.-X., 1986: Notes on a mission to the Democratic People's Republic of Korea 1985 for the collection of land-races of cultivated plants. – Kulturpflanze *34*, 293–304.

–, S. Cifarelli and P. Perrino, 1986: Collection of land-races of cultivated plants in South Italy, 1985. – Kulturpflanze *34*, 261–273.

– und P. Hanelt, 1979: Botanische Ergebnisse einer Reise in die VR Polen 1976 zur Sammlung autochthoner Sippen von Kulturpflanzen. – Kulturpflanze *27*, 109–149.

–, – und H. Knüpffer, 1982: Vorarbeiten zur monographischen Darstellung von Wildpflanzensortimenten: Agrostemma L. – Kulturpflanze *30*, 45–96.

–, Chr. O. Lehmann und P. Perrino, 1985: Die in den Jahren 1980, 1981 und 1982 in Süditalien gesammelten Getreide-Landsorten – botanische Ergebnisse. – Kulturpflanze *33*, 237–267.

Hammer, K., P. Hanelt und C. Tittel, 1977: Sammlung autochthoner Kulturpflanzen auf dem Gebiet der DDR. – Kulturpflanze *25*, 89–99.
–, P. Perrino and D. Pignone, 1987: Collection of plant genetic resources in South Italy 1986. – Kulturpflanze *35*, 389–399.
–, A. Romeike und C. Tittel, 1983: Vorarbeiten zur monographischen Darstellung von Wildpflanzensortimenten: Datura L., sectiones Dutra Bernh., Ceratocaulis Bernh. et Datura. – Kulturpflanze *31*, 13–75.
– und A. A. Sabir, 1987: Sammlung von Kulturpflanzen-Landsorten im Irak 1986. – Kulturpflanze *35*, 379–387.
–, E. Skolimowska und H. Knüpffer, 1987: Vorarbeiten zur monographischen Darstellung von Wildpflanzensortimenten: Secale L. – Kulturpflanze *35*, 135–177.
Hanelt, P., K. Hammer, J. Schultze-Motel und W. Kulpa, 1982: Katalog der 1978 in der VR Polen gesammelten indigenen Kulturpflanzen-Sippen. – Kulturpflanze *30*, 215–244.
–, A. Rudolph, K. Hammer, H.-W. Jank, K. Müntz und F. Scholz, 1978: Eiweißuntersuchungen am Getreide- und Leguminosensortiment Gatersleben. 3. Gehalt an Rohprotein und schwefelhaltigen Aminosäuren der Ackerbohnen (Vicia faba L.). – Kulturpflanze *26*, 183–212.
– und B. Tschiersch, 1967: Blausäureglykosid-Untersuchungen am Gaterslebener Wickensortiment. – Kulturpflanze *15*, 85–96.
Hoffmann, W., und I. Nover, 1959: Ausgangsmaterial für die Züchtung mehltauresistenter Gersten. – Z. Pflanzenzücht. *42*, 68–78.
Kim H.-S., K. Hammer, Han U.-X., P. Hanelt und Pak H.-S., 1987: Missions for the collection of plant genetic resources in the Democratic People's Republic Korea 1986. – Kulturpflanze *35*, 355–365.
Koch, H. D., und Chr. O. Lehmann, 1966: Resistenzeigenschaften im Gersten-Weizensortiment Gatersleben. 7. Prüfung der Frostresistenz von Wintergersten im Gefrierversuch (1.). – Kulturpflanze *14*, 263–282.
– und – 1968: – 10. Prüfung von Wintergersten im künstlichen Gefrierversuch (2). – Kulturpflanze *16*, 243–254.
Kühn, F., K. Hammer und P. Hanelt, 1976: Botanische Ergebnisse einer Reise in die ČSSR 1974 zur Sammlung autochthoner Landsorten von Kulturpflanzen. – Kulturpflanze *24*, 283–347.
–, – und – 1980: Botanische Ergebnisse einer Reise in die ČSSR 1977 zur Sammlung autochthoner Landsorten von Kulturpflanzen. – Kulturpflanze *28*, 183 bis 226.
–, H. Ohle und K. Pistrick, 1982: Bericht über eine Reise in die ČSSR 1981 zur Sammlung autochthoner Sippen von Kulturpflanzen. – Kulturpflanze *30*, 245–254.
–, – und – 1984: Katalog der 1981 in der ČSSR gesammelten indigenen Kulturpflanzen-Sippen. – Kulturpflanze *32*, 153–196.
Lehmann, Chr. O., und K. Hammer, 1983: Botanische Ergebnisse einer Reise nach Spanien 1978 zur Sammlung kultivierter und wildwachsender Leguminosen. – Kulturpflanze *31*, 185–206.
– und – 1983: Bericht über eine Reise in die Sozialistische Arabische Volksjamahiriya 1982 zur Sammlung autochthoner Sippen von Kulturpflanzen. – Kulturpflanze *31*, 207–217.
–, A. Rudolph, K. Hammer, A. Meister, K. Müntz und F. Scholz, 1978: Eiweißuntersuchungen am Getreide- und Leguminosensortiment Gatersleben. 1. Gehalt an Rohprotein und Lysin von Weizen sowie von Weizenart- und Gattungsbastarden. – Kulturpflanze *26*, 133–161.
–, –, –, –, – und – 1978: – 2. Gehalt an Rohprotein und Lysin von Gersten (Hordeum vulgare L. s. l.). – Kulturpflanze *26*, 133–181.
Maly, R., K. Hammer und Chr. O. Lehmann, 1987: Sammlung pflanzlicher genetischer Ressourcen in Süditalien – ein Reisebericht aus dem Jahre 1950 mit Bemerkungen zum Schicksal der Landsorten „in situ“ und in der Genbank. – Kulturpflanze *35*, 109–134.

Meyer, H., und Chr. O. Lehmann, 1979: Resistenzeigenschaften im Gersten- und Weizensortiment Gatersleben. 22. Prüfung von Sommergersten auf ihr Verhalten gegen zwei neue Rassen von Mehltau (Erysiphe graminis DC. f. sp. hordei Marchal). – Kulturpflanze *27*, 181–188.

Nover, I., 1962: – 4. Prüfung von Winterweizen auf ihr Verhalten gegen Erysiphe graminis DC. f. sp. tritici Marchal. – Kulturpflanze, Beiheft *3*, 86–92.

– 1968: Eine neue, für die Resistenzzüchtung bedeutungsvolle Rasse von Erysiphe graminis DC. f. sp. hordei Marchal. – Phytopath. Z. *62*, 199–201.

– 1972: Untersuchungen mit einer für den Resistenzträger 'Lyallpur 3645' virulenten Rasse von Erysiphe graminis DC. f. sp. hordei Marchal. – Arch. f. Pflanzenschutz *8*, 439–445.

–, M. Klinkowski und I. Simon, 1963: Ergebnisse der in Halle seit dem Jahre 1945 durchgeführten Forschungsarbeiten über Gelbrost (Puccinia striiformis West. = P. glumarum (Schm.) Erikss. et Henn.). – In: 100 Jahre Landwirtschaftliche Institute der Universität Halle, 247–263.

– und Chr. O. Lehmann, 1964: Resistenzeigenschaften im Gersten- und Weizensortiment Gatersleben. 5. Prüfung von Sommerweizen auf ihr Verhalten gegen Erysiphe graminis DC. f. sp. tritici Marchal. – Kulturpflanze *12*, 265–275.

– und – 1966: – 6. Prüfung von Gersten auf ihr Verhalten gegen Gelbrost (Puccinia striiformis West. syn. P. glumarum (Schm.) Erikss. et Henn.). – Kulturpflanze *14*, 257–262.

– und – 1967: – 8. Prüfung von Weizen auf ihr Verhalten gegen Puccinia triticina Erikss. (P. recondita Rob. ex Desm.). – Kulturpflanze *15*, 181–198.

– und – 1968: – 9. Prüfung von Wintergersten-Neuzugängen auf ihr Verhalten gegen Mehltau (Erysiphe graminis DC. f. sp. hordei Marchal.) und Zwergrost (Puccinia hordei Otth). – Kulturpflanze *16*, 231–241.

– und – 1969: – 11. Prüfung von Wintergerste auf ihr Verhalten gegen Flugbrand (Ustilago nuda (Jens.) Rostr.). – Kulturpflanze *17*, 233–240.

– und – 1969. – 12. Prüfung von Weizen-Neuzugängen auf ihr Verhalten gegen Mehltau (Erysiphe graminis DC. f. sp. tritici Marchal). – Kulturpflanze *17*, 214–251.

– und – 1970: – 13. Prüfung von Wintergersten-Neuzugängen auf ihr Verhalten gegen Gelbrost, Puccinia striiformis West. – Kulturpflanze *18*, 107–108.

– und – 1972: – 14. Prüfung von Sommergersten auf ihr Verhalten gegen Mehltau (Erysiphe graminis DC. f. sp. hordei Marchal) – Kulturpflanze *19*, 283–298.

– und – 1972: – 15. Prüfung des Verhaltens von Sommergerste gegen Flugbrand (Ustilago nuda (Jens.) Rostr.). – Kulturpflanze *19*, 299–304.

– und – 1973: – 17. Fortgesetzte Prüfung von Sommergersten auf ihr Verhalten gegen Mehltau (Erysiphe graminis DC. f. sp. hordei Marchal). – Kulturpflanze *21*, 275–294.

– und – 1974: – 18. Prüfung von Sommergersten auf ihr Verhalten gegen Zwergrost (Puccinia hordei Otth). – Kulturpflanze *22*, 25–43.

– und – 1975: – 19. Prüfung von Sommergersten auf ihr Verhalten gegen Gelbrost, Puccinia striiformis West., Rasse 24. – Kulturpflanze *23*, 75–81.

– und – 1978: – 21. Prüfung von Weizen auf ihr Verhalten gegen Gelbrost (Puccinia striiformis West.) – Kulturpflanze *26*, 213–260.

–, – und A. Seidenfaden, 1976: – 20. Prüfung des Verhaltens von Gersten gegen Flugbrand, Ustilago nuda (Jens.) Rostr. – Kulturpflanze *24*, 237–247.

–, – und I. Simon, 1972: – 16. Prüfung von Weizen-Neuzugängen auf ihr Verhalten gegen Braunrost (Puccinia recondita Rob. ex Desm., syn. P. triticina Erikss.). – Kulturpflanze *20*, 173–190.

– und R. Mansfeld, 1955: – 1. Prüfung von Sommergersten auf ihr Verhalten gegen Erysiphe graminis DC. f. sp. hordei Marchal. – Kulturpflanze *3*, 105–113.

– und – 1956: – 2. Prüfung von Wintergersten auf ihr Verhalten gegen Erysiphe graminis DC. f. sp. hordei Marchal. – Kulturpflanze *4*, 341–349.

– und – 1959: – 3. Prüfung von Gersten auf ihr Verhalten gegen Zwergrost (Puccinia hordei Otth). – Kulturpflanze *7*, 29–36.

Perrino, P., and K. Hammer, 1983: Collection of land-races of cultivated plants in South Italy 1982. – Kulturpflanze *31*, 219–226.

– and – 1985: Collection of land-races of cultivated plants in South Italy 1984. – Kulturpflanze *33*, 225–236.

–, – and P. Hanelt, 1981: Report of travels to South Italy 1981 for the collection of indigenous material of cultivated plants. – Kulturpflanze *29*, 433–442.

–, – and – 1984: Collection of land-races of cultivated plants in South Italy 1983. – Kulturpflanze *32*, 207–216.

–, – and Chr. O. Lehmann, 1982: Collection of land-races of cultivated plants in South Italy 1981. – Kulturpflanze *30*, 181–190.

–, G. B. Polignano, K. Hammer and Chr. O. Lehmann, 1984: Report on a travel to the Socialist People's Libyan Arab Jamahiriya 1983 for the collection of indigenous taxa of cultivated plants. – Kulturpflanze *32*, 197–206.

Pistrick, K., 1987: Untersuchungen zur Systematik der Gattung Raphanus L. – Kulturpflanze *35*, 225–321.

Porsche, W., Chr. O. Lehmann und K. Richter, 1979: Ergebnisse von Untersuchungen an proteinreichen Herkünften des Weizens (Triticum aestivum L.). – Tag.-Ber. Akad. Landwirtsch.-Wiss. DDR, Berlin, *175*, 81–86.

Proeseler, G., und Chr. O. Lehmann, 1986: Resistenzeigenschaften im Gersten- und Weizensortiment Gatersleben. 25. Prüfung von Gersten auf ihr Verhalten gegenüber Gerstengelbmosaik-Virus (barley yellow mosaic virus). – Kulturpflanze *34*, 241–248.

– und – 1987: – 26. Prüfung von Gersten auf ihr Verhalten gegenüber Gerstengelbmosaik-Virus (barley yellow mosaic virus). – Kulturpflanze *35*, 195–201.

Schultze-Motel, J. (Hrsg.), 1986: Rudolf Mansfelds Verzeichnis landwirtschaftlicher und gärtnerischer Kulturpflanzen (ohne Zierpflanzen). 2. neubearbeitete und wesentlich erweiterte Auflage, 4 Bände. – Berlin: Akad.-Verl.; Berlin (West), Heidelberg, New York: Springer. 1998 S.

Skadow, K., und Chr. O. Lehmann, 1974: Resistenzeigenschaften im Gemüsesortiment Gatersleben. 1. Prüfung von Gurken (Cucumis sativus L.) auf ihr Verhalten gegenüber der Eckigen Blattfleckenkrankheit (Pseudomonas lachrymans (Smith et Bryan) Carsner). – Kulturpflanze *22*, 181–187.

Valkoun, J., K. Hammer, D. Kučerová and P. Bartoš, 1985: Disease resistance in the genus Aegilops L. – stem rust, leaf rust, stripe rust, and powdery mildew. – Kulturpflanze *33*, 133–153.

Walther, U., und Chr. O. Lehmann, 1980: Resistenzeigenschaften im Gersten- und Weizensortiment Gatersleben. 24. Prüfung von Sommer- und Wintergersten auf ihr Verhalten gegenüber Zwergrost (Puccinia hordei Otth). – Kulturpflanze *28*, 227–238.

Index familiarum

Aizoaceae 95
Amaranthaceae 97
Capparaceae 98
Caryophyllaceae 96
Chenopodiaceae 96
Compositae 168
Cruciferae 99
Cucurbitaceae 145
Euphorbiaceae 144
Gramineae 10
Labiatae 153
Leguminosae 104
Liliaceae 9
Linaceae 138
Malvaceae 144
Papaveraceae 98
Plantaginaceae 168
Polygonaceae 95
Portulacaceae 95
Ranunculaceae 98
Rosaceae 104
Rutaceae 144
Scrophulariaceae 168
Solanaceae 153
Umbelliferae 151
Valerianaceae 168
Violaceae 145

MONOCOTYLEDONEAE

Liliaceae

Allium cepa L.
var. **cepa**
- Alice
- Alsógödi
- Asenovgradska Kaba
- Australian Brown
- Balakleevskij
- Balakleeskij Char'kovskij
- Bessonovskij Mestnyj
- Birnförmige Gelbe
- Bola
- Calbenser Gerlinde
- Danilovskij 301
- Da Povoa
- De Gondomar
- Dresdener Plattrunde
- Early Yellow Globe
- Famo
- Farabskij Mestnyj
- Frühe Blaßrote
- Gurghiu
- Hana
- Hiberna
- Holländische Plattrunde Dunkelrote
- Ispanska 482
- Jaltinskij Mestnyj
- Juva II
- Kaba
- Karatal'skij
- Karmen
- Kaštická
- Kuščevka Char'kovskaja
- Kvetoslavovská
- Luctor
- Luganskij
- Magnificio
- Makói
- Makói Kerek
- Markovskij Ulučšennyj
- Mjačkovskij Mestnyj
- Moravanka
- Nostro
- Novoselickij Mestnyj
- Obrovská Žlutá
- Odnoletnij Chavskij 74
- Pionier

var. **cepa**
- Pogarskij Mestnyj Ulučšennyj
- Primodore
- Produnos
- Produryin
- Rawska
- Red Wethersfield
- Robusta
- Rosie De Făgăras
- Rosie De Turda
- Sillani Sárga
- Soročinskij 10
- Spasskij
- Strigunovskij Nosovskij
- Sublima
- Turopol'skij
- Valensija
- Vertjuzanskij Tiraspol'skij
- Vorob'evskij 32
- Všetatská
- Wolska Hoser
- Zerlina
- Žitavská Obři
- Zittauer Gelbe
- Zwaan's Grosse Winter

Allium fistulosum L.
- Aprel'skij 12
- Beltsville Bunching
- Evergreen Bunching
- Kyoto Market Bunching
- Mestnyj Korejskij
- Salatnyj 35
- Satschen
- Winterhecke

Allium porrum L.
- Artico
- Blauroter Winter
- Carentan
- Elefant
- Géant
- Poros
- Regius
- Siegfried
- Zwaan's Delwin

Allium sativum L.
var. **ophioscorodon** (Link) Döll
- Bzenecký Paličák

var. **pekinense** (Prokh.) Maek.
- Czy-Pi-Suan
- Tyrnovskij

Allium schoenoprasum L.
- Album

Allium schoenoprasum L.
– Mittelgrober
– Pražská Krajová
– Sibirskij

Gramineae

Avena brevis Roth.; A. brevis Roth; A. sativa var. brevis Körn.; A. strigosa ssp. brevis (Roth) Thell.; A. nuda Höjer s. l. ssp. brevis (Roth) Mansf.
– Saia C. I. 7010

Avena byzantina C. Koch
ssp. **byzantina**; A. sterilis ssp. byzantina (Koch) Thell.
– Algerian
– Angelica
– Anita
– Appler C. I. 1815
– Appler C. I. 7003
– Ava
– Avoine 8
– Avoine 31
– Avoine 61
– Avoine 912
– Ballidu
– Belar C. I. 2760
– Bizantina 11
– Bizantina 602
– Bond C. I. 2733
– Burke
– Chérie-Noire
– Coast Black Oats
– College Algerian
– Columbia C. I. 2890
– Cooba
– Crauache
– Curt C. I. 7424
– Da Graca
– H Delair C. I. 4653
– De Soto
– Ferguson 560 C. I. 7161
– Floriland C. I. 6588
– Fulghum
– Fulgrain C. I. 3693
– Fulmark
– Gugra
– Hybrid 3
– Indio C. I. 7292
– Jongensklips

ssp. **byzantina**
– Kanota
– Kanota C. I. 839
– Kent
– Klein 69 B
– Langhafer C. I. 3522
– Langhafer C. I. 7005
– Langewens
– Lenggenens
– Metualith
– H Mid-South C. I. 6977
– Mo. 0-200 C. I. 4626
– Neosho C. I. 4141
– Nopsa
– Orient
– Palestine 1005
– Palestine C. I. 2328
– Palestine C. I. 2696
– Paramo
– Précoce du Maroc
– Red Rustproof
– Ruakura C. I. 2025
– Santa Maria
– Seminole C. I. 5924
– S. Francisco
– S. José
– S. Mamede
– Sp. A. 255 Rouge d'Algerie
– Sp. Avoine Crème lignée 2
– Sterisel C. I. 2891
– Svalöfs Extra Klock II
– Svalöfs Stormogul II
– H Taggart C. I. 4652
– Trisperma C. I. 4009
– Trisperma C. I. 7008
– Ukraine C. I. 7007
– Urožajnyj
– Victoria C. I. 2401
– Waubay C. I. 5440
– H Z-219

Avena nuda L.; A. nuda Höjer s. str.; A. strigosa proles nuda Malz.; A. nuda Höjer s. l. var. nuda
– Kleiner Nackthafer

Avena sativa L.; A. fatua ssp. sativa Thell., ssp. macrantha Malz., ssp. nodipilosa Malz., ssp. praegravis Malz.
var. **aristata** Krause
– Abed Minor
– Abed Palu
– Albyn Bard

var. **aristata** Krause
- Anders
- Aristata 315
- Artemovskij 1
- Artemovskij 107
- Astor
- Badberger
- Bellone
- Beseler II
- Blainslie
- Blanche de Bersée
- Blanche de Wattines
- Breustedts Regenfreund
- Cavell
- Chibiny 2
- 2 Crème
- Edlers Göttinger
- Elder
- Eszterházi 103
- Galantský Skorý
- Gigant R I
- Girunes
- Glasnevin Major
- Goodfield C. I. 7266
- Hatvani I
- Hatvani 117
- Juha
- Kedabekskij Mestnyj
- Kirsches Edelweiß
- Klein Mar
- Kyrö
- Landhafer aus Sikinis
- L'govskij 1026
- Loosdorfer Dreikorn
- Luxor
- Manod
- Mestiza
- Młochowski
- Nemčinovskij 1
- Nidar 1
- H Penrhyn
- H Picton
- Potato
- Random
- Rimpaus Milton
- Rychlík
- H S 147
- Sachalinskij 1
- Sang
- Santa Fé Nr. 2
- Selecty Rychlík
- Sibirjak

var. **aristata** Krause
- Sisu
- Sofia 121
- Sovetskij
- Spitfire
- Streckenthiner II
- Strubes Mutant
- Svalöfs Blixt
- Svalöfs Stjärn
- Tam Finlay
- Trisperma C. I. 1776
- H Türkischer Winterhafer
- Tutrice
- Umanj 202
- Werthers Göttinger
- White King
- Wirchenblatter Nr. 16
- Z 110 (Wechselform)

var. **aurea** Körn.
- Aa 708 C. I. 5155
- Akkord
- Alamo C. I. 5371
- Algol
- Alter Sächsischer Gelbhafer
- Altmittweidaer Gelb
- Andrew 9b
- Andrew C. I. 4170
- Anthony
- Argo
- H Arkwin C. I. 5850
- H Arlington C. I. 4657
- Arnold
- Artois
- H Atlantic C. I. 4599
- Baltersbacher Glatter
- Bánkúti 553
- Bartek Udycki
- Bellyei 158
- Bellyei 1601 Fehér
- Bentland C. I. 6930
- Benton C. I. 3910
- Beseler III
- Besenhafer
- Blendo
- Bohnstedts Benauer Gold
- Bonda C. I. 4329
- Bonham C. I. 4676
- Boone C. I. 3305
- Bord C. I. 2733
- Borreck
- Borriesa
- Borrinova

var. **aurea** Körn.
– Breustedts Harly
– Burnett C. I. 6537
– Burts Early
– Candida
– Carnelion
– Carsten
– Carstens VI
– Carstens VII
– Centore C. I. 3865
– Černigovskij
– Český Žlutý
– Char'kovskij 596
– Cherokee C. I. 3846
– Chlumecký Žlutý
– Civena
– Clarion C. I. 5647
– Clintafe C. I. 5869
– Clintland C. I. 6701
– Clinton C. I. 3971
– Clinton C. I. 4259
– Cody C. I. 3916
– Colfax C. I. 7595
– H Compact C. I. 8280
– Csák-féle Csupasz
– Csenyétei K. tf.
– Delphin
– Dietzes Gelb
– Eagle
– Eckendorfer Frühhafer Borriesa
– Eigene Sorte Gelb
– Elew
– Engelens Heigo
– Engelens Ingo
– Engelens Kriemhild
– Erntegold
– Feodesia
– Firlbecks Gelbhafer
– Flamande Despréz
– Flämings Krone
– Flämingsperle
– Flämingsstern
– Flämings Trumpf
– Gambo
– Garry
– Gemini
– Goldhafer II
– Goldschatz
– Goldsherry
– Goodland C. I. 9202
– Gordon

var. **aurea** Körn.
– Green Russian
– H Grey Winter×Marvellous
– Gul Naesgaard
– Hadmerslebener Auswuchsfester Gelb
– Harly
– Hawkeye C. I. 2464
– Heines Ertragreichster
– Heines Gold
– Hermes
– Hörnings Gelb
– Improved
– Intensiv
– Jackson C. I. 5441
– Jakutskij 1708
– Joannie
– Kanadischer Riesen
– Kanarek Mikulicki
– Kirsches Pfiffelbacher Gelb
– Kraffts Rheinischer Gelb
– Kubanskij
– Kytö
– Landhafer aus Boskikis
– Lembkes Baldur II
– H Letoria C. I. 4576
– Leutewitzer Gelb
– F. v. Lochows Gelbhafer
– F. v. Lochows Petkuser Flämingsgold
– F. v. Lochows Petkuser Flämingstreue
– Lüneburger Heidegold
– Lüneburger Moorgold
– Mabel
– Maganskij 339–044
– Mahndorfer III
– Mana
– Maris Oberon
– H Maris Osprey
– Markton C. I. 2053
– Mohawk C. I. 4327
– Molga
– Montferrandaise
– Mustang
– Nadežnyj
– Navarro C. I. 996
– Nemaha C. I. 4301
– Newton C. I. 6642
– Niermanski
– Noble C. I. 9194

var. **aurea** Körn.
– Nodaway C. I. 7272
– Nordfinnischer × Sieger (Tschermaks)
– Orlovskij
– Osage C. I. 3991
– Oxford
– Pan
– H Pennland C. I. 7881
– Peragis Amarela
– Peragis Früh II
– Peragold
– Pflugs Früh
– Pflugs Gelber Frühhafer
– Phönix
– Pluie d'Or
– Pony
– Prémices
– Probstdorfer Gelb II
– Probstdorfer (Kirsches) Gelb
– Przebój I
– Przebój II
– P. S. G. Goldkorn
– Putnam 61 C. I. 7531
– Radošínský Žlutý
– Ransom C. I. 5927
– Rex
– Rheinischer Gelb
– Richland
– Rigal
– Rimpaus Anderbecker Gelb
– Risto
– Ritzlhofer Gelb
– Russeau
– Rychlík Oberek
– Sächsischer Frühhafer
– Salzmünder Echo
– Stauffers Holi
– Stepnjak
– Stepnjak 648
– Stern
– Strubes Schlanstedter Gelb II
– Sumter C. I. 7509
– Suregrain
– Svalöfs Glocken
– Svalöfs Goldgelber Moor
– Svalöfs Goldregen
– Svalöfs Goldregen II
– Svalöfs Goldregen III
– Taežnik

var. **aurea** Körn.
– Taggart
– Tarra
– Thigina 929
– Thüringer
– Tonka C. I. 7192
– Towar
– Towar 67
– Udarnik 883
– Udycz Zółty
– Ukraine C. I. 3259
– Universal
– Wadsacks Gelb
– Weibulls Arla
– Weihenstephaner Goten
– Weihenstephaner Gudrun
– Weihenstephaner Guntram
– Wesermarschhafer
– White Tartar
– Winema C. I. 4373
– Yogold
– Z-14 (Wechselform)
– Zelenyj
– Zlatna Kiša
– Zlatna Kiša-Konak
– Zółty Mazur

var. **brunnea** Körn.
– Accadia
– Allen C. I. 9217
– Argus
– Beedee C. I. 6752
– Brauner Unbegrannter
– Brunker
– Carolee C. I. 7513
– Gezilkov
– Hâtive d'Orchies
– H Le Conte C. I. 5107
– Minland C. I. 6765
– Moregrain C. I. 7229
– Neal C. I. 7440
– Red Texas
– Reine Vilmorin
– Trisperma C. I. 7008
– Wright C. I. 9218

var. **chinensis** (Fisch.) Döll.
– Weisser Nackter Fahnen

var. **cinerea** Körn.
– H Ankura Oat
– H Avoine d'Hiver de Belgique
– H Ballard C. I. 6980
– Banatska

var. **cinerea** Körn.
– H v. Brünings Winter
– H Cornell 595
– H Fulghum (Wintertyp)
– H Grey Winter
– Inversable Lafite
– Kabardinec
– Lyngby Hedehavre
– N 2
– H Nysel C. I. 5364
– H Pentagon C. I. 2499
– H Pioneer
– Souveraine le Peuple
– Umanj 209
– H Winter Turf C. I. 3296
– H Z-1
– H Z-24
– H Z-43
– H Z-47
– H Z-202

var. **eligulata** Vav.
– Gelb-Begrannter
– Golden Giant
– Goldfahnen

var. **flava** Körn.
– Captain
– Josefsberg
– L'govskij 78
– NC 2469-3 C. I. 8447
– Złotniak

var. **grisea** Körn.
– Baerwälder
– Bondvic C. I. 5401
– Bondvic C. I. 7009
– H Crater C. I. 7295
– Duns
– H Griesings Winterhafer
– Grise de Rennes
– Ikar 1
– H Maris Quest
– Mongolia
– H Mustang C. I. 4660
– H Nowosadskij II
– Pin-Lan-Che-U-Sao
– H Posega
– Weston II
– Wox 120

var. **inermis** Körn.
– Brighton
– Caesar
– Čínský Nahý
– Höjer

var. **inermis** Körn.
– James C. I. 5015
– Ju-maj
– Laurel
– Nagi Puławski
– N. O. S. Nackthafer
– Nuprime
– Rhiannow
– Terra
– Torch
– Uspeh
– U-Zaj-Ju-Maj
– Vicar

var. **krausei** Körn.
– Bajkal
– Buddha
– Garton Goldrain
– Mulga
– Schwedenhafer
– Scotian
– H Trévine

var. **ligulata** Vav.
– Bensings Findling
– Gelber Riesenfahnen
– Hundsrücker Adel
– Jeanne d'Ardenne
– Proporczyk

var. **montana** Alef.
– Alamo X C. I. 7648
– Avoine du Prieuré
– Belar
– Buck 152
– Dale
– Dawn
– Gidgee
– Lampton
– Laxton
– Santa Luzia
– São Francisco
– Schwarzhafer
– Sunrise
– Victoria C. I. 7002

var. **mutica** Alef.
– Aa 676 C. I. 5154
– Abed Solve
– Abegweit
– Achleithner Weiß
– Addi
– Adelaar
– Agrippa
– Ajax C. I. 4157
– Alaska

var. **mutica** Alef.
- Albion C. I. 729
- Albyn Donside
- Albyn Empress
- Algerible
- Alma
- Alpha
- Alsóvadászi
- Alter Sächsischer Frühhafer
- Ameko
- Amerikanischer Frühhafer
- Anthony C. I. 2143
- Anthony C. I. 7001
- 2.3. Apak
- Asta
- Athabasca
- Austria Weiß
- Avoine Blanche
- Avon
- Bábolnai 842
- Bábolnai 2338
- Bábolnai Fehér
- Bábolnai Sárga
- Bambu
- Banat
- Bánkúti 124
- Bărăgăn 117
- Bell
- Bellyei 89 Fehér
- Bellyei 155 Fehér
- Bellyei 158 Fehér
- Bellyei 1507 Fehér
- Bellyei 179 Sárga
- Bento
- Beseler I
- Biały Mazur
- Blanchette
- Blenda
- Blount C. I. 7769
- Bonham
- Bonkee C. I. 7563
- Brandts Gretchen
- Breustedts Silva
- Breustedts Widukind
- Breva
- Bronco C. I. 6571
- Buck Epecuén
- Bunwark
- Calenberger
- Canadischer Weißer Riesen
- Carlstorfer Bardenhafer

var. **mutica** Alef.
- Carsten's Catrix
- Cartier
- Cenad 2
- Cenad 88
- Cenad 309
- Chilocco
- H Cimarron C. I. 5106
- Condor
- Confiance
- Craig C. I. 5332
- Csesztregi tf.
- H Dade C. I. 7495
- Dahlenburger
- Dal C. I. 7159
- Diamant
- Diane
- Dippe Alt
- Dippes Früher Weiß
- Dippes Überwinder
- Dippes Wunder
- Dodge C. I. 7269
- Dorval
- Draeger I
- Draeger II
- H Dubois C. I. 6572
- Duppauer 31
- Duppauer 851
- Duppauer Mittelfrüh
- Dupree C. I. 4672
- Early Miller
- Eaton C. I. 3908
- Ebstorfer Kley 181
- Ebstorfer Weißhafer
- Edlhofer
- Eho
- Eigene Sorte Alt
- Eigene Sorte Neu
- Endreß Franken
- Endreß Hadilo
- Endreß Weißhafer
- Engelens S. H. K. 12
- Erban
- Erbgraf
- Eszterházi 16
- Eszterházi 128
- Eszterházi 292
- Étoile
- Expreß
- Fairfax C. I. 7417
- Fichtelgebirgshafer
- Fichtelgebirgshafer II

var. **mutica** Alef.
- Fichtelgebirgshafer Alt
- Firecraker C. I. 9224
- Fischers Wirchenblatter III
- Flämings Mirus
- Flämings Pracht
- Flämings Silber
- Flämingsweiß
- Flämingsweiß II
- Fleur du Nord
- Forkedeer C. I. 6981
- Forward
- Friedrichswerther Berg
- Fulmar
- Fundy
- Gagybátori K. tf.
- Gagyfelsői tf.
- Garry C. I. 6662
- Gelber August
- Gerkules
- Glasnevin Triumph
- Glen
- Gloire d'Ostende
- Gopher
- Gratus
- Greta
- H Grey Winter×Kyko
- H Grey Winter Kyko×Grey Winter Bountiful×Victory
- Guelatao
- v. Günther Weiß
- Hadmerslebener Stützfruchthafer
- Hannes
- Harmon
- Harmon C. I. 7989
- Harzer Gebirgshafer
- Hatvani II
- Hatvani XI
- Hatvani 181
- Hatvani 187
- Heidegold
- Heines Silber
- Hennersdorfer 13
- Hibride de Vavilov
- H Hickory C. I. 7490
- Himmels Früher August
- Hörnings Weiß
- Hohenheimer V
- Holdi
- ICAR 29 C

var. **mutica** Alef.
- H Indiana 407
- Irbit
- Jägers Duppauer
- Jagiełło
- Jassener Landhafer
- Jaune d'Artois
- Jewell C. I. 7598
- Jygeva Chjamarik
- Kahlenberg
- v. Kalbens Vienauer
- Karin
- Kellsalls
- Kirsches
- Kirsches Weiß
- Kleinwanzlebener Bördeweiß
- Kleykönig
- Komadies
- Kraffts Rheinischer Weiß
- Krymskij 90
- Kűlsővàti B. tf.
- Lanark
- Lang-Doerflers Weihenstephaner Weißhafer
- Laurent
- Legány 137
- Legány 157
- Lembkes Baldur
- Ligo
- Linda
- Lischower Frühhafer
- Lischower Hedwig
- Lischower Kürassier
- F. v. Lochows Petkuser Weiß
- Lohmanns Weender IV
- Lohmanns Weender Duppauer
- Loosdorfer Zweikorn
- Lovászpatonai 214
- Lovászpatonai Fehér
- Lovászpatonai Sárga
- Lüneburger Kley
- Lüneburger Kley Alte Zucht
- Lüneburger Kley Neue Zucht
- Macon C. I. 6625
- Magnif 29
- Mahaska C. I. 7599
- Mahndorfer

var. **mutica** Alef.
– Mahndorfer Früh
– Major
– Maldwyn
– Mansholts II b
– Mansholts III
– Mansholts Binder
– Mansholts Weiß
– Mansholts Weiß III
– Margan
– Marino
– Maris Elf
– Maris Tabard
– Maris Titan
– Marne
– H Marros
– Mauerner Weiß
– Menai
– Mettes Ligowo II
– Milford
– Milo
– Mindo C. I. 4328
– Minhafer C. I. 7389
– Mission C. I. 2588
– Mo. 0-205 C. I. 4988
– Mostyn
– Nalžovský
– Narymskij 943
– Nehawka C. I. 7194
– Nestor
– Niagara C. I. 7528
– Nina
– No. 5
– No. 905
– No. 914
– H Nora C. I. 8163
– Nordharzer Burg
– Nordine
– Novi Sad 4116
– Novi Sad 4117
– Novi Sad 4737
– H Novosadski I
– Omeko
– Ondine
– Oneida C. I. 7458
– Onward
– Opus II
– Opus III
– H Ora C. I. 7976
– Orel
– Orlando
– Orlik

var. **mutica** Alef.
– Overland C. I. 4181
– Pajbjerg Rex A
– Panema
– Park C. I. 6611
– Partner Galantský
– Pégas
– Pendek
– H Peniarth
– H Pennal
– Pennwin
– Perablanc
– Peragis
– Peragis Weiß
– Permit
– Petkuser × Goldregen
– Petrel
– Pfarrkirchner Edel
– v. Pfettens Weihenstephaner Weißhafer
– Pollux
– Polodia
– H Powys
– Probstdorfer (Kirsches) Weiß
– P. S. G. Alba
– P. S. G. Antifrit
– P. S. G. Bismarck
– Raigs Afterlea
– Rallus
– Rigida
– Rinkau
– Rodney C. I. 6661
– Romulus
– Roxton
– Ruscine 914
– Russell
– Ryhti
– H S 172
– H S 226
– Sándorfalvai G. tf.
– Sandra
– Santa Fé C. I. 7006
– Schalenloser 119
– Schlägler
– Schlägler II (Weiß)
– Schliephakes Harald
– Schrickers Weiß 39
– Scotch Potato White
– Scotland Club C. I. 7318
– Sechsämterhafer
– Selma

var. **mutica** Alef.
- Serebristyj
- Shelby C. I. 4372
- Shield
- Siade
- Silva
- Simcoe C. I. 6767
- Sinel'nikovskij 14
- Sixtyday aus Montana
- Sörbo
- Sol
- Solei II
- Solthara
- H Southland C. I. 5207
- Staal
- Stanton Sel. Massaux
- Starblonde
- Stendskij Malyj Rannij
- Streckenthiner I
- Streckenthiner 9
- Strubes Weißhafer
- Strubes Weißhafer I
- Stupický
- Stupický Bilý
- Šumavský
- H Suregrain C. I. 7155
- Svalöfs Adler
- Svalöfs Esa
- Svalöfs Hellgelber Moor
- Svalöfs Ligowo II
- Svalöfs Primus
- Svalöfs Seger II
- Svalöfs Siegeshafer
- Svalöfs Sol II
- Svalöfs Tvilling
- Székácz 8 (Zab)
- Táborský
- Tammi
- Tápiószelei Üzemi
- Tarahumara
- Tarpan
- Tempo
- Tepler Hochland
- Tiger
- Tioga C. I. 7524
- Tîrgu Frumos
- Tîrgu Frumos 9
- Titus
- Torso
- Trifolio
- Trio
- Triv

var. **mutica** Alef.
- Trophee
- Tshan-Bei-E-Shen-Tshun
- Tunon
- Udycz Biały
- Ukosnyj 550
- Umanj 217
- Unique
- Valor
- Vanguard
- Vedette
- Veles
- H Victorgrain 48-93 C. I. 5355
- Vienauer Weiß
- Vigor
- Viktoria
- H W 271
- Waldler Hafer
- Waldler Hafer A
- Wales C. I. 7321
- H Walken C. I. 8205
- Warrigal
- Weibulls Echo
- Weibulls Saxo
- Weibulls Selma
- Weihenstephaner Spitzkorn
- Weißer Körnerhafer aus Löbau
- Weißer Moorhafer
- White Algerian
- H Wintok C. I. 5849
- Wobesder
- Wodan
- Wox 115
- Yamaska
- Yielder
- Zalahášhágyi S. tf.
- Zalalövöi Sz. tf.
- Zandster
- Zeegold
- Zege
- Zephyr C. I. 4800
- Zonne II

var. **nigra** Krause
- H Amandine
- Ariane
- Avoine 125
- Black Mesdag
- Colummiers
- Flamo
- Gelinotte

var. **nigra** Krause
– Groß-Mogul
– Groß-Mogul II
– Joanette
– Lachlom
– Mantoise
– Moorhafer S. H.
– Noire de Moyencourt
– Oberpfälzer Unterried A
– Orion III
– Osmo
– Pelso
– Reinhardt Oberkosel
– Rotenburger Schwarzhafer
– Schwarzer Étampes
– Schwarzer Präsident
– Simo
– Starlette
– Starlette de Moyencourt
– Supreme Black
– Svalöfs Nip
– Svalöfs Orion III
– Svalöfs Same
– Svalöfs Schwarzer Moor
– Synda
– Vega
– Westfinnischer Schwarz
– Wisniara Galiz

var. **obtusata** Alef.
– Alsóvadászi D (tf.)
– Bambo II
– Benkő
– Fehér Dollár
– Green Mountain
– Magistral
– Odenwälder Strauß
– Saturn
– Sierra C. I. 7706
– Sobotkaer Fahnen
– Stout C. I. 9195
– Stormking
– Táplánszent Kereszti
– Weißer Unbegrannter

var. **pugnax** Alef.
– Brauner Begrannter
– Garton Supreme
– Schottischer Fahnen
– Schwarzer Begrannter
– Schwarzer Tatarischer Fahnen

var. **tatarica** Ard.
– Dollar

var. **tristis** Alef.
– Grignonnaise
– Noire de l'Aube

Avena strigosa Schreb.; A. strigosa ssp. strigosa (Schreb.) Thell.; A. nuda Höjer s. l. ssp. nuda
– Ceirch Llwyd Cwta – S 171
– Glabrata C. I. 2630
– Pied de Manche
– Rauhhafer aus Hamstedt
– Rauhhafer aus Neustadt
– Rouge de Tithiviers
– Stormogul

Hordeum vulgare L. s. lat.
convar. **deficiens** (Steud.) Mansf.; H. deficiens Steud.

var. **africanum** (Vav.) Mansf.
– Abyssinian 11 C. I. 4361

var. **asmaricum** (Orl.) Mansf.
– Noire Maroc
– Noire 2 R Montpellier

var. **copticum** (Vav.) Mansf.
– Wondo II

var. **daghestanicum** (Vav. et Orl.) Mansf.
– Bulchi Gofa

var. **decorticatum** Körn.
– Erythraea
– Manchuria C. I. 2230

var. **deficiens** (Steud.) Körn.
– Abyssinian C. I. 2376
– Abyssinian C. I. 4219
– Arabische
– Deficiens d'Abyssinia C. I. 9255
– Kaffa III
– Kitchin C. I. 1296
– Kuban
– Menelik C. I. 5862
– Modjo C. I. 3212
– Modjo C. I. 14284
– Modjo 1 C. I. 14048
– Modjo 2 C. I. 14049
– No. 4229
– Rivale
– Select. Kitchin C. I. 1296

var. **glabrideficiens** (Vav.) Mansf.
– Char'kovskij 60
– Doneckij
– Doneckij 8

var. **steudelii** Körn.
– Blackhull C. I. 878

var. **steudelii** Körn.
– Blackhull C. I. 2087
var. **subinerme** Körn.
– Sarah × Inerme
– Sicapri 7
– Simavi 322
var. **triceros** Körn.
– Gaffel (nikkende, 2rd.)
var. **tridax** Körn.
– Noire 2 R Trifurquée
convar. **distichon** Alef. s. l.; H. distichon L.
var. **breve** Alef.; var. zeocrithum Körn.
– Nagoya 12
– Tiroler Pfauengerste
– Tochigi-Goldenmelon
– Uuraisten
– Ximojiang
var. **dubium** (Körn.) Mansf.
– 8450 Kupeli C. I. 8256
var. **duplialbum** Körn.
– Grannenlose Zweizeilige
– Ubamer Baco
var. **dupliatrum** Körn.
– Golozernyj Bezostyj Dvurjadnyj
var. **erectum** (Rode) Alef.
– Achenthaler Imperial
– Algérie 48
– Anabee
– Bánkúti Korai Tavaszi Takarmány Árpa
– Bensings Imperial
– H Béta 2 Soros
– Breustedts Harzer
– Canadian Thorpe 1828
– Cheroff
– Delta
– Döbelner Imperial
– Dr. Franks Grannenabwerfende Imperialgerste
– Ennstaler (Kunagrüner) Imperial
– Fisser Imperial (Tiroler)
– Fritsches Imperial
– Fruwirths Frühe Goldthorpe
– Gartons Brewers
– Gerkra
– Goldthorpe Silesia
– Guilden

var. **erectum** (Rode) Alef.
– H Gygne
– Hafnia
– Hakata 2
– Hatakaze
– Heines Goldthorpe
– Hellas
– H Horpácsi Kétsoros
– Humaj 1
– Hybride 01871
– Japanische 456
– Kaser Imperial
– Krecks Sommergerste
– Landgerste aus Ostmark
– Lohnauer Imperial
– Messidor
– Minister Ruys
– Müllers Messdorfer Goldthorpe
– Nadwiślański
– New Burting Malting
– Nolčs Imperial
– N. P. 2
– N. P. 12
– Pallas
– Plumage-Archer
– Primus ohne Wachs
– Punjab Barley Special Rowed
– Research
– Resibee
– Roschitzer Imperial
– Saxonia Malz Imperial
– Schliephakes Germania
– Schneiders Eckersdorfer Imperial
– Sejet
– Spiegelgerste
– Standwell
– Standwell (Webb)
– Stieglers Kaisergerste Imperial
– Svalöfs Hellas
– Svalöfs Primus Imperial
– Svalöfs Rupal
– Svalöfs Senat
– Svalöfs Svanhals
– Tiroler Imperial
– Tiroler Landgerste
– Verbesserte E. Schliephakes
– Wase Tankangol
– Webskys Silesia

var. **erectum** (Rode) Alef.
– Weibulls Akka
– Weibulls Arla
var. **glabrierectum** (Vav.) Mansf.
– Glatte Imperial
var. **griseinudum** (Vav. et Orl.) Mansf.
– Gopal
– Gopal C. I. 1091
– Lyallpur 3647
– Lyallpur 3648
– N. P. 4
– Purple Nudum C. I. 2250
var. **gustafssonii** Mansf.
– Lemma Like Glumes 1
– Lemma Like Glumes 2
– Lemma Like Glumes dans Kenia
– N. P. 24
– Svalöfs Goldkorn 91
var. **gymnocrithum** Körn.
– Ai-Tao
var. **inerme** Körn.
– Inerme 3521
– Simari 305
var. **medicum** Körn.
– Berrichone
– Donečkij 4
– Donečkij 650
– Dornburger Glattgrannige
– Eglfinger Westf.
– Erie C. I. 8080
– Forezia
– Gloire du Velay
– H Karind Glattgrannig
– Kleinasiatische Glattgrannige
– H Maidescht Glattgrannig
– Michigan 04103
– Michigan 04113
– Michigan 43
– Odesskij 36
– Odesskij 84
– Palliser
– Perbeteer Glattgrannig
– Rika × S 142-3
– Spartan C. I. 5027
– Xantha III
var. **melanocrithum** Körn.
– Schwarze Pfauengerste
var. **neogenes** Körn.
– Luo Mai 114
var. **nigrescens** Körn.
– Ägyptische Zweizeilige
– Erak C. I. 1003
– Meliton C. I. 1956
– Persicum C. I. 2249
– Persische Schwarze
var. **nigricans** Sér.
– Etiopia
– Nigrisubnudum
– Noire à Ballas Panachées
– Schwarze Zweizeilige
var. **nigrinudum** (Vav.) Mansf.
– EB 145
– EB 1626
– Jet C. I. 967
– L 94
– Nigrinudum C. I. 11549
– Ra 6
var. **nudum** (L.) Alef.
– Armenische Nacktgerste
– Banat
– H Bethge Nackt
– Byloe
– Cevada de 2 Ordens Nua
– Deutsche Nackte Großkörnige
– Dometzkoer Paradies
– Georgia C. I. 5567
– Goliak
– Golozernij 1
– Golozernij Gidropon No. 1289
– Golozernij (na)
– Kolchoznyj 7
– Krehls Nacktgerste P 6
– Krim Nackt Zweizeilig
– Michalovický
– Mondo Nackt
– Nackta
– Novi Sad
– Orzo Nudo Italiano
– Paradiesgerste
– Prokupkur
– Rimpaus Nackte
– Troppauer Land
– H v. Tschermaks Zweizeilige Nackte Wintergerste
– White Hulless
var. **nutans** (Rode) Alef.
– 78-132
– Abacus
– Abed Archer

var. **nutans** (Rode) Alef.
- Abed Binder
- Abed Binder 12
- Abed Binder 35
- Abed Bomi
- Abed Deba
- Abed Denso
- Abed Kenia
- Abed Lofa
- Abed Loti
- Abed Maja
- Abed Mala
- Abed Opal
- Abed Vega
- A. C. 20
- Ackermanns Bavaria
- Ackermanns Bido
- Ackermanns Ceresia
- Ackermanns Danubia
- Ackermanns Donaria
- Ackermanns G. P. I.
- Ackermanns Inis
- Ackermanns Isaria
- Ackermanns Isaria II
- Ackermanns M G Z
- H Ackermanns Prima
- H Ackermanns Tria
- Adlicker 9
- Adlikon
- Admiral Beatty
- H Ag-Arpa
- Agio
- Akme
- Albert Busser
- Alf
- Alfor
- Allasch
- H Alpha
- Alpha C. I. 959
- Alsa
- Alsace
- H Alterna
- Amberger Alt
- Ametyst
- Ammer
- Amrigschwander Zweizeilige Schwarzwälder
- Amsel C. I. 12034
- Andrea
- Antałek
- Antoniński Browarny
- Apex

var. **nutans** (Rode) Alef.
- Ara
- Arabel C. I. 896
- Aramir
- Avena
- Ariel
- Ariola
- Ark Royal
- Arlington
- Arvo
- Ashdon
- Atem
- Athos
- Atlas
- Audley
- Aura
- Auriga
- Aurore
- Australische Frühe
- H Azuga
- Balder
- Balder J
- Banba
- Bannerts Rote Radsteiner
- Barbara
- Barlis
- Baton
- B. Caupin
- Beate
- Becket
- Béka
- Belfor
- Belorusskij 18
- Bengasi
- H Benita
- Beorna
- Berac
- Berenice
- Bergers Veredelte Schlesische Landgerste
- Bernburger Mehltauresistente
- Berolina
- Berta
- Bethge II
- Bethge III
- Bethges und Oelzes XIII
- Bethges Victoria
- Bigo Zaner
- Bine
- Boa Fé
- Bobcat

var. **nutans** (Rode) Alef.
– H Bocheński
– Bohatýr
– Bonita
– Bornebusch St. C
– Branišovický
– Branišovický C
– Branišovický VRZ
– Breitenhardt
– Breuns Devise
– Breuns Franken III
– Breuns Heinrich
– Breuns Neuzucht
– Breuns Nota
– Breuns Villa
– Breuns Volla
– Breuns Wisa
– Brevia
– Britta
– H Brittle Rachis
– H Bruckers Zweizeilige Nr. 34
– H Brzeski
– Buck Cruz del Sur
– Burton Malting
– Buttengardt 3
– C – 155
– Cambrinus
– Candice
– Cañera
– Canova
– Carlsberg II
– Carina
– Carmen
– Caroline
– H Carstens Zweizeilige
– Cebada Cervecera
– Čelechovický Hanácký
– Celinnyj 5
– Cemelot
– Cenad D III/25
– Cenad D III/130
– Cenad D IV/43
– Cenad D IV/46
– Cenad D IV/47
– H Ceres
– Černigovskij
– H Černigovskij 5
– Černigovskij 7
– Černomorec
– Cevada de 2 Ordens
– CFU 729 a
– Char'kovskij 306

var. **nutans** (Rode) Alef.
– Char'kovskij 410
– Charlottetown No. 80
– Charlottetown No. 8019/28
– Chevallier von Neuhaus
– Chinesische von Remy
– Christa
– Chusei Golden Melon
– Ciro
– Clara
– Claret
– Claudia
– Clivia
– Cluj 123
– Colmar
– Columba
– Compana C. I. 5438
– Composite Cross 79-35-2 XXXI
– Consista
– Contra
– Copelia
– Coracle
– Cordula
– Cornel
– Corniche
– Criewener II
– Criewener 96
– Criewener 403
– Criewener 405
– Criewener N. Z.
– Cumhuriyet 50 Yercil 147
– Custal
– H Czeski Dwurzedowy
– Da Caffé
– Dag-Arpasy
– Dahmer Hanna
– Damasy
– Dana
– H Danilo
– Danpro
– Dans Irisaka 8-31
– Dänische Inselgerste
– Dänische Sterlinggerste
– Dänisch Gold
– Dauphine
– Defra
– Deister
– Delisa
– Delita
– Delta
– Denár

var. **nutans** (Rode) Alef.
– Dera
– Desnjanskij 8
– Diabas
– Diamant
– Diana
– Dippes Hanna
– Dissa
– Diva
– Djeddah
– Dobrowicer
– Dokučaevskij 1
– Domen
– Doneckij 6
– Dora
– Dorett
– Dorina
– Dornburger Eva
– Dornburger Heils Franken
– Dornburger Heils Hede
– Dram
– Dregorova Vrhany
– Drossel
– Drossenfelder Frankonia
– Drost
– Dukát
– Dürnkruter Proskowetzer Hanna
– Dvoran
– H Džugaj
– Earl
– Early Chevallier
– Ebra
– Eglfinger Hado
– Eglfinger Monachia
– Egmont
– Eichenbarlebener St. 10
– Eichenbarlebener St. 20
– Ekonom
– Elgina
– Elsa
– Elscher
– Emir
– Esperance
– Estanzuela 2034
– Estanzuela Futtergerste
– Étoile du Velay
– Europa
– Evasem
– Evropeum 353/133
– Exedra C. I. 1262
– Fairfield

var. **nutans** (Rode) Alef.
– Fatran
– Felda
– Feldsberger C
– Femina
– H Fenella
– Fergus
– Fergus C. I. 13797
– Fero
– Fida
– Firecrest
– Firlbecks III Neu
– Firlbecks Union
– Firlbecks Universal
– Firlbecks Weihenstephaner Mehltauresistente II
– Fischers Wirchenblatter I
– Fischers Wirchenblatter II
– Fischers Wirchenblatter III
– Fischers Wirchenblatter VI
– Fitis
– H Flamenco
– Flavina
– Flora
– Florina
– Foma
– Forrajera × Rika 7 C. I. 11801
– Frainspitzer Frühgerste
– Franks Hohenloher
– Franks Pfälzer
– Franks K 4
– Frankenthaler Pfälzer
– Frankenthaler Veredelte Pfälzer
– Freja × Jerusalem 7-14
– Freya
– Frühe Australische Zweizeilige
– Fuchs Pfälzer
– Fuchs St. II 2
– Gabelstorfer Bardengerste
– Galina
– Gasell
– Gazelle
– Georgia
– Georgie
– Gerda
– Gerlinde
– H Gerty
– Gimpel
– Gitane

var. **nutans** (Rode) Alef.
– Gitte
– Gleichs Jura Alt
– H Gloria
– Goblin
– Gödinger Bräu
– Görsdorfer D Gerste
– Gold C. I. 1145
– Goldfoil
– Goldfoil Acc. 112
– Goldgerste × Bindergerste
– Goldmarker
– Goldspear
– Golf
– Gomers W 9
– Gregor
– Gregor 2708
– Grit
– Gryf
– Gunhild
– Gunnar
– Guttentager Landgerste
– Haarer Isdania
– Halikko
– Hana
– Hankkija's Aapo
– Hanna
– Hanna Acc. 153
– Hanna Borzymowicki
– Hanna × Chevallier
– Hanna C. I. 906
– Hanna Gambrinus
– Hanna Gambrinus Ryxa
– Hanna Goli
– Hanna × Kaisaria
– Hanna Kleszczewski
– Hanna × Moravia
– Hanna Skrzeszowicki
– Hannchen C. I. 531
– Harlan 43
– Harry
– Hatvani 129/1
– Hatvani 308
– Hatvani 1108
– Hauters Pfälzer
– Hauters Sommergerste
– Havilla
– HE 607
– Hebe
– Hector
– Heges Andrea
– Heges Ara

var. **nutans** (Rode) Alef.
– Heges Bona
– Heges Hornisse
– Heges Libelle
– Heiligenblut Landgerste
– Heils Franken
– Heils Hanna C. I. 682
– Heines Amsel
– Heines Frühe
– Heines Haha
– Heines Haisa
– Heines Haisa II
– Heines Hanna
– Heines Olympia
– Heines Oriol
– Heines Pirol
– Heines Piroline
– Helena
– Helmi
– Hennersdorfer K 64
– Hennersdorfer Silesia
– Herdas Hanna
– Hildebrands Elka
– Hildebrands Hanna
– Hildebrands Olympia
– Himmels Lagerfeste Melonen
– Hispont C. I. 8828
– Hintertuxer
– Hockey
– Hohenauer (Pommers)
– Holzapfels Frühgerste
– Hônen
– Hood
– Hörnings Sommergerste
– Horn
– Hunter
– Iban
– Idola
– Il'ineckij 43
– Ilka
– Immendorfer
– Immendorfer Carolus
– Impala
– Irania
– H Irla
– Irma
– Isaria Nova
– Israeli 46
– Israeli 49 C. I. 12674
– Israeli 264
– Jantar

var. **nutans** (Rode) Alef.
- Jarek
- Jassener Landgerste
- Jerusalem II
- Jubilej
- Jugoslavski 4276
- Julia
- Juliane
- Jupiter
- Jutta
- Južnyj
- K–955
- Karát
- Karina
- Karri
- Kaschitzer St. 91
- Kaschitzer St. 132
- H Kaskade
- Katterbacher
- Kazimierski
- Keg
- H Khayyam C. I. 1117
- Kiebitz
- Kiemens Vollkorngerste
- H Kinel'skij 5
- Kisslings Hanna
- Kisslings Jura verb. Amberg
- Kite
- Klara
- Klaxon
- Kleinwanzlebener
- KM 1192
- Knauffs Verbesserte Pfälzer
- Kneifel
- Kneifels Vollkorngerste
- Kniver C. I. 2361
- Kocherperle
- Köstlins Probsteier
- Köstlins Rotgrannige
- Kol'chikum10/30
- Korál
- Koru
- Kosmos
- Kraffts Riedgerste
- Kraffts Starkenburger Land
- H Krakowski
- Krapphauser
- Krasnodarskij
- Krasnodarskij 35

var. **nutans** (Rode) Alef.
- Krasnojarskij 1
- Krasnoufimskij
- Krasnoufimskij 95
- Kredit
- Kredlers Oberpfälzer
- H Kruševački
- Krymskij 17
- Krymskij 65
- Krymskij 301
- Krystal
- Kujanowiak
- Kuhnows-Moravia
- Kutnowski
- Kutnowski Praecox
- Kutnowski Serotinum
- Kwassitzer Hanna
- KYM
- La Estanzuela × Rika 21 C. I. 11800
- Lami
- La Previsión 19
- Lauinger Bachtalgerste
- Lea
- Lechtaler C. I. 6488
- Légia
- Lerchenbarg
- Libelle 378
- Lichti Lechtal
- Lichtis DN
- Lichtis Lisa
- Liechtenstein
- Lilly
- Linia C 22
- Lin Yun Bai Liu Leng
- Lisa
- Long Glumes C. I. 6168
- Loosdorfer Frühe Zaya
- Loosdorfer Laa
- Loosdorfer Marsch
- Loosdorfer Rhaya
- Louhi
- Lovászpatonai Universal
- Löws Angern 3
- Löws Angern 4
- Lubicki
- Lubuski
- Luč
- Lud
- Luisenburger
- Luisenburger Neuzucht
- Luke

var. **nutans** (Rode) Alef.
- Lüttichauer Land
- Lüttichaus Landgerste
- Luttowski C 266
- Magnif 102
- Magnif 104
- Magnif 132
- Magnif 105 INTA
- Magnum
- Magurele
- Mahndorfer Hanna
- Maksimirski
- H Malta
- Malteria Heda
- Malteria 150
- Mansholts Tweerijige
- Marienhofer
- Marienhofer Kneifel
- H Marinka
- Maris Badger
- Maris Baldric
- Maris Canon
- Maris Concord
- Maris Dingo
- Maris Druid
- Maris Mink
- H Maris Otter
- H Maris Puma
- H Maris Trojan
- Maris Yak
- H Markeli 5
- Mars
- Martonvásári FB 101
- Martonvásári FB 102
- Martonvásari FB 104
- Martonvásári Korai Tavaszi Takarmány Árpa
- Matura
- H Maximir M–45
- Maythorpe
- Mazurka
- MC 20
- H Medaillon
- Medina
- Mehltauresistente Baringerste
- Melody
- Menuet
- Merkur
- Meßkirchner
- Mesterházi 193
- Mesterházi 210

var, **nutans** (Rode) Alef.
- Mesterházi Tav. Árpa
- H Metro
- Mettes Hanna
- Midas
- Milenium
- Miln's Golden Promise
- Minak
- Minerva
- Mini
- Minnesota 545
- Minskij
- Mioleri Vnolyelli
- Miranda
- Mirena
- Mirjam Sejet
- Mita
- Mittlauer Hanna
- MK 42

MK 47
- Moara Domneasea m. d. 2
- Moara Domneasea m. d. 4
- Mobet P. J. 467884
- H Mogador
- Moles Moraira
- Mölltaler
- H Monix
- Mooser St. 73
- Moravie
- Morgenrot
- Mosane
- Moskovskij 121
- Müllers Franken
- Müllers Franken II
- Müllers Medusa
- Müllers Neuzucht
- Müllers Sommergerste
- MV 46
- Naryn 27
- H Natalie
- Nebi
- Nekladener
- H Nemčinovskij
- Nepolegajuščij
- Nery Sejet
- Neuhaus Fischer I
- Neuhaus Selchower Chevallier
- Neuhaus Selchower Land I
- Neuhaus Selchower Land II
- New Cross
- Nickende Braugerste

var. **nutans** (Rode) Alef.
- Nitschkes Riesengebirgsgerste
- No. 6018
- H Noëlle
- Nolč-Dregers Allerfrüheste Böhmische Landgerste
- Nolč-Dregers Bohemia
- Nolč-Dregers Moravia
- Norbert
- Nordal
- Nordgarden
- Nordost Hanna
- N. P. 102
- N. P. 103
- Nosovskij 2
- Nosovskij 6
- Novosadski 1
- Novosadski 2
- Novosadski 4216
- Nutans 3
- Nutans 106
- Nutans 115
- Nutans 187
- Nutans 226
- Nutans 244
- Nutans 404
- Oberglogauer A 5
- Oberglogauer P 5
- Oberglogauer P 13'
- Oberglogauer P 111
- Oberhalbsteiner
- Ochsenhauser Ria
- Ofir
- Oldenburger Zweizeilige
- Omskij 13709
- Opal
- H Opera
- Oppiner Hanna
- OPZ
- Orge d'Australie
- Ortolan
- Osterpeys Frankenthaler
- Otterbacher Zuchtgerste
- Palestine 10
- Palestine C. I. 939
- Palmella Blue C. I. 3609
- Pammers Hohenauer Vollkorn
- H Panda
- Patty
- Pauline

var. **nutans** (Rode) Alef.
- Pécser Landsorte
- Peragis
- Peragis Neuzucht
- Peresztegi
- Perfekta
- Peroga
- Pflugs Extensiv
- Pflugs Intensiv
- H Pioneer
- Pisárecký R. 31
- Plena
- Plenum
- Polon
- Ponote
- Prekocius 143
- Prelude
- H Probstdorf × Kenia 1
- Probstdorfer Adora
- Probstdorfer Belluna
- Probstdorfer Eura II
- Probstdorfer Paula
- Probstdorfer Signal
- Probstdorfer Sola
- Probstdorfer Vollkorn
- Probsteier Landgerste
- Proctor
- Proskowetzer Hanna Pedigree
- H Protidor
- Provost
- Przeworski
- P. S. G. Ceres Hanna
- P. S. G. Gambrinus
- Puławski Browarny
- Puławski Nr. 9
- Putza
- Qingpu
- Quantum
- Quantum Plus
- Quedlinburger
- Radsteiner
- Raeckes Hanna
- Raeckes Land
- Raeckes SG
- Ramona
- Rapid
- Rastatter Neuzucht
- Refleks
- H Reinette
- Reisgerste
- René Guillemart

var. **nutans** (Rode) Alef.
- Rieser A-Typ
- Rif
- Rika
- Rimpaus
- Rimpaus Hanna
- Risø Mutant 1508
- Robin
- Ronda
- Rugomf C. I. 6526
- Ruhners Gatterstedter
- Ruma
- H Ruma Zweizeilig
- Russian 12 C. I. 11563
- SA 20
- Saale
- Safir
- Saljut
- Salka
- Sandra
- Särla
- Sarah
- H Scala
- Schickerts Pfälzer
- Schirmers Franken St. 13
- Schirmers Franken St. 22
- Schlötenitzer
- Schmids Meßkirchner Landgerste
- Schneiders Eckersdorfer Hanna
- Schottische Anal
- Schottische Perl
- Schwarzenberggerste 21
- Schweigers Erika
- Schweigers Felda
- Schweigers Hilde
- Schweigers Moosburger Georgine
- Schweigers Moosburger Rhätia
- Seelowitzer Gloria
- Seelowitzer Triumph
- Sejet
- H Selecta Zweizeilige
- H Selectas II Zweizeilige
- Semčický Hospodářský
- Serva
- v. Sethes Schlötenitzer Moravia
- v. Sethes Schlötenitzer Neuzucht I

var. **nutans** (Rode) Alef.
- Sever 1
- Severa
- Shannon
- Skrzeszowicki
- Sladár
- Slavutič
- Slovenský 802
- Sofia
- H Sonja
- Souvenir
- Spartan
- Spratt-Archer
- Stadelmanns Monachia
- Stadlers R. 40
- Stadlers Ratisbona
- Stankas Frühgerste
- Starnauer Kneifel
- Stauffers Obersülzer
- Stauffers Obersülzer Frühe
- Stauffers Obersülzer Mittelfrühe
- H Stavropol'skij 7
- Steina
- Steinitzer Hanna
- Stephan C. I. 8051
- St. Maria
- Strengs Aspa
- Strengs Aurea
- Strengs Franken
- Strengs Franken II
- Strengs Franken III
- Strengs Hadostreng
- Strengs Osiris
- Sultan
- Sundance
- Sunna
- Svalöfs Alva
- Svalöfs Birgitta
- Svalöfs Bonus
- Svalöfs Brage
- Svalöfs Eva
- Svalöfs Freja
- Svalöfs Gold
- Svalöfs Goldkorn
- Svalöfs Goldkorn 4
- Svalöfs Gunilla
- Svalöfs Hannchen
- Svalöfs Kristina
- Svalöfs Mari
- Svalöfs Mona
- Svalöfs Princes

var. **nutans** (Rode) Alef.
- Svalöfs Salve
- Svalöfs Siegesgerste
- Svalöfs Simba
- Svalöfs Ymer
- Svansota 2
- Svansota 928
- Swallow Zweizeilig
- Taktaharkány
- H Tanimer
- Tápláni
- Temp
- Tepler Hochland 401
- Teplica 19782
- Teresa
- H Tg. Frumos 26
- Thalheimer
- Thigina 2631
- Tîrgu Frumos 240
- Tîrgu Frumos 316
- Tiroler Landgerste
- H Tipper
- Tonniner
- Topas
- H Trigger
- Tron Sejet
- v. Tschermaks Danubia × Hanna Kl. Asiatische
- v. Tschermaks Hanna × Chevallier × Kargyn
- v. Tschermaks Hanna × Hannchen
- v. Tschermaks Hanna × Kargyn
- H v. Tschermaks Veredelte Zweizeilige
- H v. Tschermaks Zweizeilige (Probstdorfer)
- v. Tschermaks Zweizeilige Sommergerste
- H v. Tschermaks Zweizeilige Wintergerste
- H v. Tschermaks Zweizeilige Winterharte Neue Wintergerste
- Turk C. I. 14400
- Two-Rowed Chevallier
- Tystofte Prenticeby
- Ultra
- H Umanskij
- Universal 7196
- H Unumli-Árpa

var. **nutans** (Rode) Alef.
- Ursel
- Vada
- Valenta
- Valki C. I. 5748
- Valtický
- Vankkuri
- Varunda
- Verbesserte Pfälzer
- Verbesserter Ried
- Verchnjačskij 8
- H Viktoria
- Viner
- Vinnickij 6
- Vinnickij 7
- Vinnickij 128
- Viride
- Vogels Weihenstephaner Mehltauresistente
- Vollkorn
- Vuni
- Výnosný
- Wadsacks Diamant
- Wadsacks Neuzucht
- Wadsacks S G
- Wadsacks Thüringer
- Wallwitzer Perl I
- Weibulls Ansgar
- Weibulls Cilla
- Weibulls Clara
- Weibulls Drake
- Weibulls Herta
- Weibulls Ingrid
- Weibulls Pukekorn
- Weibulls Rika
- Weibulls Tellus
- Weibulls Wing
- Weihenstephaner CP 127422
- Weihenstephaner Hilte
- Weihenstephaner Mehltauresistente I
- Weihenstephaner Mehltauresistente II
- Weihenstephan × Isaria
- Weiße Erfurter
- Wélam
- White Smyrna C. I. 4580
- H Wieselburger Zweizeilige
- H Wieselburger Zweizeilige Typ B
- Wikinger

var. **nutans** (Rode) Alef.
– Wildensteiner Jura
– Wing
– Wurla
– Yamina
– Zefír
– Zeiners Deutschmeister
– Zeiners Franken
– Zeiners Frankenperle
– Zeiners Hohenloher
– Zeiners Immune
– Zeiners R. Stamm 8558
– Zeiners Universal
– Zeisig
– Zenit
– Zephyr
– Zita
– H Zweizeilige aus Franken
var. **persicum** Körn.
– Composite Cross Selection C. I. 5435
– H Persicum 64
var. **viride** (Vav. et Orl.) Mansf.
– Quanto
– Select. Bifarb C. I. 14145
– Soggio Soudan (B)
convar. **vulgare**; H. vulgare L. s. str.; convar. hexastichon Alef. s. l.
var. **asiaticoides** Mansf.
– Eremo C. I. 1014
var. **asiaticum** (Vav.) Mansf.
– Oshiohi-han C. I. 10367
– Shiranui Hadaka
var. **atroviolaceum** Mansf.
– Black Hulles C. I. 666
var. **atrum** Körn.
– Schwarze Gemeine Dreizack
var. **brachyatherum** Körn.
– Chingchao Chien
var. **breviaristatum** (Vav.) Mansf.
– H Hâtif du Moulin
– Reka
– Reka 1 C. I. 5051
var. **brevisetum** R. Regel
– Ayame Hadaka
– H Bandai Hadaka
– Ehime Hadaka
– Ehime Hadaka 2
– Hayaure Hadaka
– Henro 108
– Hinode Hadaka
– Ise Hadaka

var. **brevisetum** R. Regel
– Japanische 3
– Japanische Nackt
– Kagawa-Hadaka 1 C. I. 7339
– Kairyô Bôzu Mugi
– Kuroshio Hadaka
– Minami Hadaka
– Nakate Hadaka
– Ôishi 49
– Seto Hadaka
– Shimabara
– Shimabara C. I. 5196
– Shirahime Hadaka
– Shiro Shinriki
– Songhakbori
– Tsukuba Hadaka
– Wase Hadaka
– Yamate Hadaka
– Yûnagi Hadaka
var. **chinense** (Vav. et Orl.) Mansf.
– H Ga-Jet C. I. 10434
– Inerme 211–15
– Marett Awnless
– H Purdue 466 A1–77–15–10–9–10 C. I. 11902
var. **coeleste** L.
– Afghanistan C. I. 4179
– Astrachan
– H Bac-Dong
– Böhmische Nackte
– Bulgarische Nackte
– Burbanks Nackte
– Columbische Nackte
– Džau-Safedak
– Ebstorfer Nacktgerste
– Himalaya C. I. 2257
– H Italienische Nackt
– Junior
– Kleine Gerste
– Kleine Grannenabwerfende
– Kleine Teutschenthal
– Krehls Nacktgerste P 2
– Krim Nackt Vierzeilig
– Laschkes Nacktgerste Korona Vierzeilig
– Lyallpur 3647
– Marquardt Nr. 40
– Marquardts Nackte
– Mitsukiko
– Młochowski
– Mochi Mugi I

var. **coeleste** L.
– Mochi Mugi II
– Nabawi
– Nec Falla
– No. 1 C. I. 10132
– Nudo Bianco
– Nue á Coire
– Pekin 1
– Razza
– Rotenburger Nacktgerste Vierzeilig
– Russian 74
– Saggia C. I. 1316
– Schweizer Nackte
– Sement C. I. 1314
– Ta-Waung Miaosz C. I. 9327
– Tiroler Landgerste
– Tiroler Nacktgerste
– Tuxer
– Uamto
– Walpersii B&H
– Walpersii Nackt
– Weizengerste
– Yonewadaka C. I. 10369

var. **coerulescens** Sér.
– Gray Abyssinian C. I. 1612

var. **densum** Sér.; var. pyramidatum Körn.
– Abyssinian C. I. 3940
– Abyssinian 5 C. I. 4354
– Bari C. I. 2542
– H Barsoy C. I. 11904
– Berta
– H Boema
– Carmen
– H Cenader Sechszeilig Typ B
– Cevada de 6 Ordens
– Chikurin Ea 52
– Chosen C. I. 5098
– Club Mariout C. I. 261
– Cogotona
– H Coolic C. I. 1060
– H Dover C. I. 10435
– Hakusan Mugi
– Huang Yan Ye Dai Mai
– H Huron
– Jiading Hong Lei Liu Zhutou
– Jugkakschubari
– Kur
– H Luther C. I. 13340

var. **densum** Sér.
– Marco C. I. 5647
– Milust C. I. 2546
– H N. Y. 516 B–3 B–1 C. I. 11887
– H Pasha
– Pomo
– Rinn 4 C. I. 13129
– H Shiro Omugi 79134 C. I. 9395
– Suwan 25 C. I. 7447
– H Suwon No. 5 C. I. 7433
– H Suwon No. 13 C. I. 7440
– Toomas
– H Washington 957

var. **dundarbeyi** Zhuk.
– Awnless C. I. 5029
– Mc Nair C. I. 13644
– H Rapidan C. I. 14006
– Unbegrannte Japanische

var. **duplinigrum** (Körn.) Mansf.
– Abyssinian 1139
– Black Hulless
– Kleine Schwarze Nackte
– Kleine Schwarze I (B)
– Orfeo
– Weihenstephaner Schwarze Nackte

var. **glabriparallelum** (Orl.) Mansf.
– Adair
– Uzbekskij
– Wocus C. I. 8059

var. **glabripyramidatum** Vav.
– Bonneville C. I. 7248

var. **himalayense** (Ritt.) Körn.
– Abyssinian C. I. 3944
– Ederle
– H Grundmanns Stella
– Himalaya C. I. 1312
– La-Sa-Bai-Qing-Ke
– Lyallpur 3645
– Orzo Palestina Nudo
– Tanikaze 105

var. **horsfordianum** Wittm.
– Beardless
– Do 4 C. I. 9350
– Hanse 563
– Hooded Spring C. I. 716
– H Hooded 10 C. I. 6563
– Horsford C. I. 877
– Horsford C. I. 1775
– Little Ben C. I. 4686

var. **horsfordianum** Wittm.
- Sekitori Hen
- Sol C. I. 1667
- Spray C. I. 5445
- Subaethiops C. I. 2216
- H Tucker C. I. 7039

var. **hybernum** Vib.; var. pallidum Sér.
- 65199 C. I. 4229
- Abyssinian
- Abyssinian 1128
- Abyssinian C. I. 1227
- Abyssinian C. I. 1237
- Abyssinian C. I. 1243
- Abyssinian C. I. 3208–1
- Abyssinian C. I. 3906–1
- Acre Earliest
- H Admire C. I. 6377
- H Ager
- H Ago
- Aim C. I. 3737
- Alagon C. I. 3530–1
- Alagon C. I. 3530–2
- H Alaska C. I. 534
- H Alaska C. I. 4106
- H Albias
- Alger 42
- Alger 48
- Alger 183
- Algerian C. I. 1197
- Alhama
- H Almerfelder *res. b. frig.*
- Ambio
- Amble a Sogne-Ford
- Amrigschwander Verbesserte Schwarzwälder Vierzeilige
- Amurskij Mestnyj
- H Anoidum C. I. 7269
- H Antares
- Antequera
- H Antoniński SWHN
- H Ardennes
- H Arès
- Ariana C. I. 2524
- Arivat C. I. 7534
- Arkadij
- H Arma
- Arni 1
- H Askania
- Asse
- H Astrix

var. **hybernum** Vib.
- Atlas C. I. 4118
- Atlas 46 C. I. 7323
- Atlas 54 C. I. 9556
- H Atlas 68 C. I. 13824
- H Augusta
- Austrian Early C. I. 3086
- H Avar II
- H B 149
- B 174
- Ballia Local
- H Bánkuti 9
- Bannerts Vierzeilige
- H Bărăgan 240
- Barbar
- Barberousse
- Barbican C. I. 1265
- H Barbo
- Barley B 16
- Barley C 141
- Barley 305 C. I. 6015
- Barley T 4
- Bay C. I. 7113
- Bearer C. I. 1728
- Beduinengerste
- Beecher C. I. 6566
- H Bekas (B 110/69)
- Beladi
- H Belokrajnskij
- H Berkners Schlesische
- H Bernaria
- Bessert 14
- H Béta 6
- H Béta 40
- Bey
- Bey C. I. 5581
- BHS 15–60–88
- Bigo
- H Bihor-Central
- B. M. C.
- H Birgit
- H Böhmerwälder
- Bolivia C. I. 1257
- H Bollo
- Bolron C. I. 7123
- Bordenave Ranquelina S. A. G.
- H Bordia
- B. R. 22
- B. R. 27
- B. R. 30
- H Breisgauer

var. **hybernum** Vib.
- H Breisgauer Wintergerste Typ B
- H Breustedts Atlantis
- H Breustedts Atlas
- Breustedts Frisia
- Breustedts Granat I
- H Breustedts Schladener I
- H Brier C. I. 7157
- Briggs C. I. 13682
- H Brucker 4
- H Brucker Vierzeilige Nr. 3
- Brucker Vierzeilige Nr. 4
- Buck 111
- H Bulgarian C. I. 521
- Bulgarische Wechsel 515
- C. 50
- C. 138–2
- C. 251
- C. 255
- H Cabro
- Cáceres
- California Coast C. I. 6115
- Callas C. I. 2440
- Canadian Lake Shore C. I. 2750
- H Cape
- Cape×Coast 1508
- H Capri
- H Carré
- Carrée de Printemps
- Cascade C. I. 7146
- H Castel
- Cebada Forrajera
- H Cenad I
- H Cenad 345
- H Cenad 395
- H Cenad 396
- H Cenad 399
- H Cenad 450
- Cenad Landw. Wechselgerste
- Çerro
- Červonec
- H Cha-Dae-Maec
- Chae-Rae-Baec C. I. 9214
- Chae Rae Baec C. I. 9215
- H Chasavjurtovskij
- H Chase C. I. 9581
- H Chasylly
- Chevron C. I. 1111
- Chilean C. I. 1433

var. **hybernum** Vib.
- Chi Lin Ta Mai C. I. 4199
- Chinese 2028
- Chinese Ottawa
- H Chissinau-Arad
- H Chordžau 18
- H Chordžau Mestnyj
- Coast
- Coast C. I. 276
- Coast C. I. 2235·
- Coast C. I. 2335
- Comma
- Common Six Row C. I. 4625
- H Corona
- H Corsaire
- H Courlis
- Cree C. I. 12253
- Cree/Manker C. I. 11577
- Crypt C. I. 1090
- H Csanádi 445
- Cusada C. I. 895
- Dabat
- H Dagestanskij (Samuricum 239)
- H Dagestanskij 02664
- Dans Sainte Croix
- H Davidson C. I. 6373
- H Dayton C. I. 9517
- H Derenburger
- H Detto
- H Dettweiler
- Dickson 452 C. I. 5802
- Dickson 505 C. I. 5823
- Dickson 628 C. I. 5849
- H Dicktoo C. I. 5529 *res. b. frig.*
- Div. 6472, 58–12313 C. I. 11532
- Dölauer Kleingerste
- H Dojna
- Dong Yang San Yue Nuang
- H Dominator *res. b. frig.*
- H Don
- H Donskoj *res. b. frig.*
- H Dornburger Vierzeilige Futtergerste
- Dorsett 6861 (Wladiwostok) C. I. 4429
- Dorsett 6873 (Wladiwostok) C. I. 4424
- Dorsett 6915 (Wladiwostok) C. I. 4464

var. **hybernum** Vib.
– Dorsett 6981 (Wladiwostok) C. I. 4385
– Dorsett 7055 (Wladiwostok) C. I. 4384
– Dorsett 7205 (Wladiwostok) C. I. 4436
– Dorsett 7221 (Wladiwostok) C. I. 4444
– Dorsett 7241 (Wladiwostok) C. I. 4488
– Dorsett 7276 C. I. 14383
– Dorsett 7284 (Wladiwostok) C. I. 4609
– Dorsett 7495 (Wladiwostok) C. I. 4505
– Dorsett 7973 (Wladiwostok) C. I. 4569
– Dorsett 7983 (Wladiwostok) C. I. 4535
– Dorsett 8026 (Wladiwostok) C. I. 4544
– Dorsett 8101 (Wladiwostok) C. I. 4575
– Dorsett 8753 (Wladiwostok) C. I. 4885
Dorsett 9172 (Wladiwostok) C. I. 4948
– H Drourady
– Duplex C. I. 2433
– Durani C. I. 6316
– H Džay-Bapust Mestnyj
– H Dževeltesli Mestnyj
– EB 1427
– EB 1467
– H Eckendorfer Alt
– H Eckendorfer Mädru
– H Eckendorfer Mammuth
– H Eckendorfer Mirra
– H Eckendorfer Tocka
– Edda II
– Edda C. I. 7129
– Egypt 4 C. I. 6481
– Ekaterinoslav Nr. 475
– Ellis C. I. 2107
– Empress
– H Engelens II
– H Engelens III
– H Engelens Dea
– H Engelens Dunja
– H Engelens Inka
– H Engelens Senta

var. **hybernum** Vib.
– H Engelens Wieland
– Engledow India C. I. 7555
– Entresole C. I. 1261
– Erhard Frederichen
– H Ermo
– Escourgeon de Grignon
– Escourgeon de la Marne
– Estanzuela
– Estate C. I. 3410
– H F 15–79
– Featherston C. I. 1119
– Feebar C. I. 7260
– Feldaer C. I. 2624
– Field 5916 C. I. 8157
– H Fimbul II
– H Firlbecks Astrid
– H Firlbecks Dina
– H Firlbecks Regia
– H Firlbecks Vierzeilige
– H Flamande d'Hiver
– Fleche C. I. 1263
– H Fletumer
– Fong-tien
– Forrajera
– Forrajera C. I. 8158
– Forrajera de Invierno Wir. 885 C. I. 8159
– Franger C. I. 16151
– H Franka
– H Freya
– H Friberga
– H Friedrichswerther Allerfrüheste
– H Friedrichswerther Berg
– H Friedrichswerther Ogra
– H Frimas
– H Galion
– H Gebrüder Dippes Herfordia
– Gem C. I. 7243
– H Gembloux 14 C. I. 8286
– H Gerbel
– H Giaginskij 395
– H Ginso
– H Gipsy
– Gödöllői 52
– Gödöllői 98
– Gondar
– Grande C. I. 11758
– Grandpa
– H Grignon

var. **hybernum** Vib.
- H Grodkowicki
- H Groninger
- H Großklappige Wintergerste
- H Dr. Grundmanns Wotan
- Gruschenski
- Gruschewsky (Ekaterinoslav)
- Guadiana
- Gujarat C. I. 3397
- Gust Palutz 9 C. I. 7170
- HA 21
- Han River C. I. 206
- H Hansens Hübitzer
- Harar 1256
- Harbers Vierzeilige
- Harbine C. I. 4924
- H Harbine C. I. 7524
- H Hasso
- H Hâtif Bonte
- H Hâtif du Moulin
- H Hatvani
- H Hauters
- Heines Vierzeilige
- H Hellmann und Teilhaber *res. b. frig.*
- Her 1166 C. I. 11578
- H Hexa
- H Hibernaculum 2664
- H Hibernaculum 9006
- Hietpas 5 C. I. 7124
- Hillsa C. I. 1604
- Hohenfinower
- H Hop
- H Horpácsi 57
- Hoshiarpur C. I. 3396
- H HS 5
- Hsin An Tien C. I. 9345
- H Hudson C. I. 8067
- H Huter
- Ičirpan
- H Idaho 2039
- J. H. S. C. I. 11536
- H Illia
- H Immendorfer Harriet Typ B + D
- Imperial C. I. 3197
- H Intensiv 1
- H Intensiv 2
- Ireland C. I. 1603
- Ishtar C. I. 1615

var. **hybernum** Vib.
- H J-16
- H J-20
- H J-25
- H Jaidor
- H Jakson I
- H Janetzkis Rotbart
- H Janetzkis Rula
- H Jaspis
- Jiang-Mi-Da-Mai
- H Jubilee
- H Jubilejnyj 25
- H Judith
- Juduraki
- Juli
- Juliaca C. I. 1114
- H Jumbo
- H Jutta
- K. 12
- Kairyo
- H Kalkreuther
- H Kansas C. I. 6376
- Kansas Sel C. I. 6376
- Kansas Southeast C. I. 7070
- Karasek
- H Karcagi 258
- H Kärntner
- Karšinskij
- Kaufbeurener Vierzeilige
- H Kearney C. I. 7580 *res. b. frig.*
- Keka
- Kekori
- H Kenate C. I. 9570
- H Kenbar C. I. 7574
- H Kentucky 1 C. 6050
- Kentucky 36 C. I. 4677
- H Kentucky Nr. 2 C. I. 6148
- H Kentucky Nr. 11 C. I. 6021
- H Keowee C. I. 11369
- H Kerr C. I. 11664
- H Keystone
- H Kido C. I. 5145
- H KIM
- Kindred C. I. 6969
- H Kirgizskij 247 (Pallidum 247)
- H Kiruna
- H Kirwin C. I. 7075
- H Kleinwanzlebener 12
- H Kleinwanzlebener Record

var. **hybernum** Vib.
– H Komplexo
– H Korona
– H Kostek *res. b. frig.*
– H Kragujevački 73
– H Krasnodarskij 16
– H Krasnodarskij 38
– H Krasnodarskij 39
– H Krasnodarskij 1918
– H Krasnodarskij 2029
– H Krasnyj Dar (Pallidum 2494)
– H Kruglik 21 (Pallidum 21)
– H Krymskij 0247
– Kuan C. I. 1016
– H Kujawiak *res. b. frig.*
– H Kujawiak II
– Kulkoye Udatal
– Kumogata Shirazu
– L 97
– La Estanzuela 75 A
– H Łagiewnicki *res. b. frig.*
– Lagunera
– La Mesita C. I. 7565
– H Landgerste Altschlage
– Lapin
– Lapp Vierzeilige
– H Largo
– Larker C. I. 10648
– H Lédeci 320
– H Lédeci 324
– Ledue
– H Leon
– H Lignée 14 de Gembloux
– H Lignée 185 de Gembloux
– H Lingby
– Liunn
– Lupe
– Luxor
– Lyallpur BS
– Lyallpur C. I. 3395
– Lyallpur P
– Magnif
– H Maguelone
– H Mahndorfer
– H Mahndorfer Viktoria
– Malda Local
– Malting
– Malting C. I. 1129
– H Mambo
– H Mamut
– Manchu C. I. 4795

var. **hybernum** Vib.
– Manchuria C. I. 1251
– Manchuria C. I. 2259
– Manchuria C. I. 4534
– Manchuria C. I. 4788
– Manchuria C. I. 4794
– Manchuria C. I. 4798
– Manchurian C. I. 739
– Manchurian C. I. 2828
– H Manon
– H Mansholts Fletumer Typ D
– H Mansholts Groninger
– H Mansholts Winter II
– Mariut
– H Markeli 2
– H Marko
– H Marm C. I. 5562
– Marocaise 079 C. I. 8334
– Marocco C. I. 3902–1
– Marocco C. I. 6311
– Martin
– Martonvásári 34
– Marzaga
– Masovia Kleine Vierzeilige
– H Massa
– H Masto
– H Dr. Mausbergs
– Mazowiecki
– Mecknos Meros C. I. 1379
– Mediascher Land
– Mediascher Verbesserte Land Vierzeilig
– Medicum 026
– Mensury C. I. 170
– Mercer C. I. 7071
– H Merkator
– Meri
– H Mezőhegyesi
– H Mezőhegyesi 68
– Mian Wali C. I. 3400
– H Michigan Winter C. I. 2036
– H Mikulicki Wczesny
– H Mukulicki II
– H Milton C. I. 4966
– Ming C. I. 4797.
– Minnesota 551
– Minsturdi
– H Miraž-1
– H Miraj 1
– MN 7544
– MN 7572
– MN 9062

var. **hybernum** Vib.
– Moara Domneasea Mv 4
– Moara Domneasea Mn 5
– H Mo. B-400 C. I. 7568
– H Mo. B-475 C. I. 9168
– Mocera Domneasea Mn 4
– H Mocin
– Modia C. I. 2483
– Modoc C. I. 7566
– H Moldavskij 12
– H Monarque
– Monte Cristo C. I. 1017
– H Monlon
– H Montpellier
– Moraleda
– Moreval C. I. 5724
– H Motan
– Moy Wah C. I. 1064
– H Moždokskij Mestnyj *res. b. frig.*
– Muller C. I. 5585
– H Müllers Böhmerwald
– Mut. 501 C. I. 13132
– H Nachčyvandany (Pallidum 310/1)
– H Neger
– Neja
– Nero
– H Neudorfer
– H New Mexico Winter 2 C. I. 7066
– H Njurbinskij Ulučšennyj
– No. 14
– H No. 16
– H No. 18
– H No. 36/162
– H No. 58
– H No. 85
– H No. 140
– H No. 196
– H No. 307
– H No. 347
– H No. 375/4/1
– H No. 1241
– H No. 1294
– H No. 1337
– H No. 5652
– H Nordland
– H Nordost
– Nordost Kleine Vierzeilige
– H Nordstern
– Nowosadski

var. **hybernum** Vib.
– Nr. 191
– H Nymphe
– N. P. 5
– N. P. 8
– N. P. 9
– N. P. 10
– N. P. 13
– N. P. 14
– N. P. 16
– N. P. 17
– N. P. 18
– N. P. 20
– N. P. 21
– N. P. 22
– N. P. 101
– N. P. 104
– N. P. 105
– N. P. 113
– O. A. C. 21
– Oberthal 7
– Ochnella
– Oderbrucker
– Oderbrucker C. I. 940
– Odessa C. I. 934
– H Odessa Solovei
– H Odesskaja 031
– H Odesskij 17 *res. b. frig.*
– H Odesskij 31
– H Odesskij 46
– H Odesskij Rannij
– Ogalitsee C. I. 7152
– Ogalitsu
– H Ohio 1 C. I. 7072
– H Oksamyt
– Oldambster C. I. 2491
– Oldenburger Landgerste
– Oliveros Litoral S. A. G.
– Olli
– Omer
– H Optima
– H Ora
– Orge 89
– Orge Blanche, du Cap Bon
– H Orges d'Hiver 113
– H Orges d'Hiver 174
– H Orion
– Osiris C. I. 1622
– H Ostfriesische
– Otra
– Ottawa 60
– Palestine

var. **hybernum** Vib.
- H Pallidum 16
- H Pallidum 18
- Pallidum 43
- H Pallidum 48
- H Pallidum 187
- H Pallidum 330/2
- H Pallidum 475
- H Pallidum 2929
- H Pamina *res. b. frig.*
- Panc Cinar
- Pandora
- Pannier
- H Paoli
- Pasha C. I. 984
- H Pavlik 209
- H Pavlkeni 209 (Wechselg.)
- H Pavlovický
- Peatland C. I. 5267
- H Pella
- H Pendleton 372 C. I. 13198
- H Peragis 12 Melior
- H Peragis Mittelfrühe
- H Peragis Mittelfrühe II
- H Perga
- H Perry
- Pertijaroi 0126
- Pertun
- Peruvian
- Peruvian C. I. 935
- Peruvian Sel. 1 C. I. 5912
- Peruvian Sel. 19 C. I 6568
- Peshawar
- H Petra
- H Phines Horde
- Pianir
- Piano
- H Piast
- H Pioner
- H Pirate
- Pirkka
- Pi-Tsen-Dun-Da-Maj
- H Plaisant
- H Platen 2929
- H Platen 6523
- Podhorecký
- H Poljarnyj 14
- H Poltava
- H Pollux
- Précoce du Maroc
- H Précoce Lepeuplc
- H Prim

var. **hybernum** Vib.
- Printemps
- Prizyv
- Probstdorfer Massa
- H Probstdorfer Romy
- H Probstdorfer Vierzeilige
- H Probstdorfer Vierzeilige Wintergerste
- H Professeur Damseaux
- Psaknon C. I. 6305
- P. S. G. Nordland
- Pryor 472
- H Pueblo C. I. 8070
- Punjab Barley, Type IV
- H Purdue 21 C. I. 4581
- H Purdue 1101 C. I. 4582
- H Purdue 1101 Sel. C. I. 7523
- H Pusztaföldvári tf.
- Pyongkang
- Quads Vierzeilige
- Quinn C. I. 1024
- Rabat C. I. 4979
- H Rachel
- H Rafiner
- Ragusa b
- Ragusa b (DR 34–40)
- Ragusa 6–9
- Ragusa 34–40
- Ragusa 415
- Ragusa 416
- Ragusa 420
- Red River
- H Rehschützer
- Reno C. I. 6561
- Ricardo C. I. 6306
- H Riniker
- H Robur
- H Robusta
- Rokkaku Chevallier
- Roman 5
- Röngan Olbori
- H Roschitzer
- Rothenburger Landgerste
- Rothenburger Sand Vierzeilig
- R S 17
- H Ruma Vierzeilig
- Rumänische Orzoika
- Rupee C. I. 4355
- Russian 81
- Russian 81 C. I. 11546
- H Sabbaton C. I. 1266

var. **hybernum** Vib.
- Sadowo 215
- H Sämänta 26
- Sagiva Sudan
- Samaria
- Sampatsii
- San Carlos, Div. 5000 C. I. 11533
- Sandrel C. I. 937
- H Santiam C. I. 6367
- San-Yue-Huang
- H Saporo
- H S B–145
- H Ščireckij
- Scots Bere
- H Secura
- H Selecta Sechszeilig
- H Semu 44.4 (H)
- H Severodvinskij
- H Sevlusskij
- Shen-yang
- H Shonan C. I. 5255
- H Sibirian C. I. 10109
- Sibiu 1
- H Sieglinde
- Silverking C. I. 905
- Sirina
- H Śląski I
- H Śląski II *res. b. frig.*
- H Smith Sel. S. 31–51
- Sobieszyński
- H Sofia 31
- H Sofia 1337
- Sorg. Neuschlosser Vierzeilig
- Spanische Vierzeilige
- Speciale C. I. 7536
- Spiti C. I. 4343–1
- H Start
- H Starše 5740
- H Stotz's Salemer
- H Strengs Adonia
- H Strengs Domina
- H Strengs Doria
- H Strengs Dura
- Studina 623
- H Stupický Šestiřadý
- Sudan C. I. 6489
- Sulu C. I. 1022
- Svalöfs Asa
- H Svalöfs Bore
- Svalöfs Brio

var. **hybernum** Vib.
- Svalöfs Stella
- Sv.-Svalöfs 57/510–44
- H Szadovo 045
- H Szechuan
- Székács 11
- H Székács 31
- T. 4
- Tabani aus Edfor
- H Tápiósülyi Tóth-féle
- H Tapir
- H Teletumer
- Tendju-Dshere
- Tenerab C. I. 662
- H Tenkow C. I. 646
- H Tennessee
- H Tennessee Winter
- H Tennessee Winter 66 C. I. 3546
- H Tennessee Winter C. I. 6126
- Tetrastichum dans Baillarge
- H Thibaut
- Thigina 1362
- Thigina 2525
- Tikkurilla
- H Tilli
- Tonat
- Torre Molinos
- Trabut Barley
- Traill C. I. 9538
- Trebi 101
- Trebi C. I. 628
- Trebi C. I. 936
- H Trias
- H Trichmetri
- Trifolium
- Triumph
- Tromitter Kleine Vierzeilige
- Trophy C. I. 10647
- H Tulunskij 283
- Turk×Atlas C. I. 7189
- H Türkische Wintergerste
- H Twins
- H U-297
- H U-399
- H Ularz (U-108)
- H Undine
- H Urania
- H Urbanowicki

var. **hybernum** Vib.
– H Urožajnyj
– H Užeň-Czjan 64
– Vagabond C. I. 3933
– Vaigora Priekuli
– Valentina
– Valmore C. I. 5719
– Vaughn C. I. 1367
– H Ventitre
– H Vindicat
– H Vinesco
– Vjatka 1009
– H Vogels Agaer
– H Vogelsanger Gold
– H VP 9
– Wanda Dłuzewska
– H Warboys
– H Ward C. I. 6007
– H Wartiner
– H Wartiner Typ B
– H Watauga C. I. 9172
– Weider C. I. 1021
– Weiße von Peking
– West China C. I. 7556
– H Wigo
– Windsor
– Wisconsin H 42 C. I. 7123
– H Wisconsin Winter C. I. 2159
– Wisconsin Winter×Glabron C. I. 8162
– H Woodwin C. I. 7033
– H W. R. 65 Grodkowice
– H W. R. 112 Grodkowice *res. b. frig.*
– Wyoming 471 C. I. 8055
– H Xenia
– XV 2240
– Ylitormion
– Yougoslave 92
– H Zalarinec
– H Zend
– H Zim
– H Zora C. I. 11903

var. **ibericum** (Vav. et Orl.) Mansf.
– Abessinische Sechszeilige
– Caspian C. I. 5644

var. **latiglumatum** Körn.
– H Leninakanskij

var. **leiorrhynchum** Körn.
– Lion A
– Lion 43

var. **leiorrhynchum** Körn.
– Lion C. I. 923
– Russische Glatte
– Schwarze Lion

var. **nanum** (Vav. et Orl.) Mansf.
– Kairyo-Bazu C. I. 10364

var. **nigripallidum** R. Regel
– H Albert *res. b. frig.*
– Black Abyssinian C. I. 2284
– H Black Russean C. I. 2202
– Cevada Preta
– Chinese Black
– Early Black Turkestan C. I. 3093
– H Escourgeon Noir
– Japan 1
– H Schwarze Wintergerste *res. b. frig.*
– Shest C. I. 979
– H Širvandany (Pallidum 629/9)
– H Steudelii C. I. 2266

var. **nigrum** (Willd.) Link
– Abyssinian C. I. 9623
– Banaiticum
– Black Abyssinian C. I. 2383
– Cebada Negra
– Gatami C. I. 2276
– G. Wagner Verzweigte
– Negra Manfredi M. A. G.
– Schwarze von Fong Tien
– Scudelli C. I. 2266
– Triple Bearded Lemma

var. **nudipyramidatum** Körn.
– Aiganji
– Ai-Gan-Qi
– Dohadak C. I. 5187
– H Jukag Salbori
– Koisho Nando C. I. 5199
– Li-Xin 1
– Nackte Kurze Sechszeilige
– Shiro Chinko
– H Pjuk-gak
– Xinli 2

var. **nudischimperianum** hort. Weihenstephan
– Weihenstephaner Schwarze Nackte

var. **nuditonsum** (Körn.) Mansf.
– Golozernyj GB-18

var. **parallelum** Körn.
– Aichal

var. **parallelum** Körn.
– H Aizn Coiled Necn
– H Aizu No. 5 C. I. 8926
– H Alpine C. I. 9578
– Asamat
– Asplund
– Astacus
– Batna
– Barley 5681
– Barley T 5
– Californische Sechszeilige
– Cape×Coast 1511
– Cape×Coast 1518
– Cape×Coast 1519
– Cape×Coast 1529
– Certina
– H Cluj 156
– Cluj 230
– Colsess 1636
– Cruzat C. I. 6482
– Dalmatinische Ragusa c
– Dalmatinische Ragusa 350
– Dalmatinische Ragusa 353
– Dalmatische
– H Dover
– H Dutchess C. I. 10890
– H Eckendorfer Vulcan
– H Engelens Sechszeilige
– H Engelens Wintergerste Typ D Sechszeilige
– H Escourgeon des Flandres
– Etu
– Frontier C. I. 7155
– Fuku Mugi
– Hankkija's Eero
– Harar
– Harrison C. I. 10667
– Hatvani 445
– Heines F R 9
– Heines Frühe Vierzeilige
– Heines Standard
– H Hexagonale de Wagnonville
– H Holston C. I. 9571
– Hotei Mugi
– H Hudson
– Ičirpan Nr. 33
– Japanische
– H Karcagi 39
– H Karcagi 1039
– H Kenate
– Kôgen Mugi

var. **parallelum** Körn.
– Kwan C. I. 1016
– Landgerste aus Ostmark
– Mariot 237
– H Meimi C. I. 5136
– Montafoner
– H Nakaizumi Zairai
– H Novosadski 27
– H OAC Acton
– H O. A. C. Halton
– Orge á 6 Rangs de Printemps
– Paavo
– Pallidum 043
– Punjab Barley, Type V
– H Rogers C. I. 9174
– H Rogers×Kearney C. I. 10879
– H Rogers×Kearney C. I. 10880
– Rosa
– Saga Tairyû
– Sechszeilige Pumpergerste
– Shôki Mugi
– Sunaji Mugi
– H Suwon 31 C. I. 7453
– H Suwon 31 C. I. 7454
– T. 5
– Tammi
– Tikkurila 030
– Topper
– H Tuck C. I. 7573
– Varde
– Verbesserte Mehltauresistente Pumpergerste
– H Will C. I. 11652
– Yukiwari Mugi
– WS

var. **platylepis** Körn.
– Otello

var. **revelatum** Körn.
– Chinko
– H Chwanwuk Nr. 15
– Kama Mugi
– Marumi
– Musin chiang 3
– Tian-Jin 1
– Tokuji

var. **rikotense** R. Regel
– Amerikanische Glattgrannige
– Argyle

var. **rikotense** R. Regel
- Baladi
- Barbless C. I. 5105
- Barboff
- Bedford
- Bonanza
- Brant
- Brock
- Byng
- Champlain
- Composite Cross Select. C. I. 7114
- H Cordova C. I. 7576
- Custer C. I. 8053
- H Decatur C. I. 10546 *res. b. frig.*
- Diamond
- H Eckendorfer Glatta
- Ezond C. I. 5064
- Flynn C. I. 1311
- Forrest C. I. 9187
- Fort
- Fox C. I. 9190
- Galore
- Gateway
- Gateway 63
- Glabron C. I. 1028
- Glabron C. I. 4577
- H Glattgrannige von Vilmorin
- Hero C. I. 4602
- Hiland C. I. 9530
- Hurst
- Husky
- Ithaka Glatte
- Jackson No. 1 C. I. 7045
- Johnston
- Kinkora
- Liberty C. I. 9549
- Massey
- Mingo
- Minnesota C. I. 4667
- Montcalm
- Moore C. I. 7251
- Multan C. I. 3401
- Multan-Glabron
- Nebraska Nr. 107
- Nebraska Nr. 115
- Newal
- Nord
- H Oma C. I. 9569
- Ottawa 3092 H

var. **rikotense** R. Regel
- H Pace C. I. 9566
- Parkland
- Peguis
- Plains C. I. 7250
- Regal C. I. 1865
- Rojo C. I. 5401
- Short Comfort C. I. 5907
- Tex 46-58-55 C. I. 11666
- Tex 47-53-576 C. I. 10903
- Texan C. I. 6499
- Titan
- Titan C. I. 7055
- Tregal C. I. 6359
- Trent
- H v. Tschermaks Vierzeilige Glatt
- Vanier
- Vantage
- Vantmore
- Velvet
- Velvet 447
- Velvet Ottawa
- Wisconsin Pedigree
- Wis. H. 35–7–2–1–3
- Wolfe
- York
- York C. I. 10075

var. **subnudipyramidatum** (Orl.) Mansf.
- Chinko Nr. 1
- Hadaka Mugi
- Hashiri Hadaka
- Hayajiro Hadaka
- Hiza Hachi
- Ichiwase C. I. 8952
- Kozan C. I. 5172
- Nackte Sechszeilige
- Yane Hadaka

var. **subparallelum** (Orl.) Mansf.
- Hanbô 8
- Kamakura
- Kuro Mugi 148
- Mie
- Musashino Mugi
- Santoku
- Satsuki Mugi
- Shiro Mugi
- Warthegauer S. G.

var. **subpyramidatum** (Orl.) Mansf.
- Azuma Mugi
- Baitori

var. **subpyramidatum** (Orl.) Mansf.
– Hakuto Mugi
– Haruna Mugi
– Kantô Kawa 43
– Komono
– Kônosu 58
– Sekitoriki
– Sekitori Sai 1
– H Suwan No. 13 C. I. 7439
– Zairai Tanbô
var. **subviolaceum** Körn.
– Manchuria C. I. 9768
var. **tonsum** (Körn.) Mansf.
– H Wade C. I. 10537
var. **trifurcatum** (Schlecht.) Wender.
– Aegiserees
– Ägyptische Dreizack
– Bald Skinless
– Gemeine Dreizack
– Nackte Weiße Kraftborn
– Nepal C. I. 595
– Purple Nepal C. I. 1373
– Schigatse
– White Hulless
– White Pearl
var. **violaceum** Körn.
– Excelsior C. I. 1248
– Schwarze Chinesische
– Schwarze Nackte Kraftborn
– Violette de Guimalaye
convar. **intermedium** (Körn.) Mansf.
var. **atratum** (Vav. et Orl.) Mansf.
– Chinerme C. I. 1079
– Nigrate C. I. 719
– Nigrate C. I. 5029
var. **cornutum** Schrad.
– GB–2
– Subaethiops C. I. 2260
var. **harlani** (Vav. et Orl.) Mansf.
– Arlington Acc. 110
– Arlington C. I. 702
– Arlington Awnless
– Arlington Awnless C. I. 110
– Miller C. I. 13444
– H Sunrise C. I. 6272
var. **haxtoni** Körn.
– H Clayton
– H Ellis C. I. 9529
– Vjatka
var. **japonicum** (Vav. et Orl.) Mansf.
– H Besbar C. I. 10882

var. **japonicum** (Vav. et Orl.) Mansf.
– H Catskill C. I. 10889
– H Colonial 2 C. I. 8062
– H Davie C. I. 9170
– H Early Marconee C. I. 10884
– H Hanover C. I. 13197
– H James C. I. 10659
– H Knob C. I. 11910
– H Marconee C. I. 8107
– H Mc Nair 601 C. I. 13644
– H Pennrad C. I. 11170
– H Polong C. I. 8068
– Shindô
– H Shindo, 202 C. I. 9412
– H Wong C. I. 6728
var. **nipponicum** (Vav. et Orl.) Mansf.
– Haya Omugi
var. **nudihaxtoni** (Körn.) Mansf.
– Buff
var. **nudijaponicum** (Vav. et Orl.) Mansf.
– Belts 58–1131 C. I. 10905
– Bozu-jor (Nishiki-hen)
var. **nuditransiens** (Körn.) Mansf.
– A 222 C. I. 11554
– A 222 C. I. 11555
– Belts 56–1131 C. I. 10905
var. **subaethiops** (Körn.) Mansf.
– Subaethiops C. I. 2216
var. **subatterbergii** (Körn.) Mansf.
– Triple Awn Lemma
var. **subhaxtoni** (Körn.) Mansf.
– Jet C. I. 2222
var. **transiens** Körn.

Panicum miliaceum L.
– Charkovskoe 25
– Gierczyckie
convar. **compactum** Körn.
var. **dacicum** Körn.
– Strzeleckíe Czerwone
var. **rubellum** Körn.
– Char'kovskoe 2
– Veselopodoljanskoe 334
– Voronežskoe 198
convar. **contractum** Alef.
var. **aureum** Alef.
– Dolinskoe 86
– Novourenskoe 241
var. **sanguineum** Alef.
– Kazanskoe 2

var. **subsanguineum** Körn.
– Kazanskoe 176
convar. **miliaceum**; convar. effusum Alef.
var. **cinereum** Alef.
– Strzeleckie Zielone
Secale cereale L.
ssp. **cereale**
– H Antelope
– H Baltija
– H Bendelebener
– H Brandts Marien
– H Brucker Harrach
– H Burunaja
– H Cadi
– H Carstens Roggen
– H České
– H Char'kovskaja 55
– H Char'kovskaja 194
– H Chrobre
– H Chrysanth Hanserroggen
– H Dacold Sask 23
– H Dańkowskie Selekcyjne
– H Dětenické Krátkostebelné
– H Deutscher Ringroggen
– H Dobřenické Krmné
– H Dominant
– H Edelhofer
– H Esto
– H Finnischer Landroggen
– H Friedrichswerther
– H Friedrichswerther P 10
– H Friedrichswerther P 50
– H Gibridnaja 2
– H Grand Crouelle
– H Hadmerslebener Hellkorn I
– H Hadmerslebener Hellkorn II
– H Harrach Universal
– H Heertvelder
– H Heines Hellkorn
– H Hessdorfer Johannis
– H Hohenauer
– H Horton
– H Jögewa-Auslese
– H Jo 090
– H Jygewa 2
– H Jygewa 112
– H Karlshulder Winterroggen
– H Kärntner
– H Kazimierskie
– H Krzyca Puławska
– H Kuckucks Champagner

ssp. **cereale**
– H Kuckucks Erzgeb. Inzuchtroggen
– H Kuckucks Inzuchtroggen
– H Kuckucks KN
– H Kuckucks Riesengebirgs-Landroggen
– H Lisicyna
– H Litovskaja 3
– H Ludowe Ze Smolic
– H Lungauer Tauern
– H L'vovskaja
– H Manyčskaja
– H Mecklenburger Marien
– H Melker
– H Mikulickie Wczesne
– H Moorroggen Petka
– Mühlviertler-Landsorte
– H Nemginovskaja 56
– H Norddeutscher Champagner
– H Oberkärntner
– H Onni
– H Orlovskij Gibrid
– H Otterbacher
– H Pekka
– H Petka
– H Petkuser Kurzstroh
– H Petkuser Moorroggen
– H Petkuser Winter
– H Petroneller Tyrnauer
– Polko
– Prolific
– H Puławskie Wczesne
– H Ratbořské
– H Römers Emsroggen
– H Römers Erzgebirgischer Landroggen
– H Römers Erzgebirgsroggen
– H Römers Riesengebirgsroggen
– H Ržaksinskaja
– H Sadova
– H Sangaste
– H Saratovskaja Krupnozernaja
– H Schlägler
– H Sitnikovskaja
– H Steinitzer Roggenform
– H Stendskaja II
– H Stupické S II
– H Tacinskaja Golubaja
– H Taraščanskaja 4

ssp. **cereale**
- Tiroler
- H Toivo
- H Universal
- H Uniwersalne
- H Värne
- H Veselopodoljanskaja
- H Viglašské
- H Visa
- H Vjatka
- H VSCHI
- H Waldstauden
- H Wielkopolskie
- H Wierzbieńskie
- H Włoszanowskie
- H Zeelandskie
- H Zelder
- H Zenit
- H Žitkinskaja Mestnaja

Tetraroggen
- H Bernburger Tetraroggen
- H Dublestål
- H Finnischer
- H Kefermarkter
- H Kungs II
- H Loosdorfer
- H Norsk Grärug
- H Sopronhorpácsi Tetra
- H Stål
- H Tetra Gorzów
- H Vadetra
- H Wasa II 1880

Setaria italica (L.) P. B.
convar. **italica**; convar. maxima (Alef.) Körn.
- Bai-Ba-Zsy
- Bernburger Kolben
- Černaja
- Char'kovskaja
- Chien-Chien-Tzu
- Chua-Nun Nr. 4
- Chuan-Scha-Zsy Nr. 1
- Cžin-Be-Gu
- Da-Dau-Chuan
- Da-Hai-Sha
- Dnepropetrovskaja
- Gödöllöi
- Kamalinskaja
- Kraftborn
- Mao-Mao-Gu
- Martonvásári Óriás
- Martonvásári Sárga

convar. **italica**
- Mezőhegyesi Sárgamagvu
- Millet Empire
- Mironovka
- Mo-Li
- Mougol'skaja
- Poltavska
- Ti-Tou-Bai-Mu-Zsy-Zsui
- Tschshun-Mao-Chuan
- Xiao-Bai-Sha
- Xiao-Guo-Gu-Zi

convar. **moharia** (Alef.) Körn.
- Ni-Ksisi-Chi-Tou-Huang

Sorghum bicolor (L.) Moench s. l.
- Campione
- Fakfaky
- Feterita
- Hegari Rannee 85
- Karandafoe
- Maidowley
- Red Guinnea Corn
- White Manchurian Kaoliang

Sorghum cernuum (Ard.) Host
- Džugara Rannjaja 705
- Ukrainskoe Beloerot

Sorghum saccharatum (L. em. L.) Moench
convar. **technicum** (Körn.) Tzvel.
- Bánkuti

Sorghum nervosum Bess. ex Schult.
- M-Da-Lau
- Msiang Kao Liang

Triticum aestivum L. em. Fiori et Paoletti; T. vulgare Vill., T. sativum Lam.; T. compactum Host
var. **albidumcompactiodes** (Kob.) Mansf.
- Big Club 43 C. I. 12244
- H Bonus
- H Brückners Dickkopf
- H Dornburger Winterweizen
- H Ebersbacher Weiß
- H Emma
- H Heinrichs Wilhelminen
- H Imperial I von Meyer-Wageningen
- H Imperial I a von Meyer-Wageningen
- H Imperial II von Meyer-Wageningen
- H Imperial II a von Meyer-Wageningen

var. **albidumcompactoides** (Kob.) Mansf.
– H Jenaer Unbegrannter Dickkopf
– H Lembkes Obotriten
– Little Club
– H Passendorfer Goldweizen
– H Robusta
– H Sperlings Buhlendorfer
– H Svalöfs Demeter

var. **alborubrum** (Körn.) Mansf.
– H Anna Migliori
– H Avon C. I. 13477
– Benne
– Bladette de Besplas
– Bobin
– Canaleja
– H Canberra
– Canimbla C. I. 6666
– H Carlotta Strampelli
– Celebration
– H College Hunters E 183
– H Cornell 595 C. I. 12372
– H Czin-Bah-Czuj
– H Dawbul C. I. 13490
– H Dawsons Golden Chaff
– Duri
– H Early Windsor
– Eureka 2
– H Genese C. I. 12653
– Ghurka
– H Goldcoin a. Abundance
– Heron
– H Hofed
– H Hunters
– Indiano Mocho
– Insignia
– Insignia 49
– Jaufulla
– Kenya 155
– Kenya Curlew
– Kenya Dove
– Kenya Governor
– H Krasnokutskaja
– H Kuusiku
– H Langs Traublinger Braunweizen
– H Luun'ja Ulučšennaja
– Medeheba
– H Nordost Sandomir
– Nurla

var. **alborubrum** (Körn.) Mansf.
– H Olympia
– Pindar
– Pinnacle
– Podboranka
– Pusa I. P. 12
– Pusa S. P. 62
– Pusa I. P. 66
– Pusa I. P. 67
– Quadrat
– Ranee 44
– Robin
– Roter Wechselweizen
– H Russischer Korschow 266/47
– H Russischer Korschow 287
– H Rust Resistent Triumph C. I. 13579
– H Sagnitzer
– H Sandomirka
– Sarrubra
– H Semibreeiskaja
– H Sobotka
– Stanka Sommerweizen 402
– H Studina 159
– H Talbot C. I. 13781
– H Tai-Shan 4
– H Vilmorin Blé Dattel
– H Vysokolitevka
– Waratah
– Yolden Yallipili
– H Yorkstar C. I. 14026

var. **alborubrumcompactoides** (Kob.) Mansf.
– H Matador von Wageningen

var. **atrum** (Körn.) Mansf.
– H Binkel Blauroter Samtiger

var. **aureum** (Link) Mansf.; T. vulgare var. albidum Alef.
– H Aereboe
– H Abele
– H Agent
– H Alba
– H Albatros
– Al'bidum 24
– Al'bidum 43
– H Al'bidum 114
– Al'bidum 3700
– H Algebra
– Aotea
– Arawa
– Argelino Mocho Branco
– Aussie

var. **aureum** (Link) Mansf.
– Australiano de Espiga Branca
– H Banatka Kresowa
– H Baron
– Baroota
– Baroota Wonder
– H Batauwe
– H Bateckaja Belokoloska Mestnaja
– H Beijing 10
– Bencubbin
– H Bengaler Australischer
– H Bergers Hellgelber Dickkopf
– H Biała B
– H Biała Genealogiczna
– H Biała Koskal
– H Biała Krzyż
– H Bielers Edelepp
– H Bielers Kurzepp
– H Blanc Hâtif Cambier
– Blé d'Avril
– H Blé Tom Pouce Blanc
– H Bogotka
– H Brevor C. I. 12385
– H Briquet
– H Buhlendorfer Hellgelbkörniger
– Bunyip
– Cadia C. I. 2891
– H Capitol-Vilmorin
– H Carest
– H v. Carons Betha
– H v. Carons Eldinger Kleber Reseda
– Cascade C. I. 12376
– H Caton
– Chiddam Blanc de Mars
– H Chikago Amerikanischer Sandweizen
– H Cimbals Großherzog v. Sachsen
– H Cimbals Neuer Gelbweizen
– H Clarendon
– H Clovatino
– H Concorde
– H Conte Marzotto
– Cross 7–1975
– H Csougor
– H Dańkowska 40
– H Dańkowska Graniatka

var. **aureum** (Link) Mansf.
– H Dańkowska Idealna
– H Dańkowska Jasna
– H Dańkowska Zachodnia
– H Dippes Dickkopf 6a
– H Dippes Dickkopf 9
– H Dippes Sturm
– H Draegers Sebenter Dickkopf
– Dundec
– Engelens 561
– H Ermischs Winterweizen
– H Ermischs Früher Winterweizen
– H Eršovskaja 3
– Espanhol Chamorro
– H Falco
– Falcon
– Fife-Tuscan
– H Flamingo
– H Flandrischer
– Florence C 414
– Florence 135
– Florence 193
– Ford C. I. 2965
– H Fredrick
– Gabo
– Gamenya
– H Gorickaja Mestnaja
– H Graniatka Janasza
– Großblättriger Kapweizen
– Gulat
– H Hanna Morovan
– H Hanna Weißweizen
– H Heinrichs Gelbkörniger Dickkopf
– H Heinrichs v. Hindenburg
– H Heinrichs Wilhelminen
– H Hermanns Gelbkörniger Winterweizen
– H Hildebrandts B-Weizen
– H Hildebrandts Weißweizen
– H Hildebrandts Weißer Viktoria
– H Hulhio
– H Ian-Da Nr. 1817
– Idaed 59 B
– Idaed C. I. 11706
– Irakie 231
– ISWRN 330
– H Jacob Cats
– H Jinan 13

var. **aureum** (Link) Mansf.
– H Juliana
– Kamyšinskaja 3
– Kandiat 17
– Kärntner Kolben II
– Kenhi
– Kenora
– Kenya B 256 G
– Kenya 291
– Kenya 354
– Klein Trou
– Koda
– H Köhlers Weißer Epp
– H Konkurrent von Meyer-Wageningen
– H Kostromer
– H Krantz Döbelner Vierkant
– Lawrence
– Lemhi C. I. 11415
– H Litowka
– H Mansholts Weißer Dickkopf I
– H Mansholts Weißer Dickkopf III
– Mansholts Weißer Sommerweizen N. Z.
– H Mansholts Wilhelminen
– Marfed C. I. 11919
– H Markowitzer Edelepp
– Marshalls C. I. 6678
– H Martin C. I. 4463
– Mengavi
– H Millionen von Meyer-Wageningen
– H Minister
– H Mironovskaja 10
– H Moro
– H Nadwiślańska Grodkowice
– Novosibirskaja 67
– NTF6–2
– H Nun-Dai 139
– H Ohio 14656
– Olympic
– Onas C. I. 6221
– H Ostka Wysokolitewka
– H Pacer
– H Paris-Vilmorin
– H Peking Agricultural University 36
– H Percivals Sterlings
– H Perwi

var. **aureum** (Link) Mansf.
– H Pin-Poan 50
– H Précoce de Juillet
– H Preis von Oxford
– H Préparateur Etienne
– Přerovská P. K.
– Probat
– Pumaflor 22259
– Purple Straw Tuscon
– Pusa I. P. 112
– Pusa I. P. 165
– H Puuk
– Quality
– Raeckes Weißpelziger
– H René Leblond
– H Renfort
– Richelle Blanch de Naples
– H Richelle Blanch Hâtive
– Richelle Hâtive 110
– H Rosso Gentile
– H Ruska Rodowodowa Biala
– H Russischer Dickkopf
– H Sandomirka
– Sano
– Salmon E52–3/79
– H Sarah
– Saratovskaja 42
– Saratovskaja 44
– Saratovskaja 46
– Saratovskaja 210
– Saratovskaja Sil'naja 38
– H Schindlers N. Z.
– Sherpa
– H Sobieszyńska 44
– H Sperlings Sinslebener N. Z.
– H v. Stieglers Nr. 22
– St. Pierre
– Superhâtif
– H Tai-Nong 153
– H Tayland C. I. 12761
– Teal
– Timor
– H Tongzhuto
– H Touzelle Blanche de Provence
– H Touzelle Originario
– Trigo Africano
– Triple Dirk
– H Urtoba
– Vendel
– H Vilmorin Blé des Allies
– H Vysokolitovskaja Mestnaja

var. **aureum** (Link) Mansf.
– H Wageninger Neuer Winterweizen
– Wandilla C I. 6688
– Warren
– H Wiebes Weinweizen
– H Wittington
– H Wysokolitewka Antonińska
– H Wysokolitewka Kleszczyńskich
– H Wysokolitewka Sobieszyńska
– H Wysokolitewka Sztywnosłoma
– H Yenching University 1817
– H Yorkwin C. I. 11855
– H Yamhill
– Zealand C. I. 190

var. **barbarossa** (Alef.) Mansf.
– Kzyl-Bas
– Lendanija
– H Lesostepka 75
– Pilgrim
– Red Prolific Barbon

var. **clavatum** (Alef.) Mansf.
– H Ježka Modrá

var. **creticum** (Mazz.) Mansf.
– H Bestehorns Dickkopf
– H Blé Carré de Sicile
– Hérisson Sans Barbes
– H Igel Ohne Grannen
– Mocho de Espiga Quadrada

var. **delfii** (Körn.) Mansf.
– H Galgalos Mestnaja
– N. P. 909
– Punjab Wheat Type Nr. 17
– Sonora C. I. 4293

var. **erinaceum** (Desv.) Mansf.
– H Igel Unbehaart Rot
– H Roter Igel

var. **erythroleucon** (Körn.) Mansf.
– Ancona
– Calatrava
– H Carmen I
– H Dawson Golden
– H Dublanka
– H Erythroleucon 12
– H Fin-In-Ma-Gjate
– Forlani
– Goblet
– Griechischer Weizen 15
– H He-Zuo-Nr. 7

var. **erythroleucon** (Körn.) Mansf.
– Indexa
– H Irody 1006
– Janak
– Japanischer Weizen 16
– H Jingxuan 4
– H Jucon
– Kalyansona 227
– Menflo
– Mentana
– Mexipak
– Mexipak 68
– Montejuik
– Napo
– Napo 63
– H New Amber
– Norin 43
– N. P. 120
– Orofén 60
– Potam 70
– Siete Cerros
– Shailaza
– H Shanab 70
– Sona 227
– Sonalika
– Trammai Mestnaja
– H Vilmorin Blé du Nuisemert Barbu
– Xelaju
– H Yayla
– Zambezi
– Zipa 68

var. **erythrospermum** (Körn.) Mansf.
– H Adam
– H Aerile Red
– Africa-Mayo
– H Agent C. I. 13523
– Agrolit Vigliano
– H Agron
– H Ak-Bugdaj Mestnaja
– H Akron Nr. 7
– H Akuotuotej
– H Almargarit
– H Alpiner Begrannter (Haunsberger)
– Amurskaja 71
– Anafil Claro
– H Angerner Früher Begrannter
– H An-Tatau
– Aobakomuchi

var. **erythrospermum** (Körn.) Mansf.
- H Apache C. I. 12122
- Apu
- Apulia Strampelli
- H Arazbugdasy
- H Arnaut de Toamnă
- H Árpádhalom 17
- H Árpádhalom 19
- Arrancada J. 6
- H Askanijka 11
- Asosan C. I. 12665
- H Austro Bankut
- H Azerbajdžanskaja 1
- H Aztec C. I. 13016
- Azteka 67
- H Bahia Blanca
- H Bai-Le-Tou
- H Bai-Shan-Mai
- Bajio 67
- H Banater Winterweizen
- H Banatka aus Cherson
- H Bánkúti 1014
- H Bánkúti 1055
- H Bánkúti 1201
- H Bánkúti 1205
- H Bánkúti Ruma
- H Bărăgan 50
- H Bărăgan 77
- H Bărăgan 665
- Barbela
- Barbela B
- Barnaul'skaja 32
- Barrukan M. A.
- H Bartl
- Barton
- H Begrannter Squarehead
- Bejense
- H Bej-Szi 3
- H Bej-Szi 11
- H Béke
- H Bellyei 590
- H Belocerkovskaja 23
- H Belocerkovskaja 39
- H Belocerkovskaja 198
- Belorusskaja 15
- Bezenčukskaja 98
- H Bison C. I. 12518
- H Blackhawk C. I. 12218
- H Blondynka
- Bluebird No. 4
- H Bolal C. I. 13501

var. **erythrospermum** (Körn.) Mansf.
- Bordenave Puán S. A. G.
- H Branitzka Kalkunow
- H Brucker Harrachweizen
- H Brucker Stamm
- H Buchers Begrannter
- H Buchers Zuchtweizen
- Buck Austral
- H Buck Namuncura
- Buck Pampero
- H Bucuresti 1
- Buenos Aires 100
- H Bulgarischer Weizen Nr. 7
- H Bulgarischer Weizen Nr. 84
- H Burgas 2
- H Butler C. I. 12527
- H Butovo
- C 228
- C 286
- Cabezorro
- H Caddo C. I. 13536
- Cajeme 77
- H Călătele
- H Calden INTA
- Calidad
- Canus
- H Caprock C. I. 14516
- Carina C. I. 3756
- H Carmen
- Caruche de Badajoz
- Caspino
- Catchar
- H Cenad 117
- H Cenad 455
- H Cenad 512
- H Cenad C 11
- Centana C. I. 12974
- Centenario Chapingo
- H Centurk
- Ceres C. I. 11640
- Ceres C. I. 11708
- Ceres C. I. 11712
- Ceres C. I. 11779
- Ceres Red Pirovana
- H Cernomorskaja
- Chacra II
- H Cha-Dun Nr. 1
- H Chanute C. I. 14581
- H Chao-Yuan Nr. 1
- Chao-Yuan Nr. 2
- Chao-Yuan Nr. 3

var. **erythrospermum** (Körn.) Mansf.
– H Chao-Yuan Nr. 4
– Cha-Si 2370
– Cha-Si 2602
– Cha-Si 4485
– H Cheyenne
– H Cheyenne Selection
– H Chien-Chiao
– H Chinese 166
– H Chinese I
– Chinesischer Weizen 4
– Chinesischer Weizen 6
– H Chinesischer Weizen 8
– Chinesischer Weizen 9
– Chinesischer Weizen 19
– H Chinofuz
– H Chou-Fung 1
– H Chou-Fung 12
– H Chou-Fung 18
– Chul C. I. 2227
– H Chun-Man-To-Maj
– H Chydra-Bugda Mestnaja
– H Ciacova 116
– H Ciacova 117
– H Ciacova 185
– Ciano 67
– H Cimbals Prinz Carolath
– H Cîmpia Turzii 1
– H Cîmpia Turzii 50/850
– H Cîmpia Turzii 59–290
– H Cipăianu 74
– H Cipăianu 715
– H Cluj 11/54
– H Cluj 49/554
– H Cluj 51/465
– H Cluj 283
– H Cluj 650
– H Cluj 722
– H Cluj 918
– Cluj 1717
– Cluj 2251
– H Coka Rakoka
– H Comanche C. I. 11673
– Conley C. I. 13157
– Crim
– H Crockett C. I. 12702
– H Cse-Csjo
– H Csui-Fu-Lun-Nun
– H Czao-Jan-Maj
– H Czao-Jan-Maj 5
– H Czao-Se-Zu-Mej

var. **erythrospermum** (Körn.) Mansf.
– H Czi-Nan 1
– H Czi-Nan 2
– H Czi-Nan 3
– H Dacia
– H Dalmatischer Inselweizen
– H Damira
– Damira 6
– H Danne C. I. 13876
– H Dekalb Lepacho
– H Dekalb Tala
– H Dekalb Urunday
– H Delmar C. I. 13442
– H Derenburger Steppenweizen
– H Diana
– H Dierlichs 110
– Dimitrovka 5–2
– H Dimitrovka 5–14
– H Diószegi 85–6
– H Diószegi 1013
– H Diószegi 1782
– H Diószegi F. 1
– H Diószegi N. R.
– H Diószegi Nr. 2
– H Diószegi Nr. 200
– H Diószegi Nr. 777
– Dixon C. I. 6295
– H Dneprovskaja
– H Dneprovskaja 521
– H Dolis-Puri 18–46
– H Dolis-Puri 35–4
– Dom Feliciano
– H Donskaja Ostistaja
– Drochen P. I. 121815
– H Drottweizen
– H Dular C. I. 13173
– H Dunavka
– H Dun-Siao-Maj
– H Durable
– H Duravko
– H Duroselle
– Dwoling (Alvarez)
– H Eagle
– EAP 63 A
– H Early Blackhull
– H Ebro
– H Eckendorfer Begrannter Dickkopf
– H Edda
– Egipcio

var. **erythrospermum** (Körn.) Mansf.
- H Egyptian
- El Gaucho F. A.
- Eliza
- Elvense
- Encruzilhada
- Era
- H Erythrospermum 9
- H Erythrospermum 19–16
- Erythrospermum 46/131
- H Erythrospermum 115
- H Erythrospermum 118
- H Erythrospermum 127
- H Erythrospermum 132
- Erythrospermum 841
- H Erythrospermum 917
- H Erythrospermum 02411
- H Erythrospermum 03251
- H Erythrospermum G 728
- H Eszterházaer Intensiv-Winterweizen
- H Eszterházai
- Eureka F. C. S.
- Eureke
- H Europa
- Excelsior
- Fanfare
- H Favorit
- Favorito
- H Feranol Pinto
- H Fertődi 249
- H Fertődi 293
- H Fiume
- H Fleischmann 113
- H Fleischmann 481
- H Fleischmanns Sturmweizen
- H Fong-Giang Nr. 1
- H Franklin
- Freisinger Landweizen
- Friedrichswerther Grannen
- Frontana-Thatcher C. I. 13029
- Fronteirico
- Fujimi
- H Fulcaster C. I. 4862
- H Fulcaster 7077
- Funello
- H Funo
- H Funone
- Fusense Originário

var. **erythrospermum** (Körn.) Mansf.
- H Gage C. I. 13532
- H Gaines C. I. 13448
- Galizischer Grannen
- Gambee
- H Gang-Nam Nr. 1
- H Gang-Ük Nr. 9
- H Gang-Ük Nr. 10
- Gaza
- Gelkirk
- Gem
- General Roca M. A. C.
- Giza 150
- Giza 156
- H Gjul'geri Mestnaja
- H Gjul'gjani Mestnaja
- H Gödinger Begrannter
- H Golden 50 C. I. 14190
- Gourits
- Greece 10
- Griechischer Andros
- Griechischer Weizen 9
- Guaditano
- Guatraché Hucal M. A. C.
- H Guide C. I. 13856
- H Hait
- H Halina
- H Hanka
- H Hatvani 1153
- H Hatvani 1201
- H Hatvani 3490
- H Hatvani 5512
- H Hatvani 5542
- H Hatvani 5612
- Hauka
- H Helena
- Helene 513
- H Helenka
- H Henares
- Henry C. I. 12265
- H He-Zuo Nr. 2
- H He-Zuo Nr. 3
- H He-Zuo Nr. 4
- H He-Zuo Nr. 5
- Híbrido Natural Rod. 8
- Híbrido Natural Rod. 9
- Hildebrandts Grannen S 30
- Hira
- H Homestead
- Hope C. I. 8178
- H Hua-Bej 187

var. **erythrospermum** (Körn.) Mansf.

- H Hussai C. I. 4843
- Hybrid za Malina
- H Hybrid 46/131
- H Hybrid 57
- Hybrid 65
- H Hybrid 343
- H Hybrid 481
- H ICA 273
- H ICA 449 C
- H ICA 457 B
- H ICA 458 B
- H ICA 495 C
- H ICA 578 B
- H ICA 642 B
- H ICA 645/55
- H ICAR 571 NE
- H ICAR 578 B
- H Ideal-Klatory
- H Iena
- H Il'ičevka
- Impala
- H Imperial Amber
- India 66
- H Inalettabile Seminar
- INIA 19
- INIA 66
- ISWRN 309a
- ISWRN 501
- H Iva
- Jamali Red
- H Jang Kwang P. I. 362177
- H Japanischer Weisser
- Japanischer Weizen 5
- Jaqui
- Jaral „S"
- Jaral 66
- JAS 16
- JAS 20
- Jas 20 Jassul
- Jesuita
- H Jones Mammuth Amber
- Jubileina II
- H Jubileina III
- H Jukseng
- H Jukseng Nr. 3
- H Julia
- H Jum-Ling-Baj
- Jupateco
- H Kachi 8
- H Kadolzer Winterweizen

var. **erythrospermum** (Körn.) Mansf.

- H Kadolzer Winterweizen Nr. 3
- H Kadolzer Winterweizen Nr. 5
- H Kalakow
- H Kaliakra 2
- H Kaltschoner Bart
- H Kan-Juk 1
- H Kanred 1177
- H Kanred C. I. 5146
- H Kansas
- H Karagač Mestnaja
- H Karat
- H Karcagi 21
- H Karcagi 344
- H Karcagi 388
- H Karcagi 522
- H Karcagi 1042
- H Kardam
- H Karnobater Frühreifer
- Karuhikari
- H Kasan
- Kaukasischer Nr. 4
- H Kaw C. I. 12871
- H Kawvale
- H Kecskeméti 175–1–61
- H Kecskeméti 175–198–61
- HKecskeméti 175–199–61
- H Kecskeméti 185–3–61
- H Kecskeméti 185–5–61
- Kecskeméti 186–1–61
- H Kecskeméti 244
- H Kecskeméti 307
- H Kecskeméti 311
- Kefeng 1
- Kenphad
- Kenya Kudu
- Kenya Leopard
- Kenya Page
- Kenya Settler
- Kenya 117 A
- Keyna 131
- Kenya 184 P
- Kenya 261 R
- Kenya 356 A
- Kenya 358 AA
- Kenya 368 AC
- Kenya 358 R
- Kenya 363
- H Ke-Zhunag

var. **erythrospermum** (Körn.) Mansf.
- H Khapstein C. I. 13679
- H Kharkov C. I. 1442
- H Kharkov C. I. 6938
- H Kharkov Min. 112
- H Kievskaja 893.
- Kings Red
- H Kiowa C. I. 12133
- H Kirgizskaja 3
- H Kirgizskaja 16
- H Kirwin
- H Kistur
- H Kiszombori 1
- H Klein Acero
- H Klein Aniversario
- Klein Atlas
- Klein Cólon
- H Klein Fenix
- H Klein Fortin
- Klein Impacta
- Klein Lucero
- Klein Petiso
- H Klein Puma
- Klein Puntal
- Klein Rendidor
- H Klein Sendero
- Klein Sin Rival
- H Klein Toledo
- Klein Titan
- Ko-Chua
- H. Kompolti 1
- H Kompolti 169
- Kompolti Szálkás
- Konosu 25
- H Kooperatorka
- H Koslovez 3
- H Košutská
- H Kota aus Glagow
- Kota C. I. 5878
- Koxima 19
- H Kragujevčanka
- H Krasnosernaja 431
- H Krasnosernaja 441
- H Krasnovodopadskaja 210
- H Križevac
- H Krymka
- H Krymka Mestnaja
- H Kubanskaja 122
- H Kubanskaja 131
- Kurdja
- Kurdja 2

var. **erythrospermum** (Körn.) Mansf.
- H Kyzyldža Mestnaja
- H Kzyl-Bidaj Mestnaja
- H Kzyl-Bugdaj Mestnaja
- H Kzyl-Šark
- Lagunero 58
- H Lancer C. I. 13546
- H Lancer C. I. 13547
- H Lancota C. I. 17389
- Lark
- Larrañaga
- Laureano Alvarez LAAH
- H Lee C. I. 12488
- H Legany Ruma
- Lenana
- H Leone
- H Leones INTA
- H L'govskaja 873
- Liaochun 8
- Lin Calel
- Lin Rival
- H Litoral
- Litoral 1
- Litoral 2
- Litoral Precoz
- H Livorno
- H Loniga 1
- H Loosdorfer Austro Bankut
- H Loosdorfer Austro Bankut II
- H Loosdorfer Bart
- H Loosdorfer Manfred
- H Loosdorfer Präsident Hänisch
- H Lovászpatonai 160
- H Lovászpatonai 407
- Lovrin 26
- H Lucero
- Lundi
- H Lwowianka
- Magliori
- H Magnif 41 INTA
- Magueija
- Magueija de Colmo Cheio
- H Magyarovarer 667
- H Mai-Li-Duo
- H Malakoff Begrannt
- H Małgorzatka Udycka
- H Mammoth Red
- H Manitou
- Maria Luiza

var. **erythrospermum** (Körn.) Mansf.
- H Mariani 17
- H Mariza
- H Marmin
- H Martonvásári F. B. 9
- H Martonvásári F. B. 85–79
- H Martonvásári F. B. 1784
- Mascarenhas
- H Masolino Familia 33
- Merker
- Mexicano 1481
- Mexique 11
- Mexique 45
- Mexique 50
- Mexique 51
- Mexique 55
- Mexique 58
- H Mida C. I. 12008
- Milam
- H Mindenes
- H Minhardi C. I. 1270
- H Minter C. I. 12138
- H Mintucky Amber
- H Minturki
- Minuano 82
- H M. K. 1066
- H Mocinave
- H Moldava
- Mole Algarvio
- Molle I
- Monakinka
- H Morisco
- H MV 3
- Nadadores
- Nadadores 63
- H Naděžda II
- Mainari 60
- Napayo
- H Nazareno Strampelli
- H N. B. 68435
- H N. B. 68510
- H N. B. 68570
- H Nebraska 67730
- H Nebred C. I. 10094
- H Nedan
- H Nemčinovskaja 154
- H Neuhof Nr. 1
- Neve Ya'ar 51
- H New Gaines
- H N. E. 701124
- H N. E. 701134

var. **erythrospermum** (Körn.) Mansf.
- H N. E. 701136
- H N. E. 701137
- H N. E. 701139
- H N. E. 701147
- H N. E. 701152
- H N. E. 701154
- H Nigger
- H Nigger Ohio 18947
- H Njemertsch Jubiläum
- H Njemertsch Kreuzung 1
- H No-an
- Norin 3
- H Norin 8
- Norin 10
- H Norin 16
- Norin 26
- Norin 28
- Norin 29
- Norin 35
- H Norin 39
- Norin 63
- H Norin 67
- H Norin 69
- H Norin 70
- Norin 75
- Normandie
- Noroeste 66
- Nova Prata
- Novinka
- H Novokrymka 202
- H Novoukrainka 83
- H Novoukrainka 84
- N. P. 710
- N. P. 718
- N. P. 760
- N. P. 775
- N. P. 826
- N. P. 830
- N. P. 835
- N. P. 837
- N. P. 846
- N. P. 852
- N. P. 852 A
- N. P. 863
- N. P. 881
- N. P. 884
- N. P. 891
- H N. S. 732
- H N. S. 738
- H N. S. 739

var. **erythrospermum** (Körn.) Mansf.
- H N. S. 604
- Nudif TP 250
- Nuri
- H O. 10
- H Obrascov Čiflik Nr. 84
- H Odesskaja 3
- H Odesskaja 12
- H Odesskaja 16
- H Odesskaja 51
- H Odesskaja 66
- H Odvoș 5
- H Odvoș 116
- H Odvoș 117
- H Odvoș 241
- H Odvoș 8053
- H Odvoș 9804
- Oktavia
- Olaeta Artillera
- Oliva
- H Olred
- H Omaha C. I. 13015
- H Orbita
- H Oregon
- H Orlandi
- H Orlandi 10
- H Oro
- H Osage
- H Osetinskaja 3
- H Oska
- Ostka Chłopicka
- H Ostka Kazimierska
- Ostka Polanowicka
- Ostka Popularna
- H Ozorai
- H Parker C. I. 13285
- Parovaja 1
- H Pawnee C. I. 11669
- H Peking Agricultural University 183
- Penjamo 62
- H Perbetei
- H Perbetei Toklászos
- H Perlo
- Persischer Unbehaart Weiss
- H Pétanielle
- H Pin-Uon 50
- Pirana
- Pitic 62
- H Pjongjuk Nr. 3
- Platifén

var. **erythrospermum** (Körn.) Mansf.
- H Poljesskaja 70
- H Polukarlik 1
- H Ponca C. I. 12128
- H Poppelsdorfer Begrannter Dickkopf
- Português
- Poulard Blanc Lisse
- H PPG 99
- H Predgornaja 2
- H Preska OK 14154
- Preston
- Preston C. I. 3081
- H Priazovskaja
- H Prikumskaja 27
- Primorskaja 14
- Pringless Champlaim
- Probstdorfer Extrem
- Prodigio Italiano
- Progress 18
- H Qualitätsweizen aus Rußland
- H Quanah C. I. 12145
- H Racine C. I. 13172
- Rafaela M. A. G.
- Raliza
- H Rannaja 12
- H Rannaja 27
- Rannaja 47.
- H Record Fould Springer
- Red River 68
- H Red Hussar
- H Reininghaus Wz. DK. 5
- H Reliance C. I. 7380
- Rena
- Rheebok
- Rhodesian Sabanero
- H Riebesel St. 47–51
- Rieti
- H Rinner Winterweizen
- Rio Negro
- H Rjourjuk Nr. 3
- H Rjourjuk Nr. 4
- H Rjourjuk Nr. 5
- Roque 66
- Rural
- H Rusalka
- Rushmore Surpress
- Russel C. I. 12484
- Russischer Banater Grannen

var. **erythrospermum** (Körn.) Mansf.
- H Russischer Winterweizen Nr. 837
- Sabanero
- H Sabina
- Sacho
- H Sadorka
- Saisette de Maninet
- Saitama 27
- Saitama 125
- H Saline C. I. 12674
- H Samanka 117
- Sambtalia
- Sandowka
- H Sang-Ük No. 5
- H San Michele
- H San Pastore Typ 2
- H San-Uo-Chuan
- Santa Catalina
- H Santana C. I. 14582
- Saumur
- Savic 70
- H Sawmont C. I. 13544
- H Scout C. I. 13547
- H Scout 66 C. I. 13996
- H Scoutland C. I. 14075
- H Sedwick
- Seelowitzer Vesna
- H Se-Sent
- H Seh-Ming
- Sekitori 1
- H Selection 14 C. I. 13253
- H Sentzuldzong
- H Serbischer Weizen
- H Serebrjano-Prudskaja
- Shirasagikomugi
- Shirasaya No. 1
- Shirodamura
- Shirodarumasai No. 1
- H Sholeh
- Sibirischer Altai
- H Si-Na Nr. 6028
- Sinvalocho Gama
- Sinvalocho M. A.
- H Sioux C. I. 12142
- H Skorospelka L–1
- H Skorospelka 3
- H Skorospelka 3–b
- H Skorospelka 35
- H Slatiza 410
- H Slatoklas

var. **erythrospermum** (Körn.) Mansf.
- H Slomer
- H Slovenská 200
- H Slovenská 777
- H Slovenská Intenzívna
- H S. Luca
- H S. Michele
- Smena
- H Sofia 40
- H Solaris
- H Solatscher Grannen
- Sonora 63
- Sonora 64
- Sonora 64 A
- H Sonora 64 Amber (Sharbati)
- H So–1804
- Spanischer Weizen 100
- H Staatzer Begrannter Bartweizen
- H Stafford C. I. 12706
- Standard F. C. S.
- H Station Red 1260
- H Steinitzer Moravia
- Stephanis Sieger
- H Stepnjačka
- H Stepnjačka 30
- H Stepova
- Stripe
- H Strubes Kreuzung 210 Begrannt
- Strubes Schlesischer Grannen
- H Sturdy C. I. 13864
- Sturgeon C. I. 11703
- Sud Oeste F. C. S.
- H Südrussischer Landweizen
- H Sun-Hua-Hiang No. 2
- H Surchak 262
- H Surchak Jubilejnyj
- Sureo de Australis de Resest
- H Suwindoruko
- H Suwon
- H Suwon Nr. 86
- Svenno-Grannen
- H Svetlana
- SVR 311
- H Szegedi 423–3
- H Székács 17
- H Székács 19

var. **erythrospermum** (Körn.) Mansf.
- H Székács 1055
- H Székács 1064
- H Székács 1230
- H Székács 1242
- H Székács 1510
- H Szi-Num 6028
- H Szkoplje
- Tacuari INTA
- Taichung 31
- H TAM 101
- Tandil
- Tanori 71
- H Tavričeskaja
- H Taylor C. I. 12461
- H Tendoy C. I. 13426
- H Tenmarq
- H Tentscha
- H Teton
- H Tevheinav 1
- H Theiß II
- H Theiß Landweizen
- H Tigănești 653
- H Tigănești 906
- H Tigănești 909
- H Timpaw OK 14154
- Tîrgu Frumos 48
- H Tiszataj
- H Tjenpung
- Tobari
- Tobari 66
- H Todaro Fam. 29
- Toguifen „S"
- Toropi
- Torre
- Touzelle Barbu à Gros Grains
- Touzelle Blanche Barbu
- H Trader C. I. 13998
- Transmontano
- H Trapper C. I. 13999
- Tremês
- Tremês Branco
- Tremezino Ariz de Grão Escuro
- Trigo da Maja
- H Triumph C. I. 12132
- H Triumph 64 C. I. 13679
- H Tsao-Yang
- H v. Tschermaks Brauner Moravia

var. **erythrospermum** (Körn.) Mansf.
- H v. Tschermaks Non Plus Ultra
- H v. Tschermaks Non Plus Ultra III
- H v. Tschermaks Weißer Begrannter Marchfelder
- H v. Tschermaks Weißer Moravia
- H Tshjun-Su 68
- H Turda
- H Turkey C. I. 85
- H Turkey C. I. 6151
- H Turkey Selection
- H TurkeySelection C. I. 10016
- H Ukrainka
- H Ungarischer Theißweizen von Karcag
- H Ungarischer Begrannter Winterweizen
- H Unter-Engadin
- U. P. 301
- H Utah 54 a 19 C. I. 11696
- H Vardarka
- H Vargisi
- Varoneze
- Vencelel
- Veranopolis
- H Verbesserter St. Johanner
- Vesna
- Victoria de Mars
- Vilela Mar
- Vilela Sol
- Vimiramarbav 5
- Vimiramav 7
- Vinkaflaur
- V. L. 126
- H Vorošilovskaja
- H Vrbovec Winterweizen
- V. 878
- H Wanken C. I. 13695
- Webster C. I. 3780
- H Wesel C. I. 13090
- H Westar C. I. 12110
- White Fife
- H Wichita C. I. 11952
- H Winalta C. I. 13670
- Winogrady
- H Winoka C. I. 14000
- H Winterbanater
- Wisconsin Supremo

var. **erythrospermum** (Korn.) Mansf.
- H Yogo C. I. 8033
- Yangmai 1
- H Yangmai 2
- H Zalaszengroti
- Zaragoza
- H Zarea 80
- H Zarea 197
- H Zemka
- Zimmermanns Begrannter Opferbaumer
- Ziu
- H Zlatoklas
- H Zośka Zapinka

var. **erythrospermumcompactoides** (Kob.) Mansf.
- H Heger Hohenloher Dickkopf Begrannt
- H Hohenwettersbacher Begrannter Dickkopf
- H Mauerner Begrannter Dickkopf
- H Moosburger Begrannter Dickkopf
- H Neuzucht
- O. C. B.
- H Salzmünder Bartweizen
- H Salzmünder 14/14
- S. Giorgio
- H Strubes Kreuzung 56

var. **ferrugineum** (Alef.) Mansf.
- H Achalcichis Citeli-Doli Mestnaja
- H Acima
- Agrolit Don Orione
- H Agromepas 1
- H Ägyptischer
- Aidarka
- H Ai-Li-Duo
- H Alter Deutscher Begrannt Rot
- Alto da Gerra
- H Alty-Agač Mestnaja
- April Bearded
- H Aragon 03
- Ardito
- Arrancada C2
- Arrancada C3
- H Austin C. I. 12346
- H Azerbajdžanskaja 2
- H Banatka

var. **ferrugineum** (Alef.) Mansf.
- H Banatka Bobińska
- Bárbaro
- H Barbu de Crussol
- Barletta Grannen
- Beirão
- H Bel'ckaja 32
- Belém
- H Belinda
- Belorusskaja 525
- Bentana
- H Berkely Rock
- Bijskaja
- H Bol-Bugda
- H Brauner Fuchs
- H Brauner Leipziger
- H Breisgauer Begrannter Roter Land
- Brevit C. I. 3778
- Bučianska
- Buck Atlántico
- H Buck Cimarrón
- H Buck Concerro
- Buck Manantial
- H Buch Napostá
- Buck Quequén
- Buck Relén
- H Bulgarischer Weizen Nr. 44
- H Caesium 3/10
- Caesium 31
- Caesium 111
- Cambio
- Cambino
- H Campofiorito
- Carazinho
- Carlotta Marcoldi
- H Carman Begrannt Rot
- H Cerere
- Ceres Red
- H Charlottina Rossa
- Chhoti Lerma
- Chifén
- Chinesischer von Remy I
- Chinesischer vom Remy V
- Chinesischer Weizen 7
- Chinesischer Weizen 14
- Chinesischer Weizen 21
- H Chua-Dun-Fsi-Chao
- H Chun-Man-Mai
- H Cluj 8
- H Cluj 465

var. **ferrugineum** (Alef.) Mansf.
– Cologne Abastardado
– H Colorben 4
– Colotana C. I. 13556
– H Columbia C. I. 12928
– Común de la Zona
– H Concho C. I. 12517
– H Crest C. I. 13880
– Dalaa Landarvete
– Dalannes
– H Damiratev 3
– H Daskot
– Deutscher Roter
– D. N. 225
– Dom Marco
– H Druchamp C. I. 13273
– H Dzalisura 35–3
– E. C. 27697
– H Eka
– H Eka Nowa
– Entre Rios
– Eshima-Shinriki
– Ettore Fiera Mosca
– Faizabad
– H Feldsberger Grannen
– H Ferrugineum 1239
– H Ferrugineum 9704/2
– Findlings Igel
– Fiorello
– F. K. N. 25
– H Flex
– H Fondard-Crespin
– H Fontezuela INTA
– H Fox
– H Francesca Strampelli
– Frocor
– Frontana C. I. 12470
– Frontana Nr. 568
– Fronteira
– Fronthatch
– Fronton
– H Fuchsweizen aus der Wetterau
– Funchal
– Fury
– Gaboto
– Galego Barbado
– H Galickaja
– H Garovskaja
– General Urguiza
– H Golden Cross
– Greece 18

var. **ferrugineum** (Alef.) Mansf.
– H Grells Unterfränkischer Land
– Griechischer Weizen 7
– Griechischer Weizen 13
– Griechischer Weizen 16
– H Hand
– Hankkijan Ruskea
– Hazera 2152
– Hebrard
– H Heines Begrannt Rot
– H Hicklings Prolific
– Highbury
– Hoa Chon
– H Hors de Concours
– Huamantla Rojo
– H Hume C. I. 13526
– Huron C. I. 3315
– H Hurutsumari
– Hybrid D 23.
– Ideal
– Igachikugo-Oregon
– H Ileana
– H Intensivnaja
– H Ipkli
– H Itana C. I. 12933
– H Ivanča
– Jamalkhani
– H Japanischer Früh
– H Japanischer Winterweizen
– H Jobred
– H Johardi C. I. 12510
– H Kadolzer
– H Karabachskaja
– H Karmir-Slfaat Mestnaja
– Kazachstanskaja
– Kazachstanskaja 126
– Kentana C. I. 13085
– Kenya Grange
– Kenya Kuro
– Kenya Plume
– Keßlers Begrannter Bordeaux
– H Kirsches Grannen
– H Klein Cometa
– H Klein Corneta
– Klein Crédito
– Klein Granadero
– Klein Grl. San Martin
– H Klein Vencedor
– H Krasnodarka
– H Kujawischer Weizen

var. **ferrugineum** (Alef.) Mansf.
– H Kyrmyzy-Bugda Mestnaja
– K Kyrmyzy-Bugda 9704/2
– H La Provision
– H Leipziger Begrannt Rot
– Lerma Rojo 64
– Lerma Rojo 64 A
– H Libero
– H Li-Cho Nr. 3
– H Limburgse Kleine Rode
– H Lin-In Nr. 3
– Liz
– H Loniga
– H Loosdorfer 111
– H Loosdorfer Piatti
– Loros C. I. 3779
– Magnif Guarani M. A. G.
– Manzanares
– H Marchfelder
– H Marco Tuarez INTA
– H Marienhofer Bart
– Marzatico
– H Mediterranean Rocky Mountain
– Menco
– Mestico
– H Mestna Červenka
– H Mestna Sliwata
– Mexique 40
– Mexique 56
– H Michigan Bronce
– Mikuni
– Mirandês
– M. M. E.
– Molle II
– H Moskovskaja 2453
– H Mudczanka Czerwona
– Nan-Ta 2419
– Navarro 122
– H New Era
– H Njemertsch
– H Njemertsch Triumpf, Begrannt, Rot, Verbessert
– Nobre
– Nokra C. I. 4377
– H Norin 4
– H Norin 9
– Norin 34
– Norin 53
– H Norin 59
– H Norin 64
– Norin 72

var. **ferrugineum** (Alef.) Mansf.
– Noroeste 66
– N. P. 836
– N. 46
– N. 81
– H Oberdan
– Oberpfälzer Landweizen
– H Obrascov Čiflik Nr. 7
– H Obrascov Čiflik Nr. 14
– H Obrascov Čiflik Nr. 16
– H Obrascov Čiflik Nr. 159
– Okerman
– H Okerman 17
– H Okerman 804
– Oncativo INTA
– H Orpas
– H Ostka Górczańska
– H Ostka Grubokłosa
– H Ostka Mikulicka
– H Ostka Złotokłosa
– H Ottawa C. I. 12804
– H Palo Duro C. I. 14584
– Pelajo (Alvarez)
– Pergamino Gaboto M. A. G.
– H Pervenec
– Petirrojo
– Piamontés
– Piamontés INTA
– H Podolanka
– H Popovo
– Potam
– Précoce
– H Precoz Paraná INTA
– Principe de Gales
– Punjab Wheat Type Nr. 1
– PV 18, Indus
– Raco
– H Ramonskaja 42
– H Rasgradska Červenka
– H Rastatter Roter Breisgauer
– H Record 5
– Record 2102
– H Red Rock
– H Rieti Barbu
– H Roberts
– H Roman Nr. 4
– Romany
– Rosafé
– Rosate
– H Roșu de Bohotin
– H Roter Breisgauer Land

var. **ferrugineum** (Alef.) Mansf.
- H Roter Sächsischer Landweizen Begrannt
- Ruivo
- H Rumänischer
- Ruskea
- H Russischer Begrannt
- H Russischer 90
- H Sadovka
- H Sadovska Ranozrejka
- H Sadovska Ranozrejka 3
- Saerinnen 66
- Saloio
- H Schmirres Reden
- H Schorrs Franken
- H Sedat
- H Sedat 3
- H Seelowitzer Jubiläumsbart
- Seguro
- H Selectes Begrannter Roter
- Serrano
- H Se-Sen 7
- H Shawnee C. I. 14157
- H Silvana
- H Similis C. I. 3747
- Słowacka Ostka
- Sommergrannen
- Sommerweizen aus Loosdorf
- South Africa Nr. 43
- H Stolls 150
- Suede de Mars
- Super X
- Supremo C. I. 12531
- Svalöfs Rubin
- Syrimex
- Tama
- H Tascosa C. I. 13023
- H Tasmania Red
- Temporão de Coruche
- Tevere
- H Tom Pouce Hache Rouge Begrannt
- Touzelle Rouge
- Transtagano
- Tremês Arroxeado
- Tremês Ruivo
- H Tryumf Mikulic
- H v. Tschermaks Brauner Marchfelder
- Tulun 14

var. **ferrugineum** (Alef.) Mansf.
- H Ungarischer Begrannter Roter
- Ulka
- Valor
- H Vanguardia INTA
- Vehanti
- Vencedor 213/214
- H Verbesserter Njemertsch Triumph
- Vicam 77
- Victoria Veneto
- Vihantilainen
- V. L. 30
- H Vjatka 4
- Waijata No. 1
- H Westerwälder Fuchsweizen
- H Westmont C. I. 12930
- H Wetterauer Fuchs
- H World Seeds 1812
- H Yenchiao 35368
- H Yukon C. I. 14583
- Zainers Sommerbartweizen
- H Zarea 153
- H Zarja
- H Zernogradka
- H Złotka
- H Żmudka Piewotna

var. **ferrugineumcompactoides** (Kob.) Mansf.
- H Hybrid English C. I. 6225
- Tiroler Begrannter Binkelweizen

var. **fetisowii** (Körn.) Mansf.
- Meskren

var. **graecum** (Körn.) Mansf.
- H Anza
- Baart C. I. 1697
- Baart 38 C. I. 11907
- H Belocerkovskaja 18
- H Bi-Ma
- H Blé Tom Pouce Hache Blanc
- H Brescia
- H Burt C. I. 12696
- H B. T. 2223
- B. T. 2281
- Cajeme
- Candeal Castela
- Chanab 70

var. **graecum** (Körn.) Mansf.
– H Chua-Bej 187
– Cologne
– Condor
– H Democrat
– Egret
– H Egvardi 4
– Elrina
– Gabrino
– Gala
– Gatcher
– Giza 155
– Graciana
– H Graecum 114
– H Graecum 433
– Gražučjaj
– Grécia
– Heemraad
– H. J. 385
– Helma Ken – 1
– Hopeful
– H Hybrid za Malina
– Hybrid 11
– H Hyslop
– H I 18 C. I. 10917
– ISWRN 225
– H Janetzkis Begrannter Dickkopf
– H Jingxuan 8
– H Jin-Yu-Nr. 1
– H Ju-Czi-Maj
– Kafue
– Kärntner Grannen
– Kenya 261 E
– Krasnaja Zvezda
– H Kruisingsangel Tarwe
– La Molina
– Liaochun 5
– Liaochun 6
– Mahon 73
– Mexique 2
– Mexique 7
– Mexique 120
– Moskovka
– Nayab 70
– Niva
– Norteno 67
– N. P. 27
– N. P. 852
– H Nugaines C. I. 13968
– Nurdi
– Nuri 70

var. **graecum** (Körn.) Mansf.
– Nuzza Farnager
– Olsen Dwarf
– Onas 53 C. I. 13069
– H Orfed C. I. 11913
– PAL 1
– Palmira 1
– Pan
– „Pato" Argentino
– Pinyte
– Pitit 62
– Potam
– Pratrap
– Punjab Wheat Type Nr. 14
– Pusa I. P. 100
– Pusa I. P. 101
– Pusa I. P. 111
– H Safedaki Mestnye
– Safed Lerma
– H Santana
– Savic
– H Seafoam
– H Selection 9 C. I. 13449
– H Selection 58 C. I. 13447
– H Selection 101 C. I. 13438
– Shabati Sonora
– Shera
– H Si-Te 14
– Spanischer Weizen 86
– Spanischer Weizen 173
– Spica
– Szujuj-Cszson 438
– H Taishan 1
– H Taishan 5
– Terminilo
– Timgalen
– Tonori
– Torim 73
– Tosson
– Tovim
– Tremezino Aviz
– Tribic 62
– Vatan
– H Vogel 253
– H Warrior C. I. 13190
– Weißer Weizen aus Karystos
– H Xi-Bei 612
– Yecora 70

var. **graecumcompactoides** (Kob.) Mansf.
– H Hua-Bej 672

var. **hostianum** (Clem.) Mansf.
– H Bearded White Five
– Bretonischer Bartweizen
– C 217
– C 250
– C 273
– C 303
– C 566
– C 591
– H Carters Anglo-Canadian
– Falchetto
– Hopps
– H Hostianum 237
– Kapur 65
– H Magyarovarer
– N. P. 770
– N. P. 825
– N. P. 832
– H Percivals Blue Cone
– Preston
– Punjab Wheat C 591
– Viloso Mole
– H Zenitka

var. **humboldtii** (Körn.) Mansf.
– H Elmar C. I. 12392

var. **icterinum** (Alef.) Mansf.
– Gelber Igel
– H Weißspelziger Winter-Igel

var. **ingrediens** (Vav. et Jakubz.) Mansf.
– H Blackhull C. I. 6251

var. **leucospermum** (Körn.) Mansf.
– H Blanco Velludo
– C 271
– Fumbock
– L. D. 164
– Primavera Osorne
– Pusa I. P. 4
– Pusa I. P. 113
– H R 023 von Pesola
– H Sluvra Norde
– H Svalöfs Pudel
– H Trigo Primavera

var. **lutescens** (Alef.) Mansf.
– H Aa Blondeau
– H Aaron
– Abbodanza
– H Abed 84
– H Abed 87
– H Abel
– Abondance-Lepeuple
– Academia R. P. R. 48

var. **lutescens** (Alef.) Mansf.
– H Ace C. I. 13384
– Achleitner
– H Achmylovka Mestnaja
– H Achtyrchanka
– H Adamant
– H Addsand
– Adler
– H Adlikon
– Adlungs Alemannen
– Adlungs Hohenheimer Alte Zucht
– H Admiral
– H Admonter Früh
– H Admont V 40
– Ador
– H Advokat
– Agatha C. I. 14048
– Agent
– H Agriss
– H Agror
– H Agrus C. I. 13228
– H Agus
– H Aida
– H Aisne
– Akademia
– H Alabasskaja
– H Alcedo
– H Alcy-Cambier
– H Aleksandrovskaja 4
– H Aleph
– H Alex
– Alfa
– H Ali
– H Alma
– Almadense
– H Alpha
– H Als
– H Alter Deutscher Dickkopf aus Krumbeck
– H Alterna-Tourneur
– H Alter Pommerscher Dickkopf
– H Alto
– H Amerikanischer Sand
– H Amor
– Amurskaja 74
– Amurskaja 75
– H Anda
– H Andnox C. I. 13907
– H Angerner Frühweizen
– Anfield

var. **lutescens** (Alef.) Mansf.
- H Ánouk
- H Anouka
- H Antonińska Wczesna
- H Anvil
- H Aoba Komugi
- Apex
- H Apollo
- H Aquila
- H Aquilon
- Aranda
- Arcane
- H Ardennes-Desprez
- Ardent
- H Ardus
- Argeláto
- H Argentino
- H Argento
- Ariana 66
- Arin
- H Arkos
- H Armada
- H Arno
- Aroso
- Arrancada J 1
- H Arromanches
- Artemovka
- H Arthur 70
- H Arthur 71 C. I. 15282
- H Artigas
- H Artois-Desprez
- H Artus
- H Asso
- Aster
- H Astral Tezier
- H Athos
- H Atlas 50 C. I. 12534
- H Atlas 66 C. I. 12561
- Atson
- H Atut
- H Aube-Desprez
- Aubers
- H Augit
- Auguston
- H Aurele Gaby
- Autonomia
- H Autonomia B
- H Avrora
- H Axel
- Axminster C. I. 1839
- Azur
- H Bačka

var. **lutescens** (Alef.) Mansf.
- Bailey
- Bajky
- H Balcarceno INTA
- H Bald Rock
- Bali
- H Balta
- H Băneasa 2
- H Bánkúti Marquis
- Barletta
- H Baron
- Baškirskaja
- Baškirskaja 4
- H Basta
- Bastion
- Bayard
- H Bayle Kujawa
- H Beauceron
- H Begra
- H Belgorodskaja 5
- H Bellevue
- H Beloturka aus Cherson
- H Bendelebener Harz
- H Benhur C. I. 14054
- H Benno
- Bento
- H Benvenuto
- Bergers Giersdorfer
- Bergers Ottersdorfer
- H Bergers Unbegrannter Dickkopf
- H Berkners 55 (Continental)
- H Berkners Continental Dickkopf
- H Berkners „des Königs Grenadiere"
- H Berkners Dickkopf 310
- H Bersée
- H Beseler 123
- H Beseler 184 K.
- H Bethges Ripa
- H Bezostaja Rannjaja
- H Bezostaja 1
- H Bezostaja 2
- H Bezostaja 4
- H Biserka
- H Bizel
- Bladette de la Garonne
- H Bladette de Sud Oueste
- H Blason
- Blé à l'Étude
- H Blé de Crépi

var. **lutescens** (Alef.) Mansf.
- H Blé des Dômes
- H Blé du Mesnil
- H Bledsoe C. I. 13238
- H Bleesinger Dobrochna
- H Blevoj
- B.L. 8
- H B. L. 300
- B. L. 581
- H Blueboy
- H Blueboy II
- H Boca
- H Bocquiau
- H Bogrin
- Bokal
- H Bongo
- Bon Noulin
- Bonza
- Bonza 55
- Bonza 63
- Bornebusch
- H Borovičskaja Mestnaja
- Börsum Varvete
- H Boulmiche
- H Bounty
- H Breisgauer Land
- H Brennus
- H Bretagne-Desprez
- Breustedts Densi
- H Breustedts Goten
- Breustedts Lera
- Breustedts Neuzucht
- H Breustedts Stamm 509
- Breustedts Teutonen
- H Breustedts Werla
- H Breustedts Wika
- Brewster
- H Brigand
- H Brigit
- Brillant
- H Brockmanns Menzel
- H Buffum
- Burjatskaja
- H Bussard
- H B. U. 10
- H Cache C. I. 11599
- H Cadet C. I. 12053
- Cailloux
- H Cama
- H Campeador
- Campodoro
- Capega

var. **lutescens** (Alef.) Mansf.
- H Capest
- H Capitole-Vilmorin
- H Capnord
- H Capelle-Desprez
- H Caprimus
- Capta
- H Caribo
- H Caristern
- H Carisuper
- H Carme 23
- Čarodejka
- Carol
- Carola
- Carpo
- H Carstens VI
- H Carstens VIII
- H Carstens Condor
- Carstens Sommerweizen
- H Carters Earliest
- H Carters Hundredfold
- H Cascon
- H Caston
- H Castor
- H Cato
- H Caton
- H Catria
- H Cerealor
- Cervaro Strampelli
- Cervato
- Cesar
- Chaimite
- H Chambord
- H Champagne
- Champ Joli
- H Champlein
- H Chancellor C. I. 12333
- H Chanteclair
- H Char'kovskaja 4
- H Char'kovskaja 63
- H Char'kovskaja 81
- H Charles-Péguy
- H Charters-Desprez
- Cha Si 4385
- H Chebros
- H Chieftain
- H Chiemgauer Winterweizen
- Chinesischer vom Remy VI
- H Choryńska
- H Chozo Mestnaja
- Chris
- H Christian

var. **lutescens** (Alef.) Mansf.
– H Chua-Bej 672
– H Chulugo Mestnaja
– H Cimbals Elite III
– H Cimbals Podbielski
– H Cimbals Wohltmann
– Cîmpia Turzii 805
– H Cinta Azul
– Citinskaja 1
– Claudius
– Claymore
– H Cledor-Blondeau
– H Clement
– H Cleo
– H Cloches 26
– Coastal C. I. 12463
– H Cocagne
– H Coken 48–15
– Coker 47–27 C. I. 12563
– H Colossal Hybrid
– H Colorow C. I. 12865
– Culubenmar 12
– Compair
– H Compal
– H Comtal
– H Consul
– Copromar 6
– H Cora
– H Corin
– H Coutiches
– H Courtal
– Crespo
– H Cresus-Tourneur
– H Criewener 27
– H Criewener 104
– H Criewener 192
– Cross 1
– H Crystal
– Currawa
– Cypress
– H Czan-Tou-Maj
– H Czin-Da 4197
– H v. Daakes Erika
– Dal'nevostočnaja
– Damiano Chiesa
– H Damiratev
– H Dana
– H Dańkowska Biala
– H Dańkowska Biala 0279
– H Dańkowska St. 279
– H Danubius
– Dante

var. **lutescens** (Alef.) Mansf.
– H Darius
– Darkan
– H David
– Dawdi With Husk
– H Delphin
– H Demar 4
– H Derenburger Silberweizen
– Derenburger Weißähriger
– Derwisch
– H Diana
– H Diana II
– H Dietrich
– H Diplomat
– H Diplomat Neu
– H Dippes Triumph
– H Dippes Winterweizen
– Dippoldiswalder
– H Directeur Journée
– H Dithmarscher Winterweizen
– H Diu-Sjan 72
– H Dnjepropetrovskaja 775
– H Dnjestrovskaja 25
– H Dobrochna
– H Dobrudscha
– Docteur Mazet
– H Dominator
– H Domino
– H Dončkaja 79
– H Došnuvskaja 458
– H Double Standard
– H Dozent
– H Drauhofener Kolben
– H Dreadnought
– H Dual C. I. 13083
– H Dubrava
– H Ducat
– H Duellant
– H Dummerstorfer III
– H Dunav
– H Duocentodicci
– Eagle
– H Eckendorfer Glatter Dickkopf
– Eglfinger Hohenstaufen
– H Elisabeth
– H Elite-Lepeuple
– H Elo
– Eloi
– Els
– H Elysée

var. **lutescens** (Alef.) Mansf.
– Emblem
– Endress' Fichtelgebirgs
– H Engelens Attila
– H Engelens F4
– H Engelens Festa
– H Engelens Siegfried
– H Engelens Winterweizen
– H Eno
– H Epp Millnera
– Erbachshofer
– H Erchinger Winterweizen
– H Erla Kolben
– H Ermischs Frühreifer
– H Eros
– H Eschinger Winterweizen
– H Espoir
– H Essor
– Estacão
– H Etendard
– H Etoile de Choisy
– H Eureka-Tourneur
– Exchange C. I. 12635
– H Extra Legland
– H Fakir
– H Fakon
– H Fakta
– Falcon
– H Falke
– H Falke Neu
– H Fanal
– H Farino
– H Fausto
– H Feldmann
– H Fema
– H Fermo
– H Ferto
– H Fertyl-Cambier
– Festiguay
– H Firlbeck I
– H Flandres Desprez
– H Flèche d'Or
– H Fleron
– H Fleurus
– H Flevina
– H Flinor
– H Florent
– Florence Aurore
– H Floress
– H Florian
– H Fong-Giang No. 2
– H Format

var. **lutescens** (Alef.) Mansf.
– H Forrenova
– H Fournil
– H Francest
– Francineto
– H Francks Dickkopf
– H Franc Nord
– Frassineto 405
– H Frassino
– H Freccia
– Friedrichswerther Zelo
– Friesdorfer Opal
– H Frigor
– H Frio
– H Froidure Cambier
– H Frühgold
– H Fubav
– H Fullio
– H Fulton C. I. 13358
– H Fultz C. I. 1923
– Funotto
– H Gaby
– H Gaillard
– Gai-Printemps
– H Galland
– H Gambrinus
– Gamenya
– Gamut
– Gang 107
– H Gang-Ük No. 2
– H Gang-Ük No. 4
– H Gan-Su No. 96
– H Gargim
– Garnet
– Garnet Ott. 652
– Gefir
– Gelchsheimer
– H Gelpa
– Generoso
– Gentil Rosso
– H Georgia 1123 C. I. 13292
– Gerda
– Ghirka Spring
– H Gigant
– Gilma
– Glaive
– H Glanor
– H Glatter Weizen
– H Glenlea
– Glenwari
– Glyndon St. 1215
– H Glutenowa

var. **lutescens** (Alef.) Mansf.
- H Goldene Aue
- H Gomborka
- H Gor'kovčanka
- Gor'kovskaja 20
- H Gor'kovskaja 52
- H Görsdorfer Frühweizen
- H Görsdorfer Winterweizen
- H Götz
- H Graf
- H Graf Toerring II
- H Grana
- H Granada
- H Granta
- Grifo
- H Grono
- H Gros Bleu
- H Grundmanns Dickkopf
- H Grundmanns Wotan
- H Gudin
- H Habicht
- H Hadmerslebener VIII
- H Hadmerslebener Qualitas
- Halland Genealogischer
- Halbred
- Halle Stamm 13471
- H Hamlet
- H Hanno
- H Hardi
- H Hartwoods Wheat
- H Harvest Queen
- H Hâtif de Wattine
- Hatamasari
- Hatri
- H Hauters Zuchtweizen
- H Hector
- H Heils Dickkopf K III
- H Heima
- H Heines I
- H Heines II
- H Heines IV
- H Heines VII
- H Heines 8080
- Heines Fasan
- Heines Germania
- Heines Japhet
- Heines Koga
- Heines Kolben
- Heines Noë
- Heines Peko
- H Heines Teverson
- H Heinrich

var. **lutescens** (Alef.) Mansf.
- H Heinrichauer „Ehret die Arbeit"
- H Hela
- H Helanka
- H Helios
- H Hercuter White
- Herma
- Herold
- H Hessische Landsorte
- H Heurtebise
- H He-Zuo Nr. 1
- H He-Zuo Nr. 6
- Híbrido Natural Rod. 4
- Híbrido Natural Rod. 6
- Híbrido Natural Rod. 7
- H Hildebrandts Dickkopf
- H Hildebrandts Winterweizen IR
- Hilgendorf
- Hilgendorf 1947
- H Hivernal
- Hoa Chon
- H Hobbit
- H Hochland
- Hodonínská
- Hoffmanns Silberfelder
- H Hohenauer Pammers Kolben
- H Hohenauer Winter-Kolbenweizen
- Hohenheimer 25 f.
- H Hohenheimer a 56
- H Hohenheimer 77
- Hohenheimer Alte Zucht
- H Hohenheimer Dickkopf Alte Zucht
- Hohenheimer Franken
- Hokoku
- H Holdfast
- H Holley C. I. 14579
- H Holzapfels Früh
- Hopea
- Horizon
- Horizont
- Hörnings Grüne Dame
- H H. S. Burgweizen
- H Hubertusweizen
- H Hustler
- H Hybrid 1
- H Hybrid 40
- H Hybrid 46

var. **lutescens** (Alef.) Mansf.
– H Hybrid 162
– H Hybrid 186
– H Hybrid à Grosse Tête
– H Hybride d'Avrillé
– Hybride de Bersée
– H Hybride de Canonne
– Hybride de la Cloqueterie
– H Hybride de la Noue
– H Hybride de la Tour
– H Ibis
– I. C. A. R. 1/42
– H I. C. A. R. 62
– H I. C. A. R. 70
– H I. C. A. R. 571 NL
– H Idéal-Bataille
– H Igen 3
– H Ile de France
– H Il'ičevka
– H Illosca 151–148
– H Ilola
– H Imperator
– H Imperial Weizen
– Impeto
– Innovation Bataille 30
– H Iona
– Irkutskaja 49
– H Isidor
– H Istra
– Italo Giglioli
– H Ivanovskaja 12
– H Jade
– H Jägers Albweizen
– H Jana
– H Janetzkis Frühe Kreuzung
– H Janetzkis Großkorn
– H Janetzkis J. G.
– Janetzkis Markgraf
– Janetzkis Probat
– Janetzkis W II
– H Jano
– Janus
– H Jao-Czin 3
– H Jao-Czin 5
– H Japhet v. Vilmorin
– Jassener
– H Jara
– H Jecometti
– H Joël
– Jonni
– H Joss Cambier
– H Jubilar

var. **lutescens** (Alef.) Mansf.
– H Jubilej
– H Juna
– Justin
– H Jyvä
– Kadett
– H Kaliakra
– Kalif
– H Kaliningradskaja Belaja
– H Kalužskaja 9
– H Kanmarq
– H Kanzler
– H Karat
– Kärntner Kolben
– H Kärntner Landweizen
– Kaspar
– H Katja
– Kaukasischer V
– H Kavkaz
H Kawfers
– H Keltischer Glattweizen
– H Keltschaner Glatter
– Kendec
– H Kentucky 4097–35 C. I. 12659
– H Kentucky 4097–37 C. I. 12658
– Kenya Buzzard
– Kenya Civet
– Kenya Farmer
– Kenya Hunter
– Kenya Jay
– Kenya Ploughman
– Kenya Plower
– Kenya Quail
– Kenya Standard
– Kenya 294 B
– Kenya 294 M
– Kenya 318 AJ
– Kenya 321
– Kenya 337
– Kenya 338 AA
– Kenya 339
– Kenya 341
– Kenya 350
– Kenya 351
– Kenya 356 B
– Kenya 358 P
– Kenya 360 H
– Kenya 362 B 1 A
– Kenya 367 AR
– Kenya 367 BR

var. **lutescens** (Alef.) Mansf.
– Kenya 374
– Kerimäkelainen
– H Khapli×Chancellor 8
– Kijanka
– Kinel'skaja 30
– Kinney
– H Kirsches Dickkopf Langstroh
– H Kirsches Nordland
– H Kirsches Stahl
– H Kišnevskaja 102
– Kite
– H Kittnauer Eppweizen
– Kittnauer Sommerweizen
– Kiuru
– H Klädener Unbegrannter Dickkopf
– Kleiber
– H Kleinwanzlebener
– H Klimatinskaja
– Kloka WM 1353
– Knopf h
– H Knox C. I. 12798
– H Kobold
– H Koeniginne
– H Kolbenweizen Ruma
– Kolibri
– Kollektivnaja
– H Kormoran
– H Köstlins Hohenheimer Bastard
– H Kraffts Dickkopf
– H Kranich
– H Krapphausener Dichter Epp
– H Krasnodarskaja 39
– H Krasnosernaja 451
– H Krassen
– H Kronjuwel
– H Kronprinz
– H Kuhnows Edelwinterweizen
– H Kujawischer
– H Kunčevskaja 45
– H Kuon-Tu-Biala
– H Kupa
– H Kurzemes
– H Kutnowianka
– H Lafayette
– H Lagodechis Grdzeltavtava Mestnaja

var. **lutescens** (Alef.) Mansf.
– H Languedoc
– H Lapis
– H La Porte C. I. 12557
– H Dr. Lassers Dickkopf
– Lastočka
– H Later
– H Leda
– H Lely
– H Lembkes 34/114
– Lena
– Leningradka
– H Leszczyńska Wczesna
– H Lentia
– H Leutewitzer Adolph
– H Leutewitzer Dickkopf
– H Levent
– H Lewis C. I. 13705
– H Liberator
– Lichti
– Lichtis Früh
– Licura
– H Lille-Desprez
– H Linna
– H Linos
– Lira
– Lischower Sommerweizen
– Lita
– H Little Tich P. I. 112344
– H Liwia
– H v. Lochows Zickauer Edel
– H Logan C. I. 14156
– Loosdorfer
– H Lovrin 10
– H Lovrin 11
– H Lovrin 12
– H Lovrin 13
– H Lovrin 21
– H Lovrin 23
– H Lovrin 24
– H Lovrin 25
– H Lovrin 231
– H Lozińska Mikulicka
– H Lucas C. I. 12990
– H Lucciola
– H Ludogorka
– H Luhanlea
– Luigia Strampelli
– H Luisenberger Winterweizen
– H Luna
– H Lüneburger Kolben Typ A
– H Luron

var. **lutescens** (Alef.) Mansf.
- H Lutéce
- H Lutescens 9
- H Lutescens 12
- H Lutescens 17
- H Lutescens 39
- Lutescens 44
- Lutescens 62
- H Lutescens 116
- H Lutescens 230
- H Lutescens 238
- H Lutescens 266
- Lutescens 758
- H Lutescens 1866
- H Mackoviko Vahladka
- H Madif 11
- H Madif 20
- H Mado
- H Magali-Blondeau
- H Magdalena
- H Magnatka Rogalińska
- H Magnet
- Magurele 7
- H Mahndorfer Ideal
- H Mahndorfer Recken
- H Mahndorfer Sieghart
- H Maître-Pierre
- H Mainova Standard
- H Major
- Malborska
- H Manchester
- H Manella
- H Manhatten
- Manitoba
- Manitou
- Mansholts Japhet
- H Mansholts van Hoek
- Mara
- H Marco
- H Mardler
- H Margin
- H Marheim 21
- H Mariau-Bataille
- H Marienhofer Kolben
- Marignan
- H Marimp 3
- Marimp 8
- Mario
- H Maris Beacon
- Maris Butler
- Maris Dove
- Maris Ensign

var. **lutescens** (Alef.) Mansf.
- H Maris Envoy
- H Maris Freeman
- H Maris Fundin
- H Maris Huntsman
- H Maris Kinsman
- H Maris Nimrod
- Maris Pinion
- H Maris Ploughman
- H Maris Ranger
- H Maris Settler
- H Maris Teal
- H Maris Templar
- H Maris Widgeon
- H Marius
- H Marival
- H Marksman
- H Marly
- H Marne-Desprez
- H Marocco 55
- Marquillo 15
- Marquis C. I. 3641
- Marquis E 32
- H Martin
- H Martonvásári 4
- H Martonvásári 5
- H Martonvásári 6
- H Martonvásári 8
- H Martonvásári 13–74
- H Marysa
- H Marzotto
- H Mascot
- H Massy
- H Masters 57
- Max
- Mayo 64
- H Mega
- H Meister
- H Mej-Go-Juj-Pi
- H Melme
- H Merit
- H Merkur
- H Messelstein
- H Mettes Quedlinburger Schloß
- H Mettes Rostfreier
- Miana
- H Miche
- H Michikof
- Mida-Cadet
- H Mildress
- H Milfast

var. **lutescens** (Alef.) Mansf.
– H Milord-Benoist
– H Mina
– Mina-Minassi
– Minaret
– H Minhardi C. I. 5149
– H Minhardi Min. 1505
– H Miniluna
– Minskaja
– H Mira
– H Mirna
– H Mironovskaja 808
– H Mironovskaja Jubilejnaja 50
– H Mironovskaja Ulučšenaja
– H Mistral
– Mocho Cabecudo
– Mocho de Espiga Branca
– Mocho ou Rapado
– H Modra
– H Moeres
– H Moisson-Vilmorin
– H Molinel
– H Momčil
– H Monon C. I. 13278
– Montagnano
– H Mont Calme 245
– H Montjoie
– H Morava
– Morris
– Moskovskaja 21
– Moskovskaja 35
– H Muck
– H Mura
– H Muras
– H Nadežnaja 45
– Nadgoplanka
– Nagradowicka
– H Nautica
– H Newsar C. I. 12530
– Newthatch
– H Nicam
– H Niederarnbacher N. P. 19
– H Niederarnbacher S
– H Nimbus
– H Ninka II
– H Nisu
– Noë
– H Noks – 62
– H Noralter
– H Norda
– H Nord-Desprez

var. **lutescens** (Alef.) Mansf.
– H Nordharzer Burg
– H Nordost Oberland
– H Nordost Samland
– H Nordost Siegfried
– Nordost Sommerweizen
– Nordstetter
– H Nordstrand Weißer
– Norin 10
– Norka C. I. 4377
– H Normandie-Leblond
– Norrönna
– Northern Idulak
– Northern Spring
– H Nova Banatka
– H Novosibirskaja 67
– H Novostepnjačka
– N. P. 111
– N. P. 829
– H Nudif TP 1
– H Nudif TP 3
– H Nudif TP 12
– Nudif TP 241
– H Nun-Da 183
– H Nured C. I. 12455
– H Oasis
– H Oberst
– H Oenus
– H Odesskaja Bezostaja
– H Odinzoskaja 75
– H Okapi
– H Olza
– Olympic
– Omskaja 9
– H Onyx
– H Opal
– Orca
– H Orépi
– H Orlando
– H Orox
– H Ostpreußischer Eppweizen
– Otečestvennaja
– H Øtofte
– H Padre Gemelli
– H Paladin
– H Palmaress
– Pandus
– H Panis
– H Panonija
– H Panter
– H Partizanka
– H Pascal

var. **lutescens** (Alef.) Mansf.
- H Passendorfer Saale
- H Pavlicka 198
- H Pax
- Pélon Plateado
- Pembina
- H Pennoll C. I. 12755
- Peragis
- Peragis II
- Peragis Garant
- H Peragis Reform
- Peragis R. G. 655
- H Peragis Winterweizen
- H Peragis 8057
- H Pera Jaensch Biala
- Pererodka
- Perlweizen
- H Perro
- H Perseus
- Perso
- H Petit-Quinquin
- H Pévèle-Desprez
- H Pfeuffers Schernauer Winterweizen
- H Pflugs Balticum
- H Pflugs Dickkopf
- H Pia
- H Piaskowa Zamarte
- Pierre
- H Pike
- H Pikker
- H Pilot
- H Pilote
- H Pin-Poan 50
- H Plantahof Winterweizen
- P. L. M.
- H Plocka
- H Pluto
- H P. M. L. 1
- H Podunavka
- H Pokal
- H Polnische Landsorte Weißspelzig Früh
- H Polnische Landsorte Weißspelzig Spät
- H Polukarlikovaja 49
- H Pommerania
- Pomorzanka
- H Poncheau
- H Pontus
- H Poros
- Postelberger Früh

var. **lutescens** (Alef.) Mansf.
- Postelberger Wechsel St. 7.
- Postelberger Wechsel St. 61
- H Pörnbacher Graf Toerring
- H Porvenir
- H Potaissa
- Power 13
- H PPG 186
- H Praga
- H Prélude
- H Président Riverain
- H Prestige
- H Priboj
- Priekul'skaja
- H Priekul'skaja 481
- H Prikumskaja 36
- H Prima
- H Primépi
- Primex
- H Primus
- Probat
- H Probelle
- H Probstdorfer Accord
- H Probstdorfer Farmer
- H Probstdorfer Garant
- H Probstdorfer Geber
- H Probstdorfer Kolben
- Probstdorfer Manitoba
- H Probstdorfer Record
- H Probstdorfer Stabil
- H Probus
- H Produttore
- H Produttore 6
- H Produttore 65
- H Prof. Ackermann
- H Prof. Marchal
- H Progress
- H Promesse
- Pronto
- H Proqual
- H Protinal
- H Provins
- H Prževalskaja
- H Przodownica
- Pšenično-Pyrejnyj-Gibrid 56
- H P. S. G. Hertha
- H P. S. G. Pommerscher Dickkopf
- H P. S. G. Sandweizen
- H P. S. G. Saxonia
- H Purdue Abe

var. **lutescens** (Alef.) Mansf.
- H Purdue 45/48
- H Purdue 5396
- H Purdue 6234 Comp.
- H Pusa I. P. 80–5
- H Rabe
- H Rada
- H Raeckes Dickkopf
- H Raeckes Findling
- H Raeckes Sieghart
- Ralle
- H Rally
- Ramses
- Ratbořská
- H Record
- H Redcoat C. I. 13170
- Red Fife
- H Redhart C. I. 8898
- H Redhart 3 C. I. 11860
- H Redhart 3 C. I. 11860
- H Redhart 4 C. I. 12003
- H Redhart 5 C. I. 12004
- H Red May C. I. 12023
- H Reed C. I. 13513
- Regent
- H Rego C. I. 13181
- H Reichersberger Kolben
- H Reichersberg 42
- H Rektor
- Relin
- Remo
- H Remois
- H Remus
- Renown
- Rescue C. I. 12435
- H Reseda
- H Reso
- Retzer
- Reward Ottawa
- Rex
- H Rial
- H Ricardo
- Riccio
- H Richelle
- H Ridit C. I. 6703
- Ridley
- H Riema von Schweden
- H Rigoude
- H Rimpaus Bastard I
- H Rimpaus Bastard II
- H Rimpaus Dickkopf
- H Rimpaus Früher Bastard

var. **lutescens** (Alef.) Mansf.
- Rimpaus Langensteiner
- H Rival
- H Rivoli
- RL 1114 C. I. 11721
- H Roazon
- H Rode Ris
- H Rod. 913
- H Rod. 925
- H Rötelstein
- H Roi Albert
- Rokicka
- H Rondine
- Rosinka
- H Rostovčanka
- H Rotande
- H Rothwell Perdix
- H Rothwell Senator
- H Rothwell Tetrix
- H Rouvilliers 54
- H Roztocka
- Rubi
- H Rubigus
- H Rudest
- H Rudi
- H Rue d'Or
- v. Rümkers Früher Sommerdickkof
- H v. Rümkers Tonnen
- v. Rümkers Weihenstephaner Erli
- H Rushmore C. I. 12273
- H Russischer Nr. 30
- H Russischer 110
- H Russischer Nr. 116
- Russischer Sommerweizen
- H Russischer Unbegrannter Weiß
- H Russischer Winterweizen 434
- H Rustique
- Ruzyňská II
- R 250/69
- H Sadabozu 1
- H Sadovo Super
- H Sadovo 1
- Saffran
- H Saga
- H Saint-Rémy
- H Saladin
- Salmayo
- H Salto

var. **lutescens** (Alef.) Mansf.
- H Salzmünder Ella
- H Salzmünder Ostmärker
- H Salzmünder Standard
- H Sambo
- H Sandweizen
- H Sanford C. I. 12026
- H Sanja
- H San-Sei
- Santacruz Teneifa VII
- Santareno
- H San Vittorio
- H Sappo
- Saratovskaja 29
- Saratovskaja 33
- Saratovskaja 36
- Saratovskaja 38
- Saratovskaja 39
- Saratovskaja 45
- Sarja
- H Saturn
- H Saumur de Automne
- Saumur de Mars
- H Saunders C. I. 12567
- H Sava
- H Saxonia Dividenden
- H Scandia III
- H Schindlers Dickkopf
- H Schliephakes Dickkopf
- H Schreibers Sturmweizen
- H Schweigers Taca
- H Seeländer
- H Selectas Bastard
- H Selectas Tschechischer Rotwechselweizen
- H Selection Y 3231 C. I. 12559
- Selkirk
- H Sentry
- Selpek
- H v. Sethes Schlötenitzer Weißweizen
- H Severodonskaja
- H Severin
- H Shireffs Squarehead
- H Siegfried
- H Sigun II
- H Sillon d'Or
- H Slavia
- H Slavjanka
- H Slavonka
- H Śląaczka

var. **lutescens** (Alef.) Mansf.
- Slovenská Skorá
- H Smogger
- H Solid
- Solo
- H Somme-Desprez
- Sonop
- Sopu
- Sortandinskaja 25
- H Sovjetskaja 60
- Spätfinnischer Sommerweizen
- Spartacus
- H Sperber
- Sportsman
- H Staatzer Weißer Winterkolbenweizen
- H Stadler C. I. 13704
- Stadlers Weißspelziger
- H Stamm 101
- H Staring
- H Stauffers Obersulzer
- H Stauffers Winterweizen
- H Steigers Leutewitzer Dickkopf
- H Steinitzer Secalobastard
- H Steinitzer Weizen-Form
- H Stella
- H Stephani D 46
- Stephansdorfer Land
- H v. Stieglers Zeppelin
- St. Mephisto
- H Stolls Langer Dickkopf
- H Storm
- Stratos
- H Strengs Frankenkaiser
- Strubes Carpo
- H Strubes Dickkopf L. K. Ostpreußen
- H Strubes Frühweizen
- H Strubes General v. Stocken
- Strubes Grano
- H Strubes Lapis
- H Strubes Neuzüchtung 3171
- Strubes Weißähriger Früher
- St. Samos
- H Suckerts Kreuzung III
- H Sudeten-Winterweizen
- Sully
- Sumitar

var. **lutescens** (Alef.) Mansf.
– H Sun-Hua-Hiang No. 1
– Suska
– Suska Jera
– Sutton C. I. 6082
– H Suwon 85 P. I. 157600
– Suzanne Favereau
– Svalöfs Alma
– H Svalöfs Bore
– H Svalöfs Bore II
– Svalöfs Diamant
– H Svalöfs Diana
– Svalöfs Drott
– Svalöfs Ella
– Svalöfs Extrakolben
– Svalöfs Kolben
– Svalöfs Kolben II
– H Svalöfs Kronen
– H Svalöfs Odin
– H Svalöfs Ölve
– H Svalöfs Panzer I
– H Svalöfs Panzer II
– H Svalöfs Panzer II Alte Linie
– H Svalöfs Panzer II Neue Linie
– H Svalöfs Panzer III Neue Linie
– H Svalöfs Pärl II
– Svalöfs Perl
– Svalöfs Prins
– H Svalöfs Seba
– H Svalöfs Skandia II
– H Svalöfs Skandia III B
– H Svalöfs Sonnen
– H Svalöfs Stahl
– H Svalöfs Svale
– H Svalöfs Virgo
– H Svalöfs 0987
– H Sylvia
– Syros
– H Tabertshausener A. R.
– Tabora
– H Tadépi
– H Tadorna
– H Tadžikskaja 16
– Taifun
– Tainui
– H Talent
– Tammi
– H Taros
– Tarsa

var. **lutescens** (Alef.) Mansf.
– H Tavero
– H Taylor 40 C. I. 13374
– H Taylor 49 C. I. 13249
– H Tena
– H Tenor
– H Terra Weißweizen
– H Terroir
– Thatcher C. I. 2303
– Thatcher C. I. 10003
– H Thermidor-Vilmorin
– Thew
– H Thunstall
– Timstein C. I. 12347
– H Timwin C. I. 13787
– Tina
– H Ting-Shien 72
– H Titus
– H Todd C. I. 13110
– H Top
– H Topaze
– Toro
– H Toster Weißweizen
– Touko
– H Touzelle Bell Abic
– H TP 114
– Transec
– Triesdorfer Opal
– Trifolium 33
– H Trigo de Talavera
– Trigo Ideal
– H Trio
– H Tritin
– H Triumph
– H Trumbull
– H Tubeuf
– H Tu-Bu-Gi
– H Tukan
– H Tumult
– H Turano
– Turbo
– H Turda 53/68
– H Turkovskaja Mestnaja
– H Turmalin
– Turpin 7
– H Tuscan
– H Tystofte Smaa
– H Tystoffte Stand
– H Ulagirostok
– Ulca Albă
– H Ungarischer Gebirgsweizen
– H Universal

var. **lutescens** (Alef.) Mansf.
- H Ural
- Uralskaja 52
- H Urtoba Dicht
- H Uruguay de Espiga Branca
- H Vague d'Épis
- H Vahart C. I. 12537
- H Vaillant
- H Val
- H Vala
- H Valdor-Momont
- Varonne
- Vega
- Veka
- H Velino
- Verchnjačskaja 16
- H Vercors
- H Vermillion C. I. 12748
- H Veselopodoljanskaja 485
- H Veselopodoljanskaja 499
- H Victoria d'Automne
- H Vigo C. I. 12220
- H Vigorka
- H Viking
- H Vilmorin 27
- Vilmorin 29
- H Vilmorin 49
- H Vilmorin 53
- H Vilmorin Blé de Are Sor
- H Vilmorin Blé Hybride 23
- H Vilmorin Bon Fermier
- H Vilmorin Gros Blé
- H Vilmorin Inversable
- H Vilmorin 735/37
- H Vilmorin 748/37
- H Vilron
- H Vimiramav 15
- H Virest
- H Virgilio
- H Virtue
- H Viscount
- H Vitka
- Virenza
- H Vjatka 5
- H Vojvodjanka
- H Vorenwald 6
- Vostok
- H Vraza
- H Vuka
- Wachtel
- H Waggoner
- Wahrberg

var. **lutescens** (Alef.) Mansf.
- H Wakeland C. I. 13382
- Waldron
- H Walter
- H Wattines
- H Weibulls Aering
- H Weibulls Ankar
- H Weibulls Ankar II
- Weibulls Atle
- H Weibulls Banco
- H Weibulls Ergo
- H Weibulls Ergo II
- H Weibulls Eroika
- H Weibulls Eroika II
- H Weibulls Ertus
- H Weibulls Holme
- H Weibulls Iduna
- H Weibulls Jarl I
- H Weibulls Jarl II
- H Weibulls Norre
- Weibulls Rang
- H Weibulls Snabbe
- H Weibulls Standard II
- H Weibulls Starke
- H Weibulls Starke II
- Weibulls Svenno
- Weibulls Svenno 4808
- H Weibulls Thor
- H Weibulls Trond
- H Weibulls Virtus
- H Weibulls Virtus
- H Weibulls Walde
- H Weibulls 18609
- Weihenstephaner Früh
- Weihenstephaner Zinn
- Weihenstephaner MT
- H Welkes 1054
- H Welkes B 422
- H Welkes Justa
- H Welo
- H Werthers Ettersberger
- Werna
- H White Odessa 2308
- H Wichenauer Dichtähriger
- Wieselburger Kolben
- H Wieselburger Standard
- H Wietfelds Flettmarer Land „Heidefürst"
- H Willits
- H Wimax
- H Winglen
- H Winnetou

var. **lutescens** (Alef.) Mansf.
- – H Winterweizen 8 Neuzucht
- – H Wizard
- – H Wodan
- – Wohltmanns Blaue Dame
- – Wohltmanns Grüne Dame
- – Wongoondy
- – World Seeds 1809
- – Yaktana 54
- – Yandill King
- – Yaqui 50
- – Yaqui 53
- – Yaqui 54 A
- – H Yeoman II
- – Yielder
- – H Yga-Blondeau
- – H Zanda
- – H Zarea 2534
- – Zarja
- – H Zastava
- – H Zeiners Strusi
- – H Zemgales
- – H Zemon
- – H Zenith
- – Zeta
- – H Zimmermanns Opferbaumer
- – Zlatka
- – H Zlatna Dolina
- – H Zorba

var. **lutescenscompactoides** (Kob.) Mansf.
- – H Adlungs Weißer Dickkopf
- – H Anderbecker Squarehead
- – H Bensings Meteor
- – H Bergers Gelber Dickkopf Nr. 1
- – H Beseler Dickkopf II
- – H Beseler Dickkopf III
- – H Brandts Ba II
- – H Breustedts Extra Dickkopf
- – H Browick White Chaff
- – H Buhlendorfer Braunkörniger
- – H v. Carons Eldinger Kleber Hannovera
- – H v. Carons Reseda
- – H Carstens Dickkopf II
- – H Carstens Dickkopf IV
- – H Carstens Dickkopf V
- – H Carstens Winterweizen
- – H Champion

var. **lutescenscompactoides** (Kob.) Mansf.
- – H Chevalier de Svalöf
- – H Cimbals Elite Dickkopf
- – H Cimbals Prof. Gerlach
- – H Cimbals Sylvester
- – H v. Daakes Erika II
- – H Dickkopf von Belgien
- – H Dietzes Dickkopf
- – H Draegers Dickkopf
- – H Draegers Dickkopf III
- – H Draegers Neuzüchtung
- – H Dummerstorfer III
- – H Gomers Dickkopf
- – H Hänings Extra Dickkopf
- – H Heges Basalt
- – H Heges Hohenloher Dickkopf Unbegrannt
- – H Heils Dickkopf
- – H Heils Gelchsheimer Dickkopf
- – Heines Neuzucht
- – H Hermanns Portersteiner Sturmweizen
- – H Hohenwettersbacher Dickkopf
- – H Hybride Dattel
- – Italico Sandro
- – H Janetzkis Winterweizen N. Z.
- – H Jest Number 1006
- – H Kirsches Winterweizen
- – H Komorowska
- – H Kranich
- – H Kuhnows Deutscher Manitoba
- – H Laueninger Dickkopf
- – H Lembkes Wilzenweizen
- – H Lischower Winterweizen 14
- – H Lohmanns Neuzüchtung
- – H Lohnauer Unbegrannter
- – H Lopex
- – H Lovink
- – H Mahndorfer Dickkopf
- – H Mahndorfer Tempo
- – H Malkwitzer K
- – H Mamut
- – H Mettes Dickkopf
- – H P. S. G. Fritjof
- – H Probsteier Wilhelminen
- – Reno
- – H Saxonia Prinzen

var. **lutescenscompactoides** (Kob.) Mansf.
- H Sperlings Sinslebener
- H Stieglers Protos
- H Strubes Dickkopf
- H Strubes Dickkopf II
- H Stuart
- H Suckerts Sanddickkopf
- H Sumadija
- H Svalöfs Brigitta
- H Svalöfs Grenadiere
- H Svalöfs Panzer III
- H Svalöfs Ritter
- H Svalöfs Skandia
- H Talisman
- H Teverson Gembloux
- H Titan
- H Trumph
- Viktor I Vz 130
- H Vogels Te 42 Weiss Dicht
- H Weibulls Saxo
- H Weique
- H Zeiners Strusica

var. **lutinflatum** (Flaksb.) Mansf.
- Chinese Spring
- Norin 30.
- Richelle de Naples
- Transfer C. I. 13483

var. **melanopogon** (Chiov.) Mansf.
- Cha-Si 397
- Cha-Si 3197
- Cooperation Nr. 2
- Cooperation Nr. 4
- H Mironovskaja 264
- H Novokrymka 204
- H Odesskaja 26

var. **meridionale** (Körn.) Mansf.
- C 306
- C 518
- N. P. 818
- N. P. 875
- Punjab Wheat Type Nr. 518
- Punjab Wheat Type Nr. 519
- H Zarde Mestnaja

var. **milturum** (Alef.) Mansf.
- H Ackermanns Bayernkönig
- H Ackermanns Brauner Dickkopf
- H Ackermanns Herolds
- H Ackermanns Jubel

var. **milturum** (Alef.) Mansf.
- H Ackermanns Langs Kronen
- H Adlungs Braunweizen
- H Adlungs Brauner Dickkopf, Alte Zucht
- H Ai-Li-Duo
- Akabozu
- H Akasabi-Shirazu 1
- H Akagara-Ibaragi 1
- Akmolinka 1
- Alentejano
- H Almaatinskaja
- H Alsace 22
- H Alter Deutscher Unbegrannt Rot
- H Amerikanischer Brauner
- H Amerikanischer Manchester
- H Anderson C. I. 12536
- H Antti
- H Arco
- Artemovka 1418
- Aurre de Printemps
- H Ausonia
- H Authari
- H Barbinger Bayern
- H Batkan Krasnaja
- H Bayro
- Bensings Allerfrühster
- Bensings Früher
- H Bensings Unikum
- H Berthold
- H Bisnacht 9
- Blé Aurore
- Blé de Bordeaux
- H Blé de Rouffach Verriéres
- H Blé Seigle
- H Böhmischer Wechselweizen
- H Braunweizen 196
- H Breisgauer Land Glatter
- Breustedts Bordeaux
- H Bruno
- Buddha
- H Burma
- H Carlo Gallini
- H Carman Unbegrannt Rot
- Caro
- v. Carons Eldinger Kleber
- Catriso
- Česká Přesívka
- Char'kovskaja 93
- Chinesischer von Remy III

var. **milturum** (Alef.) Mansf.
– Chinook
– H Chlumecká 12
– H Cimbals Z. D. Dicht
– H Clovers Red
– Cludor
– H Colmar
– H Colmarer Bordeaux
– H Colmarer Elsässer
– H Colmarer Lothringer
– Condestável
– H Copifén
– H Copromar 6
– H Côte d'Or
– H Crvena Zvezda
– H Czan-Fe-Chu
– H De la Paix
– Diamant
– Dippes Bordeaux
– Dobrovická
– H Dobrowitzer Bömischer Roter
– H Dobrowitzer Wechsel
– H Dobrudja 1
– H Domus
– H Draga
– H Dregerova 12
– H Dregerova Czerwona
– H v. Dregers Ida
– H Drollvete
– Eborense
– Eldinger Sonnenwend
– Elia
– H Elscher Wechsel
– H Eltens Wilhelminenhof
– Engelens Sommerweizen A. S.
– H Épi d'Or
– Equator
– H Erbachshofer Braun
– H Est Mottin
– H Évolution
– H Felix
– H Finsterwälder 16
– Fortunato
– Fortunello
– Fram
– H Francks Straßenheimer Land
– H Frankenthaler Brauner
– H Friedrichswerther Berggoldweizen

var. **milturum** (Alef.) Mansf.
– Friedrichswerther Grobkorn
– H Friedrichswerther Jabo
– H Friedrichswerther Red Profilic
– H Frisco C. I. 13106
– Fubav C 9
– H Fulbarn
– Fylgia
– H Gabriels Mühlbach von Hohenheim
– H Gabriels Mühlbach I
– H Gabriels Mühlbach III
– Galego Rapado
– H Gallini
– Gaudenz
– H Gelderse Ris
– H Germania
– H Gernot
– Ghirka aus Cherson
– H Giovanni Giuliari
– H Glebovskaja Mestnaja
– H Gohls Hegauer Glasweizen
– H Goldcoin a/Banner
– H Goldcoin a/Golden Chaff
– H Goldcoin Fortyfold
– H Goya
– Granat
– Gredos
– H Grells Neuzüchtung
– H Gružanka
– H Hacon
– H Haidenburger Landweizen
– H Haidenburger Verbesserter Landweizen
– H Hardwinter
– H Hegauer Glasweizen
– H Heines III
– H Heines III Kurz
– H Heines Elite
– Híbrido Natural Rod. 1
– Híbrido Natural Rod. 2
– Híbrido Natural Rod. 3
– Hinal
– H Hohenheimer 4 J I
– H Hohenheimer Dickkopf
– H Hohenheimer Sapotka So 4
– H Hohenheimer Senkinger Dickkopf
– H Hohenheimer Senkinger G5

var. **milturum** (Alef.) Mansf.
- H Hohenheimer Weidenstätter
- H Hohenwettersbacher Braunweizen
- H Hokuei
- H Holzapfels Darwin
- H Honiku 49
- H Horschitzer
- H Horsford Winterperl
- Huelquen
- H Hybrido de la Paz
- H Ihrwetter
- H Inalettabile Mutans
- H Inversable-Bordeaux
- Iskra
- Janetzkis Jabo
- H Jones Red Wave
- Jufy I
- H Jura
- v. Kamekes Streckenthiner
- H Kaschitzer St. 202 Wechselweizen
- H Kaschitzer St. 203
- H Kaštická 50
- H Kent
- Kenya Eagle
- Kenya Hawk
- Kenya Yaqui
- Kenya 58 F
- Kenya 362 B 1 A 2
- Kenya 362 B 1 E 4
- Keßlers Früher Roter Bordeaux
- Keßlers Früher Roter Schlanstedter
- Kimmo
- H Kin-Cho-In
- KISKA 9
- H Kittnauer Wechselweizen
- H Klädener Altmärker Braunweizen
- H Klädener Brauner II
- H Klein Pirámide
- Knopf a
- Knopf L
- H Koarado von Barba
- Kometa
- H Kraffts Rheinweizen
- H Kraffts Siegerländer
- H Kraffts Siegerländer N. Z. Rheingold

var. **milturum** (Alef.) Mansf.
- H Kraffts Verbesserter Siegerländer
- H Krakauer Land
- H Krakowianka
- H Kremena
- H Kronprinz
- H Kujawianka Więcławicka
- H Kulischs Früher Rotweizen
- H Kursas
- H Lada
- H Lammas Red
- H Lang-Doerflers Braunweizen Walthari
- H Langs Tassilo
- H Langs Trubilo
- H Leonardo
- Lepre
- H Libellula
- H Linzer Braun
- H Little Joss
- H L. Mudka Götka
- H Lontra
- H Luisenberger Braunweizen
- H Lüneburger Brauner Landweizen
- H Lupo
- H Lusitano
- Madif 113
- Mahndorfer Burgunder
- Mahndorfer Viktoria
- H Maresalle Bordeaux
- Maris Halbred
- H Märkischer Landweizen
- H Markus
- Mentamen
- H Mertens Brauner
- Meyers Friedrichswerther 60
- H Michigan Amber
- H Michigan Amber Selection C. I. 11770
- H Milturum 5
- H Milturum 513
- Milturum 553
- H Milturum Pererod
- Mocho de Espiga Ruiva
- H Modell
- H Moking C. I. 12556
- Moora
- H Moravská Hnědá Dukuwany

var. **milturum** (Alef.) Mansf.
- H Mouton
- H Multibraun
- H Nanbu Komugi
- Narymskaja 246
- H Neuhofer Wolga
- H Niederarnbacher
- H Nördlinger Roter
- Norin 2
- H Norin 24
- H Norin 27
- H Norin 55
- NOS Nordgau
- NOS Norko
- Novaro
- H Novosadska Crvena
- N. P. 790
- N. P. 792
- N. P. 798
- N. P. 799
- Nudif TP 231
- H Oberarnbacher M. J. 306
- H Odenwälder
- H Odessa C. I. 6151
- H Ohio 9920 Porla
- H Oku Komugi
- Opolska
- H Osser
- H Ostermeyer Daga Dicht
- H Ostmärker
- H Pantus
- H Pavlovická 198
- H Pergale
- Pewter
- H Pflugs Baltersbacher Tip-Top
- H Pflugs Brauner Landweizen
- Phoebus
- Pinnacle
- H Polnischer Land
- Postelberger St. 58 Wechselweizen
- Postelberger St. 59 Wechselweizen
- H Prohaskas Brauner Kolben St. 96
- H Protektor
- H Purdue 4930
- H Ratborscher Maja
- H Rauffach
- Red Bobs

var. **milturum** (Alef.) Mansf.
- H Red Chawson Fall Goldcoin c
- H Red Chief C. I. 3392
- H Red Chief C. I. 12109
- H Redman
- H Red Wave
- H Reiningshaus N. Z. 9
- H Resistente
- H Rieggers Brauner
- H Rieggers Schwarzwälder Glatter Braunweizen
- H Riemu
- H Rieti Orditto
- Rimpaus Bordeaux
- H Rimpaus Braunweizen
- H Robert
- Roma
- H Rosamova A. C. V.
- Roter Löwe
- H Roter Sächsischer Landweizen
- H Rouge
- H Rousselin
- H Roux de Champigny
- Rubin
- H Rubis
- H Ruppiner Brauner Landweizen
- H Ruso
- H Russischer Korschow 148
- H Russischer Korschow 149
- H Sadovska Ranozrejka 2
- H San Pastore
- H San Pastore 14
- H San Prospero
- Schöndorfer
- H Seelowitzer Südmährischer Glatt
- H Selectas Chridimer
- H Semipalatinskaja
- H Seneca C. I. 12529
- H v. Sethes Heinrichsdorfer
- H v. Sethes Schlötenitzer
- S. Giorgio
- H Sipbachzeller vom Ritzelhof
- H Slavonka
- Soldiner Wechselweizen
- H Sorte von Madrow
- H Spaldings Profilic
- H Squarehead's Master

var. **milturum** (Alef.) Mansf.
– H Stadlers Brauner Dickkopf Goliath
– H Stauderers Markus
– H Stauderers Tarzan
– H v. Stieglers Braun
– H v. Stieglers Brauner Siegesweizen
– Stockade
– Strela
– H Strengs Marschall
– H Strubes Bordeaux
– H Strubes Kreuzung
– H Strubes Neuzucht 1124 Unbegrannt
– Strubes Roter Schlanstedter
– H Stumpenweizen
– Summit
– H Superelekta Kleszczyńskich
– Svalöfs Fylgia II
– Svalöfs Progress
– Svalöfs Safir
– H Szelejewska
– Talavera Red Wheat
– Tammisto
– Tano
– H Teverson Dickkopf
– H Thorne C. I. 11856
– H Tom Thumb C. I. 13563
– H Toster Rotweizen
– H Touzelle Rouge de la Drôme
– Touzelle Rouge Provence
– H Traublinger Brauner Dickkopf
– H Traunsteiner Brauner
– Vehmelainen
– H Verna
– H Viestura
– H Villa Glori
– H Vilmorin Blé de la Paix
– H Vilmorin Blé Rouge d'Écosse
– H Vilmorin-Sud
– H Vogels Agaer Braunweizen
– H Voigtländer Braun
– H Waban C. I. 12992
– H Wahrberger Ruf
– H Walz Oberrheinperle
– H Wardal C. I. 13372

var. **milturum** (Alef.) Mansf.
– H Weihenstephaner Dietrich Dicht
– H Weihenstephaner Diva
– Weihenstephaner Zimbern
– H Welke Giersleben St. 4
– Werna
– H White Odessa C. I. 4655
– H White Odessa 2308
– William
– Yaktana 54
– H Zagorka
– Žana-Kyzyl
– H Zapfs Neu
– H Zapfs Oberfränkischer Land
– Zavolžskaja
– H Zdzisławka
– H Zenkoji-Komugi
– H Zmutka Götka
– H Zora

var. **nigromelanopogon** (Gökg.) Mansf.
– H Clarks Black Hull

var. **plenoerythrospermum** (Flaksb.) Mansf.
– H Barbela
– Bajio 66
– Híbrido Natural Rod. 10
– Magueija de Cloma Cheio
– Petiblanco
– Ribeiro
– Sado
– Transmontano

var. **plenoferrugineum** (Flaksb.) Mansf.
– Luso
– Ruivo Fé
– Xylocastro

var. **pseudobarbarossa** (Vav.) Mansf.
– Kurzähriger Samtiger Bartweizen

var. **pseudohostianum** (Faksb.) Mansf.
– N. P. 770
– N. P. 824
– N. P. 890

var. **pseudomeridionale** (Flaksb.) Mansf.
– C 281
– H Ikinka Mestnaja

var. **pseudomeridionale** (Flaksb.) Mansf.
- N. P. 860
- H Pseudo-Meridionale 122

var. **pseudoturcicum** (Vav.) Mansf.
- Pusa I. P. 114

var. **pyrothrix** (Alef.) Mansf.
- H Bai-Da-Tou
- Bordeaux
- H Červonnaja
- H Glutinozo (S 15)
- H Inalettabile Mutico
- H Loro
- H Percivals Fox
- Pirotriks 28
- H Punapi
- H Red Velvet Chaf
- H Roter Russischer
- H Sametke Squarehead
- Šortandinka 126
- H Suwon 92 C. I. 12666
- H Tormovčanka

var. **rubrum** (Körn.) Mansf.
- H Braunspelziger Behaarter Binkelweizen
- H Roter Samtiger Kolben

var. **rufulum** (Körn.) Mansf.
- H Omar C. I. 13072

var. **sardoum** (Körn.) Mansf.
- H Árpádhalom

var. **suberythroleucon** (Vav.) Mansf.
- Norin 44
- Norin 45
- Norin 46
- Norin 48
- Norin 52

var. **suberythrospermum** (Vav.) Mansf.
- H Da-Lou-Cju
- Gentil Rosso 48
- H Ku-Maj
- Norin 65
- H Pin-Juj 50
- Shirasaybaraki
- H Shirasay-Ibaragi 2

var. **subferrugineum** (Vav.) Mansf.
- H Akatsukikomugi
- H El-Li-Duo
- Hayakomugi
- Norin 51

var. **subferrugineum** (Vav.) Mansf.
- H Norin 54
- Norin 60
- Norin 61
- H Norin 62
- Shinchunaga

var. **subgraecum** (Vav.) Mansf.
- H Chinesischer 160
- H Inominata
- Quaderna

var. **subhostianum** (Vav.) Mansf.
- H Florio

var. **tschermakianum** Mansf.
- v. Tschermaks Blaukörniger Sommerweizen

var. **turcicum** (Körn.) Mansf.
- H Artašati 42
- H Kara-Kel'tek Mestnaja
- Nap-hal P. I. 176217
- Punjab Wheat Type Nr. 8
- Starbati
- H Turcicum 57
- H Turcicum Mestnaja

var. **turcicumcompactoides** (Zhuk.) Mansf.
- Angora 6
- H Komčatka Mestnaja
- H Rubriceps Mestnaja

var. **velutinumcompactoides** (Zhuk.) Mansf.
- H Bensings Trotzkopf
- H Kuwerts Ostpreußischer Dickkopf
- Wartiner Trotzkopf

var. **villosum** (Alef.) Mansf.
- Akmolinska
- H Bánkuti 505
- H Bărăgan 3474
- H Barchatnaja
- H Blé Blanc à Duvet Velouté
- H Blé de Wilson
- H Blumenweizen
- H Bosanka
- H Chinese II
- H Elsa
- H Estnischer Weizen aus Narva
- Festival
- H Hauters II
- Haynes Bluestern
- H Hildebrandts Fürst Hatzfeld

var. **villosum** (Alef.) Mansf.
- H Hildebrandts Winterweizen I R
- H Hybrid 190
- H Itäsoumalainen
- H John Winter Five
- Karagandinskaja
- H Karel'skaja Bezostaja Mestnaja
- H Karlsberger Verbesserter Samtweizen
- H Kirgizskaja 100
- H Kolchoznica (DS-7083)
- Lake
- H Lauttakylä
- H Mammuth
- Mundia
- N. P. 4
- H Panu
- H Petrovskaja 7
- H Pohjola
- Pringless White Wheat
- Pusa I. P. 6
- Reward
- H Richmonds Riesen
- H Russischer Winterweizen Nr. 10
- H Sampo
- H Samtiger Squarehead
- H Schwedischer Landweizen
- H Schwedischer Sammetweizen
- H Stepnaja 135
- H Sukkula II
- H Super
- H Svalöfs Gluten
- H Svalöfs Svea
- H Svalöfs Svea II
- H Svalöfs Thule II
- H Triplet
- H Ul'janovka
- H Vakka
- H Vanlammin Jaalekota
- H Varma

var. **wernerianum** (Körn.) Mansf.
- H Albit
- Arrancada J 5
- H Schwedischer Binkel
- Tiroler Früher Binkelweizen
- H Washington Hybrid

var. **wernerianum** (Körn.) Mansf.
- Weißähriger Rotkörniger Binkel aus Sizilien

var. **wittmackianum** (Körn.) Mansf.
- H Coppei

Triticum carthlicum Nevski; T. persicum Vav. non Aitchins.

var. **fuliginosum** Zhuk.
- Black Persian
- Blauer Kahler
- Schwarzer Blauer Samtiger
- Schwarzer Persischer

var. **stramineum** Zhuk.
- Dika 9/14

Triticum dicoccon Schrank

var. **atratum** Körn.
- H Grauer Emmer
- H Schwarzer Behaarter Winter-Emmer

var. **farrum** Alef.
- Abessinischer Emmer
- H Eichenbarlebener
- Kahler Emmer
- May-Emmer
- N. P. 200
- N. P. 201
- N. P. 202
- Vernal
- Weißer Amidonia
- Weißer Sommer
- White Spring

var. **fuchsii** Alef.
- H Roter Emmer

var. **pycnurum** Alef.
- Bajonettförmiger Begrannter Emmer

var. **rufum** Schübl.
- Brauner Sommer-Emmer
- H Emmer, Roter
- Khapli
- Roter Kahler Halbbegrannter Sommer

var. **semicanum** Krause
- H Weißer Behaarter Winter-Emmer

Triticum durum Desf.

var. **aegyptiacum** Körn.
- H Tunesischer Weizen

var. **affine** Körn.
- Agili Blanc 168
- H Ak-Bugda Mestnaja

var. **affine** Körn.
– Aziziah
– Beloclasse Sagaria
– Candeal de Grão Escuro
– Candeal Sel. La Prevision
– Cascalvo
– H Dagestan 04190
– Derbessi 2
– Duramba
– Herkules
– Híbrido Natural Rod. 24
– Houranicum
– Lobeiro
– Mahon Rijo
– Maliani 1
– Maliani 2
– Minos
– Nursith Hazera 150
– Nursith Hazera 163
– Pardaleiro
– Russo
– Savartino
– Sizilianischer Grannen
– Tremês Rijo
– Türkischer Weizen 3
– Türkischer Weizen 14
– Türkischer Weizen 1391

var. **africanum** Körn.
– Alexandre
– Anafil Escuro
– Argélia
– BD 1708
– Behaarter Taganrog
– Blé Hadjini
– Durázio Molar
– Egipto
– Etith
– Gigante Ingles
– Grifoni
– Kurzähriger Sommer
– Marrocos Nr. 24
– Marrocos Nr. 88
– Mekki 13
– Picture
– Pragana Preta
– Tehuacan C 60
– Trigo Alonson Cadix
– Tripolitico P. I. 237632

var. **alboobscurum** Flaksb.
– Híbrido Natural Rod. 37

var. **alboprovinciale** Flaksb.
– Marrocos Nr. 181

var. **alboprovinciale** Flaksb.
– Ouled Youssef
– Preto Algarvio
– Schwarze Madonna
– Schwarzer Hartweizen

var. **alexandrinum** Körn.
– Akroma
– Crotone
– Gioia
– Mongia
– Mongia de Grão Escuro
– Mourisco Fino
– Pavone
– Spanischer Weizen 11
– Tremês Petro

var. **apulicum** Körn.
– H Arandany
– Celinnaja Kazachstanskaja
– Dino
– Heines Hartweizen
– Mekki 16470
– Raspinegro
– Vallelunga

var. **boeufii** Flaksb.
– Dur de Medeah

var. **coerulescens** (Bayle) Körn.
– Barba de Lobo
– Braunspelziger Arnautka
– Coerulescens 4058
– Italiano Rijo
– Jenah Retifah 1
– Jenah Retifah 24
– Kuban Schwarz
– Marrocos Nr. 46
– Marrocos Nr. 182
– Marrocos Nr. 184
– Marroquino Petro
– Medeah
– H Tavtuchi 19/28

var. **erythromelan** Körn.
– Castiglione Glabra
– D. 77 Mahmoudi × Kokini
– Lina
– Mahmoudi × Kokini 17
– H Misto di Duri
– Mourisco
– Orihuela

var. **fastuosum** (Lag.) Körn.
– Jaljuli 5 P. I. 223158

var. **hordeiforme** (Host) Körn.
– Acme
– Akrona C. I. 6881

var. **hordeiforme** (Host) Körn.
– Amber
– Aragon Z 104–178
– Arnăut de Nemerecea
– Arnăut Galben
– Arnautka C. I. 1494
– Arrancada F 9
– BD 975 Rousia
– Beladi 118
– Belokolaska
– Blancal de Nules
– Char'kovskaja 46
– Damiano
– Dauno Strampelli
– Duro da América
– Hordeiforme 189
– Kaza-Kus
– H Kjachraba 10
– Kubanka
– Kubanka 2
– Langdon C. I. 13165
– Mindum C. I. 5296
– Monad
– Narodnaja
– Nodak
– Paros
– H Poinville
– Preto de Tavira
– Ramsey C. I. 13246
– H Rubez
– H Sevindž
– Spelmar 5
– St. Marta
– Tomclair
– Vernum L. D. 153 C. I. 12255
– Vola
– Wascana

var. **leucomelan** Alef.
– B. D. 967 Hedba × Kahla
– Bidi
– B. O. 981 Mahmoudi
– Chili
– Garigliano
– Kasserine B. D. 981
– Kyperounda
– Lamari
– Mahmoudi × Kokini
– Marrocos 110
– H Mičurinka
– Pelissier
– Senatore Capelli

var. **leucomelan** Alef.
– Taganrog Sel. Buck
– Taganrog Vilela Fideos
– Trigo Candeal
– Wakooma

var. **leucurum** Alef.
– H Ak-Bugda 13
– Arrancada F 3
– Bezenčukskaja 102
– Blé dur Arcour
– H Blondur
– Branco
– B. Yellow
– Candeal Durumbuck
– Candial
– Choral Leuçurum
– H Choranka 46
– Cocovit
– Cuzqueno
– Duro
– Džafari
– Fideos
– Griechischer Weizen 11
– Guaduana
– Hartweizen aus Palermo
– Krasnokutka 6
– Kubanka C. I. 2094
– H Leucurum 3
– Mallani 12d
– Mindum C. I. 5296
– H Mondur
– H Novomičurinka
– N. P. 412
– Raketa
– Regina
– H Šark
– Sindyouk 272
– H Spitakaat Mestnaja
– Steaford
– Taganrog Buck Balcarce
– Valdur
– Weißgranniger Hartweizen aus Portugal
– Xerez
– Yuma

var. **libycum** Körn.
– H Derbentskaja Černokolosaja
– Escuro
– Híbrido Natural Rod. 35
– Javardo
– Mourisco Preto

var. **libycum** Körn.
– H Petaniel Noir de Nice
– Šavpcha Mestnaja
var. **melanopus** Alef.
– Akulovka
– Arnăut Tighina
– Bidi×Thatcher
– Cana Massiza
– Castelporziano
– Durázio Rijo
– Giza 4
– Marrocos Nr. 6
– Marrocos Nr. 14
– Marrocos Nr. 16
– Marrocos Br. 20
– Marrocos Nr. 22
– Melanopus 26
– Melanopus 37
– Melanopus 69
– Melanopus 669
– Raj 911
– Uzbekistan
– Weißer Türkischer
– Zogai Bugda
var. **murciense** Körn.
– A-Dur
– Algir
– Arnautka C. I. 1493
– Arrancada F 8
– Arrancada N 19
– Arrancada N 20
– Beloturka
– LD 341
– Lobeiro Ruivo
– Missojen
– Mourisco Ruivo
– Puławska
– Russello
– Sentry C. I. 13102
– St. 464 Ethiopia
– Vermelho Fino
var. **mutico-affine** Körn.
– Kandikans 76/10
var. **mutico-coerulescens** Flaksb.
– Huguenot 414
var. **mutico-italicum** Flaksb.
– H Hubice 47/1048
– H Hubice 47/1190
var. **mutico-murciense** Flaksb.
– H Hubice 47/532
– H Hubice 47/762
– Huguenot
var. **mutico-valenciae** Flaksb.
– Candicans 76/10
var. **niloticum** Körn.
– Corado
– Trigo Duro 743
var. **obscurum** Körn.
– Madonna
– Mourisco Preto de Grão Escuro
– Preto de Favora
var. **provinciale** Alef.
– Scorsonera
var. **reichenbachii** Körn.
– Argelino
– B. D. 117 Mahmoudi×M'Rari
– B. D. 931 Chili
– Beladia
– Bianmaia
– Canoco de Grão Escuro
– Capelli
– Chili
– D 56 3 A
– Durázio Molar Glabro
– Giorgio V. Z. 331 Capelli
– Griechischer Sommer
– Griechischer Weizen
– Griechischer Weizen 3
– Griechischer Weizen 10
– Inglesa
– Kurzähriger Hartweizen aus Palermo
– Marques
– Preto Algarvio
– Preto Amarelo
– Preto de Tevira
– Oued Zenati 386
– Šadovo 15
– Sindyouk
– Tappa
– Timilia
var. **triste-leucomelan** Gökg.
– Verdial Rijo
Triticum monococcum L.
var. **hornemannii** Clem.
– Assyrischer Thaoudar
var. **vulgare** Körn.
– Einkorn C. I. 2433
– Schwedisches Einkorn
– Spanisches Einkorn
Triticum polonium L.
var. **chrysospermum** Körn.
– Dometzkoer

var. **chrysospermum** Körn.
– Mansholts White
– Münchener
– Schliephakes Riesenpolonicum
– Weihenstephaner
var. **levissimum** (Hall.) Körn.
– Neuer Polnischer Weizen
– Passau
– White Polish C. I. 3007
var. **novissimum** Körn.
– Litauischer
Triticum spelta L.
var. **album** Alef.
– H Ardenne
– H Burgdorf 1
– H Kipperhaus Weißer Spelz
– H Lenzburg
– Lohnauer Sommerspelz
– H Schlegeldinkel Weiß
– Spelz aus Tzari Brod
– H Vögelers Dinkel Weiß
– H Waggerhauser Hohenheimer Weißer Kolben
– H Zeiners Schlegeldinkel
– H Zeiners Weißer Schlegeldinkel
var. **alefeldii** Körn.
– H Blauer Winter-Kolbendinkel
– H Schwarzer Behaarter Winter-Kolbendinkel aus Nördlingen
var. **arduinii** Mazz.
– Weißer Grannenspelz
– H Weißer Winter-Grannendinkel aus Hohenheim
var. **coeruleum** Alef.
– Blauer Samtiger
– H Blauer Samtiger Winterspelz
– Schwarzer Bartspelz
– H Schwarzer Behaarter Winter-Grannendinkel
var. **duhamelianum** Mazz.
– H Bättig-Niederwill
– H Brauner Spelz aus Schefflenz
– H Bregenzer Roter Spelz
– H Farnsburg 6
– H Fuggers Babenhauser Zuchtveesen
– H Hüslers-Niederwill 19
var. **duhamelianum** Mazz.
– H Kipperhaus Roter Spelz
– H Liestal 11
– H Lignée 24
– H Müllers Gaiberger
– H v. Rechbergs Brauner Winterspelz
– H v. Rechsbergs Früher Dinkel
– H Red Winter Spelt C. I. 1772
– H Renval
– Roter Kolbenspelz
– Roter Sommerkolben
– H Rottweiler Dinkel St. 1
– H Rottweiler Dinkel St. 6
– H Rottweiler Frühkorn
– H Steiners Roter Tiroler Dinkel
– H Strickhof
– H Tiroler Roter Dinkel
var. **rubrovelutinum** Körn.
– H Brauner Behaarter Winter-Grannendinkel
var. **vulpinum** Alef.
– H Brauner Winter-Grannendinkel aus Nördlingen
– H Roter Grannenspelz
Triticum sphaerococcum Perc.
var. **rotundatum** Perc.
– Acarp
– Kolandi
var. **rubiginosum** Perc.
– Sahari M 3
var. **spicatum** Perc.
– Cawnpore
Triticum turgidum L.
var. **coeleste** Alef.
– H Schwarzer Wunderweizen
var. **columbinum** Alef.
– H Lásenko
var. **dinurum** Alef.
– H Blé Géant de Sainte Héléne
– H Heines Rauhweizen
– H Heines Rivetts Bearded
– H Helen Rauhweizen
– H Matty
– H Paines Defiance
– H Rauhweizen aus Schoitsch
– H Vilmorin Nonette de Lausanne

var. **false-jodurum** Flaksb.
– Asa de Corvo
– H Rivetts Grannen
– H Wohltmanns Schwarzer Bartco
var. **gentile** Alef.
– H Askland
– H Vilmorin Blé a Six Rangs
var. **linneanum** Alef.
– H Mirable
– H Unmedpur Mummy
var. **lusitanicum** Körn.
– Nacional
var. **martensii** Körn.
– H Bufala Rossa Lunga
– H Bursa
– H Gallana Rauhweizen
– Rubião de Barba Preta
var. **megalopolitanum** Körn.
– Alentejo
– H Französischer Winter-Rauhweizen
– Sicilio
var. **nachitschevanicum** Kulesch.
– Alaska C. I. 5988
var. **nigrobarbatum** Dev.
– Bufala Nera Corta
– Canoco
var. **nigroglumarum** Haciz.
– H Bufala Nera Lunga
var. **plinianum** Körn.
– Canadischer Weizen
– Grano del Miralo
var. **pseudocervinum** Körn.
– Cachudo
– Pirdor
var. **pseudolinneanum** Flaksb.
– H Brauner Wunderweizen
var. **pseudosalomonis** Papag.
– H Berkners Rauhweizen
– Dezassete
– Pombinho
var. **rubroatrum** Körn.
– H Candeal de la Pena
– H Fusense Semiduro
– H Mettes Rauhweizen
– H Pulardo de Auveria
var. **speciosissimum** Körn.
– H Griechischer Weizen 4
var. **speciosum** Alef.
– H Buca Nera
– H Englischer Rauhweizen
var. **striacum** Robel
– Ohio Sommer

Zea mays L.
convar. **amylacea** (Sturt.) Greb.
– Assiniboine
– Mandan White
– Muganskaja Červena
– Skorospelka
convar. **aorista** Greb.; ssp. semidentata Kulesh.
convar. **ceratina** Kulesh.
– Voskovidnaja 156
convar. **dentiformis** Körn.; Z. indentata Sturt.
var. **alboapicularis** Kulesh. et Koshuh.
– Char'kovskaja 23
var. **flavorubra** Körn.
– Aranyözön Lófogú
– Bánkúti Korai
– Beljski Zuban
– Bučianský Koňský Zub Žlutý
– Canbred 250
– Caspersmeyers Silozahnmais
– Čejčsky Rany
– Dnepropetrovskaja
– Dolnoślaska Kiszonkowa
– Early Gold Organge
– Ensilagemais
– „F" Kompolti
– „F" Mezőhegyesi
– Germers Gelber Zahnmais
– Golden King
– Golden Queen
– Hodonínský Koňský Zub Žlutý
– ICAR 54
– In-Li-Tse
– Iregi Sárga Lófogú
– Jacek
– Jacques
– Koricév Brzak
– Krasnodarskij
– Križevački Ranozreli Zuban
– Lancester
– Lester Phister
– Maksimirski Rani Zuban
– Mieszko
– Minesota Beatu
– Minnesota 13
– Moldovenecs
– Mp. Sárga Lófogú

var. **flavorubra** Körn.
– Odesskaja 10
– Österreichischer Burgenländer Silozahnmais
– Pettendi Aranyözön
– Prof. Neal
– Przebędowska Bursztynowa
– Šidski Zuban
– Szegedi Sárga
– Thažskaja Želtaja
– Wczesny Zar
– Zakarpatskaja Želtaja Zubovidnaja
– Zlaten Konski Zub
– Złoty Żar

var. **leucodon** Alef.
– Almaatinskaja 236
– Český Bílý Koňský Zub
– Domači Bjelac Rani
– Kabardinskaja Belaja
– Osetinskaja
– Partizanka
– Pioner Gorskij
– Przebędowska Biała
– Silvermine
– Sterling Improved
– Zajičkov Biely Koňsky Zub

var. **luteoapicularis** Kulesh. et Kozhuh.
– Czerwony Koral
– Dar Pólnocy

var. **xanthodon** Alef.
– Banjalučki Rani

convar. **mays**; Z. m. vulgaris Körn.; Z. indurata Sturt.

var. **alba** Alef.
– Alb Moldovenesc
– Belaja Mestnaja
– Belorusskaja
– Bjala Sedefena
– Čakinskaja Žemčužina
– Hopi White
– Iregi Fehér
– Iregi 12 Hetes
– Kematener
– Kičskaja
– Kostyčevskaja
– „M" Silokukurica
– Mindszentpusztai Fehér Simaszemü
– Pečanodská Krajová
– Reinthaler

var. **alba** Alef.
– Saskatchewan White Flint
– Severnaja Dakota
– Vorarlberger Weisser

var. **alboflava** Körn.
– Moskovskaja 5
– Slavgorodskaja 270

var. **caesia** Alef.
– Hopi Blue

var. **mays**; var. vulgata Körn.
– Adamcová Budyňská
– A. D. Q.
– Algonquin
– Ariesan
– Astra
– Badischer Landmais, Gelber
– Balticum
– Banjalučki Tvrdunac „Bosanac"
– Bezenčukskaja 41
– Bleg Fettmais
– Bosanski Žutac Rani
– Braunes Schindelmeiser
– Bučianská Žltá
– Caspersmeyer II
– Cekler
– Chiemgauer
– Čirpan 96
– Czechnicka
– Dachwiger
– Dagestanskaja
– Dr. Delliles Körnermais
– Eagl Hill
– Fáryho
– Ferdinand
– Fiedlerova
– Florentiner
– Galben Timpuriu
– Gelber Burgenländer
– Golabert 93
– Goudster
– Gruševskaja Dnepropetrovskaja
– Gruševskaja Mestnaja
– Hánácká Skorá
– Hodonínská Florentinka
– Hrvatica
– Hua Non 2
– Janetzkis Astra
– Janetzkis Gloria
– Kaba i Verdlie
– Kazanskaja 7

var. **mays**
– Kočovská Raná
– Kočovská Skorá
– Lapusneac
– Longfellow
– Macario
– Mahndorfer
– Maleksberger 28
– Malopolanka
– Manalta
– Mankes Goliath
– Marano
– Marchfelder
– Marica
– Martonvásári FB.
– Mecklenburger
– Minusinskaja
– Mirošická Krajová
– Mnogoločanna
– Moldovanka Severnaja Želtaja
– Moravac
– Neuzucht Kaatz
– Nostranto
– Novogradec
– Odesskaja
– Oksónska
– Omskaja
– Osmak Lepoglavski
– Otfinowska
– Pautzfelder
– Petkuser
– Pfarrkirchner
– Portocaliu de Targul Frumos
– Puławska Zólta
– Quarantana
– Quarantina
– Quebec Nr. 28
– Rimpaus Binder
– Romînesc de Studina
– Romînesc Dobrogean
– Ronguhőro
– Rozenbergskaja
– Rottaler Silomais
– Sativy
– Schindelmeiser
– Scorumnic
– Sementa Resso
– Skorospelka Vosmiriadnaja
– Slovenská Florentinka
– Slovenská Krajová Velkozrnná

var. **mays**
– Slovenská Zlutá
– Spasovskaja
– Stanowicka
– Strenzfelder
– Stupická Raná
– Szyldecka
– Terras Binder
– Timpuriu de Moara Domneasca
– Trebišovská
– Valtická C.
– Višnovská Raná
– v. Nyssens Körnermais
– Vorarlberger Gelber
– Voronežskaja 76
– Voronežskaja 80
– Wawrzenczycka
– Wawrzynianka
– Wielkopolanka
– Złota Górecka
– Z'lta Dobrudjanska
– Zyrianovskaja

var. **nigrorubra** Körn.
– Sandia Pueblo Black

var. **rubra** Bonaf.
– Belojaroe Pšeno
– Breslau II
– Černého Červená
– Červená Domáca
– Červená Krajová
– Foliant
– Saulaines Sarkangraudaina

var. **rubropaleata** Körn.
– Canbred 150
– Čisminskaja 1
– Fertődi U. Saksoru
– Goldmais

convar. **microsperma** Körn.; Z. everta Sturt.

var. **glaucornis** Alef.
– Neger Baby

var. **gracillima** Körn.
– Cincantin
– Pignoletto

var. **haematornis** Alef.
– Lady's Fingers

var. **leucornis** Alef.
– Slovenská Biela Perlová

var. **oryzoides** Körn.
– Egyptská Rýžová
– Japanese Hulless

var. **oryzoides** Körn.
– Risovaja 645
– Ryzowa Puławska
– White Rice
var. **oxyornis** Körn.
– Erdbeermais
– Strawberry Corn
convar. **saccharata** Körn.; Z. m. rugosa Bonaf.; Z. saccharata Sturt.
var. **coeruleodulcis** Körn.
– Black Mexican
– Black Sugar
– Fekete Mazsola
– Pickaninny
var. **dulcis** Körn.
– Country Gentleman
– Expreß
– Rannjaja Žemčužina
– Stowells Evergreen
– Zuckerfee
var. **flavodulcis** Körn.
– Altagold
– Arany Mazsola
– Aromatnaja
– Banting
– Bouquet
– Burpee's Golden Bantam
– Dippes Zuckermais
– Dorinny
– Early Golden Sweet
– Extra Early Bantam
– Extra Early Golden Bantam
– Friga
– Goldbarm
– Golden Bantam
– Golden Cross Bantam
– Golden Harvest
– Golden 60 Day
– Improved Golden Bantam
– Ioana
– Iochief
– John Innes Hybrid
– Kanada Gold
– Kubanskaja Konservnaja
– Lee
– Rannjaja Konservnaja 40
– Rannjaja Zolotaja
– Süße Ernte
– Sun Up
var. **rubrodulcis** Körn.
– Cukrová Červená

Polygonaceae

Fagopyrum esculentum Moench; F. sagittatum Gilib.
var. **emarginatum** (Roth) Alef.
– Tokyo-Soba
– Krasnoufimskaja 216
var. **esculentum**
– Alexsandrovskaja 134
– Amurskaja
– Amurskaja Mestnaja
– Argente
– Belokatajskaja Mestnaja
– Belorusskaja
– Bogatyr
– Burjatskaja
– Hruszowska
– Kalininskaja
– Kazanska
– Mongolskaja
– Odesskaja
– Rupjgraudainie
– Šatilovskaja 4
– Serebristaja
– Silverhull
– Slavjanka
– Tarskaja Mestnaja
– Tonkinskaja 356
Fagopyrum tataricum (L.) Gaertn.
– Welsford
Rumex rugosus Campd.; R. acetosa L. var. hortensis Dierb.
– Belvilskij
– Großblättriger
– Großblättriger Garten
– Kerti
– Širokolistnyj
– Von Belleville

Aizoaceae

Tetragonia tetragoniodes (Pall.) O. Kuntze
– New Zealend

Portulacaceae

Portulaca oleracea L.
ssp. **sativa** (Haw.) Schübl. et Mart.
– Gelber

Caryophyllaceae

Agrostemma githago L. var. **githago**
– Milas
Agrostemma brachylobum (Fenzl) Hammer; Agrostemma gracilis Boiss.
– Purple Queen

Chenopodiaceae

Atriplex hortensis L.
– Lutea
– Rosakönigin
Beta vulgaris L.
convar. **cicla** (L.) Alef.
var. **cicla** L. s. l.
– Beet Spinach
– Grüner
– Grüner Schnitt
var. **flavescens** DC.
f. – **leucopleura** (Alef.) Voss.
– A Costa Argentata
– A Costa Verde
– Krauser Silber
– Larges Côtes de Lyon
– Lucullus
– Schweizer
– Verte a Carde Blanche Race d'Ampuis
f. **rhodopleura** (Alef.) Voss
– Swiss Chard Rhubarb
convar. **vulgaris**
var. **altissima** Döll
– Beta C-242
var. **lutea** DC.
– Adanskaja
var. **rapacea** Koch
f. **crassa** (Alef.) Helm
– Af'jun Karachissarskaja
– Arimona
– Bartošavá Bílá
– Biela
– Chotovka
– Gullåkerbeta
– Ovana
f. **longorubra** (Alef.) Helm
– Beta Rosa
– Červená
– Eckendorfer Rote
– Eszterházi Vörös
f. **longorubra** (Alef.) Helm
– Friedrichswerther Rote
– Ljusröd
– Peragis Rote Walze
– Polyrouge
– Rózsaszínü Beta
f. **xanthina** Aellen; f. lutea Hegi
– Atlenburger Tonnen
– Bálbonai Sárga Henger
– Barres
– Bučiansky Žltý Válec
– Criewener Gelbe
– Dilana
– Eckendorfer Riesen Gelb
– Friedrichswerther Gelbe
– Globus
– Ideal
– Jaensch Teutonia
– Knehdener Gelbe
– Kostelecká Barres
– Para
– Polygold
– Polymaster
– Pobeditel
– Severnaja Oranževaja
– Supernuova Gialla
– Unikum
– Waldmanns Futterkraft
– Žltá
– Žlutá Polocukrovka
var. **vulgaris**; var. conditiva Alef.
– Abchazskaja Krasnaja
– Abchazskaja Zelenolistnaja
– Ägyptische Plattrunde
– Bikor
– Boltardy
– Bordo
– Burpee White
– Claudia
– Claudia C 65
– Crapaudine
– Crosby's
– Čudo Rannich
– Digomskaja
– Elbrusskaja Zimnjaja
– Erfurter Lange
– Gracia
– King Red
– Neger Halblange
– Nero Kugel
– Nesravnennaja
– Non Plus Ultra

var. **vulgaris**
- Plattrunde Rote Feinlaubige
- Poljarnaja Ploskaja
- Queen
- Rannee Čudo
- Redpack
- Rote Kugel
- Severnyj Šar 250
- Skvirskaja Ploskaja
- Svekla Stolovaja
- Trianon
- Wiener Lange Schwarze
- Zelenolistnaja 42

Chenopodium album L.
- Tápiószelei

Spinacia oleracea L.
var. **inermis** (Moench) Metzg.
- Anderssons Vinter
- Atlanta
- Ben-Di-Yuan-Ye-Bo-Cai
- Bianka
- Bloomsdale Long-Standing
- Bloomsdale Spätaufschießender
- Bloomsdale Wirsingblättriger Früher
- Bovri
- Breustedts Spika
- Califlay
- Cavallius
- De Gaudry
- Dixie Market
- Domino
- Eszkimó
- Frühe Mona
- Garant
- Giant Nobel
- Hammenhögs Vinter
- Herkules
- Hild's Lorelei
- Inhoffens Rhenania
- Ispolinskij
- Juliana
- König von Dänemark
- Matador
- Meteor
- Monströser von Viroflay Rundsamiger
- Monstrueux
- Nobel
- Noorman
- Old Dominion

var. **inermis** (Moench) Metzg.
- Óriási Eszkimó
- Osnabrücker Rundsamiger Münsterländer
- Pré-Vital
- Quedlinburger Fortschritt
- Rheinischer Riesen
- Triumf
- Universal
- Verina
- Vikimun
- Viking
- Viktoria
- Virginia Savoy Blight Resistant
- Virginia Savoy Fusarium Wildt Resistant
- Virkade
- Viroflay
- Wisemona
- Z. & de W.'s Prinzessin Juliana
- Z. & de W.'s Supra

var. **oleracea**; var. spinosa (Moench) Metzg.
- Crenate Leaves
- El-De-Es
- Entire Black Leaves
- Kasi Jong
- Late Flower
- Münsterländer
- Scharfsamiger Breitblättriger
- Z. & de W.'s Früher Riesenblättriger Spätaufschießender
- Z. & de W.'s Hollandia

Amaranthaceae

Amaranthus cruentus L.
convar. **cruentus**
- R 1284

Amaranthus hybridus L. em Robins.
convar. **erythrostachys** (Moq. in DC.) Thell.; A. hypochondriacus L.
- Pigmy Torch
- Roter Dom
- Sanguineus Nanus

Amaranthus tricolor L. em Fiori et Paol.
convar. **tristis** (L.) Thell.
- Lal Sag

Ranunculaceae

Nigella arvensis L.
- Candillo

Nigella damascena L.
- Miss Gertrude Jechyl
- Oxford Blue

Papaveraceae

Glaucium flavum Crantz
- Glaucin Poli
- Glaucin 426

Papaver croceum Ldb.
- Gartref
- Giganteum

Papaver rhoeas L.
- Pierrot
- Roseum
- Shirley
- Wundervoll

Papaver somniferum L.
ssp. **somniferum**
convar. **alefeldii** Hammer
var. **quassandum** Alef.
- Pink Chiffon
- Purpurovy

convar. **somniferum**
var. **candidum** Vess.
- Bulharský C-188

var. **coerulescens** Rothm.
- Amarin
- Azur
- Barnaulskij
- Blankyt
- Blausamiger Schließmohn
- Ceglédi A
- Ceglédi C
- Ceglédi G
- Čižminskij 171
- Cluj A
- Dannerberg
- Dětenický Modrý
- De Sognale
- Diószegi Elit
- Drauseni
- Dubský Stříbrošedý
- Eckendorfer
- Egri A
- Emmabloem
- Erbachower

var. **coerulescens** Rothm.
- Erbachshofský
- Ferencszállási A
- Ferrara 2
- Fertődi Soktokú
- Flora
- Flora II
- Fontaine Fouseke
- Freundlův
- Goluboj
- Hanácký Modrý
- Hatvani
- Hatvani Kék
- Hatvani Zárttokú Kék
- Haute Savoie
- Ivonne
- Karlův 10/45
- Kék Duna
- Kopeczky-féle Sötétkék
- Köpecki
- Krupnoplodnyj
- Lubenskij 6
- Luna
- Magurele
- Mahndorfer
- Mansholt
- Marianne
- Marocký
- Mezőkövesdi tf.
- Modorovicz-féle Korai
- Modran
- Nadwislański Niebieski
- Neuga
- Nobel
- Novinka
- Nyazi Mutaf
- Observation
- Opiiferum Turci
- Peragis
- Prejmer
- Ruský Modrošedý
- Rychetníkův Dubský
- Sadova
- Sadova 1/68
- Sadova 4/68
- SB Morfinmák
- SC Morfinmák
- SD Morfinmák
- Selecty Stříbrošedý
- Severnaja Zvezda
- Start
- Svalöf's Flora

var. **coerulescens** Rothm.
– Sv. Fialový
– Táplánszentkereszti
– Tatarstan I
– Tîrgu Mures
– Tourneur-Frères Typ C
– Tourneur-Frèges Typ D
– Vilar 1
– Vilar 2
– Vrchovický Krajový
– Voronežskij 1042
– Yonne
– Zborovický
var. **nigrum** Hayne
– Ceglédi B
– Csanádpalotai A
– Dunajský Modrý
– Polycephalum
– Sadova 3/68
– Sládkovičovo 103
– Váhovecký
– Zwettlers Graumohn
var. **paeoniflorum** Alef.
– Bělosenenný
– Bělosemenný Bolekovice
– Bulharský Slepák Bílý
– Procházkův II
var. **roseolum** Vess.
– Böhmův Bělosemenný
– Boston
– Lososový
– Puławski Bialy
– Tmavě Karminový
var. **serenum** Danert
– Bernburg
– Ceglédi F
– Daubaer Silbergrauer
– Noordater
– Tourneur-Frères Typ B
var. **somniferum**
– Chlumcký 1/45
– Hnědosemenný
– Madarský Fialový
– Stupnický Belosemenný
– Sušický Červenosemenný
Populationen
– Bulharský
– Elity
– Freegego Niebieski
– Goluboj Jubilejnyj
– Hatvani Zárttokú
– Vilmorin Opiový

ssp. **songaricum** Basil.
convar. **rothmaleri** Hammer
var. **albescens** Vess.
– Bjalocaftjaščt S 188
– Ikkanshu
– Lodz
var. **igneum** Danert
– Dětenický Bělosemenný
var. **livens** Vess.
– Altaec
– Blanc Globuleux
– Fertődi Zárttokú Kék
– Puławski Niebieski
– Sinjocaftjaščt P 360
var. **rhodanthum** Vess.
– Daneborg
var. **rubidum** Vess.
– Pitvárosi tf.
var. **sigillatum** Danert
Fertődi Soktokú Kék

Cruciferae

Brassica alboglabra L. H. Bailey
– White Flowered
Brassica juncea (L.) Czern.
– Družnaja
– Hua-Siao
– Mustard
– Neosypajuščajasja 2
– Saratovskaja
– Stalingradskaja
– Steart
– Volgogradskaja 189/191
– Zaria
– Željtosemjannaja 230
Brassica napus L.
ssp. **napobrassica** (L.) Hanelt
– Gullåker II
– Kuusiku
ssp. **napus**
var. **napus**; var. arvensis (Lam.) Thell.
f. **annua** (Schübl. et Mart.) Thell.
– Česká
– Liho
– Pobeda
– Weihenstephaner
– Ziho
– Zollerngold

f. **biennis** (Schübl. et Mart.) Thell.
– Abukuma nat.
– Akela
– Argus
– Blako
– Bronowski
– Calder Swede
– Clubrot Resistant
– Cresus
– Diamant
– Doon Spartan Swede
– Elsom Giant Broadleaf Rape Seed
– Erra
– Fertődi
– Flora
– Gartons Early Giant
– Gesunder
– Górczański
– Groß-Lüsewitzer Spätsaatverträglicher
– Heimer
– Helios Aarslev
– Janetzki
– Janus
– Krapphauser
– Lembkes Malchower
– Lenora
– Mansholts Hamburger
– Marasaki nat.
– Mestnyj 4209
– Michinaku nat.
– Moana Rape
– Murusaki nat.
– Nevin
– Norde
– Oleander
– Ölquell
– Quedlinburger Platzfester
– Quinta
– Primor
– Ramses
– Rangi
– Rapol
– Rapso
– Regal
– Ruská IV/4
– Sarepta
– Sensation Schwedish
– Silona
– Skrzeszowicki
– Slapská

f. **biennis** (Schübl. et Mart.) Thell.
– Slonski
– Slovanská Krajová
– Sobotka Utántermés
– Sobotkowski
– Sonnengold
– Třebíčská
– Velox
– Viktor

var. **pabularia** (DC.) Rchb.
– Brauner Schnittkohl
– Goldgelber Zarter Butter
– Grüner Schnittkohl

Brassica oleracea L.
convar. **acephala** (DC.) Alef.
var. **medullosa** Thell.
– Cavolo da Foraggio
– Giant Chou Moellier
– Medium Leafy Chou-Moellier
– Óvári

var. **sabellica** L.
– Blue Scotch
– Dwarf Siberian
– Frise Vert Grant du Nord
– Frosty
– Halbhoher Grüner Mosskrauser
– Halbhoher Moosbacher Winter Hellgrüner
– Krasnaja Kurčavaja Vysokaja
– Lerchenzungen
– Mabar
– Niedriger Grüner Feinstgekrauster
– Triomphe d'Excelsior
– Westerwoldse Grove

var. **viridis** L.; var. acephala DC.
– Caulet de Flandre
– Cavalier
– Choux Cavalier
– Folia
– Raštika
– Riesen Hoher Blauer
– Schneiders Schafkohl
– Sutton's Hardy Sprouting

convar. **botrytis** (L.) Alef.
var. **botrytis** L.
– Astrid
– Berga
– Elektra
– Erfolg

var. **botrytis** L.
- Erfurter Langlaubiger
- Erfurter Zwerg
- Heinemanns Edelstein
- Heinemanns Früherente
- Kalif
- Praga
- Progreß
- Rannjaja Gribovskaja
- Sechswochen
- Sesam
- Skorospelka
- Snežinka
- Stor Dansk
- Wartburgland

var. **italica** Plenck
- Brimo
- Calabrese
- Coastal
- Decicco
- Grande
- Green Sprouting
- Medium 90
- Sparriskal Grön
- Spartan Early
- Waltham Nr. 29
- Winter White Broccoli

convar. **capitata** (L.) Alef.

var. **capitata** L. s. l.

Rotkohle; f. **rubra** (L.) Duch. ex Lam.
- Allrot
- Heinemanns Früher Steinfester
- Nigger Head
- Požeški Kupus

Weißkohle; f. **capitata** (L.) Duch. ex Lam.
- Badger Ballhead
- Derbentsko-Kusarčatskaja
- Erstling
- Futoški Kupus
- Gibson's Early Dwarf
- Holland Winter White
- Holsteiner Platter
- Hurst's Winter Pride
- Kjusse Nr. 17
- Likuriška
- Novema
- Privol'njanka Mestnaja
- September
- Slava 1305

f. **capitata** (L.) Duch. ex Lam.
- Sud'ja
- Wiener Allerfrühester Mittelgroßer
- Zeva Rapid
- Zolotoj Gektar 1432

var. **sabauda** L.
- Allervroegste Groene Spitze
- Eisenkopf
- Fijne Vroege Groene
- Frühkopf
- Vroege Groene Spitze

convar. **caulorapa** (DC.) Alef.

var. **gongylodes** L.
- Blauer Speck
- Böhmischer Strunk
- Delikateß Blauer
- Erfordia
- Imeretinskaja
- Knaufs Ideal
- Matouškova Modrá Raná
- Nichtschießender
- Strynka

convar. **oleracea**

var. **gemmifera** DC.
- Abunda
- Angora
- Ashwells Strain
- Aurora
- Bangalor
- Berner Markt
- Börderose
- Bredase
- Broersen Export
- Delfia
- De Rosny
- Electra
- Forum
- Frigo
- Gerkules 1342
- Gronalto
- Grosser Dänischer
- Harola
- Huizer Früher
- Hursts Perfektion Freeser
- Irish Glacier
- Kastrup Hoher
- Landora
- Lindo
- Merkator
- Mittelspäter Export
- Odenser Markt

var. **gemmifera** DC.
- Polarstern
- Prominent
- Rosamunde
- Rosella
- Sanda
- Spirale
- Stamm Nr. 10
- Stiekema
- Thor
- Vrémo Inter
- Vrémo Ostar
- Vrémo Pre
- Westlandse
- Wilhelmsburger

var. **ramosa** DC.
- Branchu du Poitou
- De la Sarthe
- Thousand-headed Kale

Brassica rapa L. emend. Metzg.

ssp. **chinensis** (Jusl.) Hanelt; B. chinensis Jusl.

var. **communis** (Tsen et Lee) Hanelt; B. chinensis Jusl., var. chinensis
- Chinese Kwongjin
- Hikoshima Spring
- Lao Tsai
- Maruba Santo
- Pi-Or-Baj
- Shan-Jue-Man-Tsien-Tsaj

var. **parachinensis** (Tsen et Lee) Hanelt; B. chinensis Jusl.

var. parachinensis (Bailey) Sinsk.
- Ching Pang Yu Tsai

ssp. **oleifera** (DC.) Metzg.; B. rapa L. var. sylvestre (Lam.) Briggs

var. **oleifera** DC.

f. **annua** (Metzg.) Thell.; f. praecox (DC.) Mansf.
- Brokkoli Rapa
- Maleksberger
- Ruvo

f. **biennis** (Metzg.) Thell.; f. autumnalis (DC.) Mansf.
- Lembkes Malchower
- Ludowy
- Schneiders Sprengelrübsen

ssp. **pekinensis** (Lour.) Hanelt; B. pekinensis (Lour.) Rupr.

var. **cephalata** (Tsen et Lee) Hanelt; B. pekinensis (Lour.) Rupr.

var. **pekinensis**
- Aichi Hakusai
- Che Foo Hakusai
- Da-Gin-Kou
- Jägerkohl
- Kaga
- Mandarin
- Matsushima Shin 2
- Nagaoha Champion
- Nagaoha 60 Days
- Nagaoha Ideal Market
- Nagaoha King
- Nagaoha New No. 1
- Nagaoha Pride
- Nagaoha Spring A-1
- Nagaoha Wonder Cross
- Nagaoka
- Nazaki Wase
- Nozaki
- Pai Tsai
- Pao Tou Ta Pai Tsai
- Peking Ta Ching Kou Pai Tsai
- Polorona
- Qingzazhongfeng
- Shimoayama Chitose
- Takiis Improved
- Ta Pai Tsai
- Tätschenpan
- Tschifu
- Wong Bok
- Zibu

var. **cylindrica** (Tsen et Lee) Hanelt; B. pekinensis (Lour.) Rupr.

var. **cylindrica** Tsen et Lee
- Aichi
- Canton
- Cantoner
- Chi-Hi-Li
- Granate
- Hau-Maj
- Michihli
- Pao Tou Ta Pai Tsai
- Pozdní
- Tae Tschong Bang
- Tientsin Lu Pai Tsai
- Tsinan Hsiao Pao Tou Pai Tsai
- Verbesserter Cantoner
- Zwaans Cantoner

var. **laxa** (Tsen et Lee) Hanelt;
B. pekinensis (Lour.) Rupr.
var. **laxa** Tsen et Lee
– Chibinskaja
– Chibinskaja Povir
– Chinese Chihli
– Da-Tsun-Kou
– Digeson
– Fan-Sin-Baj-Zao
– Fan Hsin Pai Tsai
– Fen Hsing Huang
– Fu-Min
– Hsiao Pai Kou Pai Tsai
– Kae Song Bac Tschu
– Kashin
– Kashin Hakusai
– Kiraba Santo
– Large Green Head
– Peking Pai Kou
– Pe Tsai
– Phoduran
– Sandun
– Santong
– Sao-Baj-Kou
– Sao-Baj-Kou-No. 6
– Santô Hakusai
– Ta Pai Tsai
ssp. **rapa**
– Bicolor
– Corna
– Demi Long Blanc Hâtif de Croissy
– Gelria R
– Globe Witte Roodkop
– Gruno
– Halflange Witte Blauwkop Andyvieblad
– Hammenhögs Bortfelder
– Hilversumse
– Horpácsi Lila
– Italiaanse Witte
– Italiaanse Witte Roodkop
– Kerek, Fehér, Vas Megyei
– Kornackers Speiscrübe
– Lange Weiße Rotköpfige
– Ochsenhörner
– Opava
– Petrowskische
– Sirius
– Snowball
– Veko

Camelina sativa (L.) Crantz
ssp. **sativa**
– Bronowska
– Brzybrodzka II
– Częnstochowska
– Kirgizskij
– Omskij
– Omskij Mestnyj
– Sortandinskij
– Ukrajinskij
– Volyn'skaja
– Voronežskij
– Wrocławska
– Zarja Socializma
– Zavolžskij

Crambe abyssinica Hochst. ex Fries
– Borowska IHAR

Lepidium sativum L.
ssp. **sativum**
var. **crispum** (Medik.) DC.
– Grüne Extra Krause
var. **sativum**
– Grüne Gewöhnliche

Raphanus sativus L.
convar. **sativus** s. l.; var. radicula Pers. et var. niger Kerner
Rettiche
– Bang-Ul Mu
– Batála
– Bobenheimer Sommer
– Caj-Tou-Van
– Changyang Ching Lo Fu
– Chengyang Green
– Ching Tsui Lo Fu
– Dresdner Grauer
– E-Dany-Szin-Caj-Tou
– Giant Japonese Radish
– Hsin Li Mei Lo Fu
– Hung Shui Lo Fu
– Húsvéti Üdvözlet
– Húsvéti Rózsa
– Japanese White
– Jelängerjelieber
– Kohlschwarzer Plattrunder
– Langer Weißer
– Lou-Pa-Fen
– Mainkrone
– Münchener Bier
– Pai Chao Lofu
– Pfanns Quirinus
– Polodlouhá Bílá

Rettiche
- Remo
- Rosa Ostergruß
- Runder Schwarzer
- Runder Weißer
- Satschel
- She-Kia-Tchoang-Pe
- Sin Li Mei
- Ta Ching Lo Fu
- Ta Houng Pao
- Ta Hung Lo Fu
- Ta Pai Lo Fu
- Tschensu
- Tschensu Pason
- Tüimu
- Wagners Global
- Weißer Peter
- Yúe-Pu-Wan-Chang-Bai-Luo-Bu
- Zimna Bjala
- Zimná Černá

Radieschen
- Burpee's Earliest Scarlet Button
- Burpee's Rapid Red
- Candela di Fuoco
- Cavelier
- Certus
- Červení Sbelí Opaškí
- Cherry Belle
- Comtadin
- Chrestensens Bicolor
- Crimson Giant Globe
- Early Scarlet Globe
- Eiszapfen
- Feuerkugel
- Fix
- Flevo
- French Breakfast
- Gaudry
- Helios
- Helro
- Kabouter
- Komet
- Koral
- Korund
- Ledjanaja Sosul'ka
- Magdeburger
- Máslová Obří
- Moskovskij Parnikovyj
- Neoro
- Non Plus Ultra

Radieschen
- Ovales Scharlachrotes mit Weißem Knollenende
- Parat
- Pernot
- Pernot 5441
- Pink Beauty
- Primus
- Promptus
- Red Prince Improved
- Riesen von Aspern
- Roky
- Rota
- Rubin
- Rundes Gelbes
- Saska 2
- Serra
- Slavia
- Sofijskaja Prevázhodna
- Sopel Lodu
- Sparkler
- Szkarłatna z Białym Końcem
- Tidig Fransk
- Tondo a Piccola Punta Bianca
- Triumph
- Turnip Scarlet Globe
- Voran
- White Icicle
- Wodan
- Woods
- 6205

Sinapis alba L.
ssp. **alba**
- Erbachshofer Gelb
- Kastor
- Maleksberger Gelb
- Mansholt
- Přerovská Bílá
- Waldmanns Halloren
- Waldoria

Rosaceae

Fragaria vesca L.
Sämling aus:
- Rügen

Leguminosae

Cicer arietinum L.
- Ain Témouchet

Cicer arietinum L.
- Astrachanbazarskij Mestnyj
- Azerbajdžanskij
- Azerbajdžanskij 583
- Dneprovskij 1
- Dobrudžanski Nr. 6
- Dobrudžanski Nr. 7
- Dreben Sveričen
- Floremtskij
- Gibridnyj 27
- Kitanicka 199
- Kubanskij 199
- Plovdiv 19
- Sovchoznyj 14
- Sredneaziatskij 40
- Sredneaziatskij 400
- Taškentskij 223
- Usundžovski Dreben
- Vysokoroslyj 30
- Zernogradskij 36

Glycine max (L.) Merr.
convar. **grandifolia** (Tupik.) Lehm.
var. **grandifolia** Tupik.
- Aretic
- Bezenčukskaja
- Fiskeby V
- I. C. A. 166
- Nordic No. 3
- Nordic No. 5
- Varainana
- Warszawska

var. **monticola** (Enk.) Lehm.
- Rouest 4

var. **rufo-cinnamomea** (Tupik.) Lehm.
- Chabarovskaja
- Chabarovskaja 8

var. **rufo-rubrocastanea** (Tupik.) Lehm.
- Amurskaja Buraja
- Bydgoska 0.30
- Grignon 5
- Ugra

convar. **intermedia** (Tupik.) Lehm.
var. **brachicarpa** (Enk.) Lehm.
- S.S. 14 Cluj
- Sem -nigris

var. **intermedia** Tupik.
- BD-2116
- Chabarovskaja 23
- Cindon 76
- Saljut 216

var. **intermedia** Tupik.
- Smjena

var. **lucida** (Enk.) Lehm.
- Ke-shuan
- Portage
- Précoce

var. **macrocarpa** (Enk.) Lehm.
- Altona
- Nordia 1
- Prolific
- Zlatka

var. **robusticaulis** (Enk.) Lehm.
- Zeja 2

var. **rufo-lutescens** (Tupik.) Lehm.
- Amurskaja Zołotaja
- Budapestkaja 7
- Clark
- Dnepropetrovskaja
- Dneprovskaja 1
- Dneprovskaja 12
- Dobrudžanka
- Giesseńska
- Herb 600
- Herb 616
- I. C. A. 57–338
- ICAR 166
- Kirovogradskaja 4
- Maple Arrow
- Skorospelka
- Tsoraya
- Ussurijskaja
- Żółta z Zolna

convar. **max**
var. **albo-ater** (Tupik.) Lehm.
- Rastätter Schwarze
- Roudnická Čierná

var. **albo-flavea** (Tupik.) Lehn.
- Bydgoska 0.34
- Čiaturskaja
- Early Mandarin
- Gelbe Riesen
- Grignon 14
- Habaro
- Hardome
- Hawkeye
- Hodgson
- Iregi Universal
- Jihomoravská Žlutá Drobnozrnná
- Kirsches Stamm 2008
- Kirsches Stamm 2027
- Kouban 0.375

var. **albo-flavea** (Tupik.) Lehm.
– Kou-shou
– Locala 11
– Manchu Argentine
– Mandurska
– Nagyszemü Fehér
– Pride Soy
– Rekord
– Rekord Severnyj
– Roudnická Žltá
– Rouest 68
– Soja Zernovaja
– Żołta Przebędowska

var. **albo-flavida** (Tupik.) Lehm.
– Acme
– Amurskaja 21
– Bel'ckaja 645
– Bessarabka Mestnaja
– Bitterhof b
– Bitterhof c
– Borowska
– Conie I
– Crest
– Dunganskaja 465
– Galbena de Medias
– Goldsoy
– Harosoy 63
– Hodonínská Žlutá
– Kabott
– Kinel'skaja
– Krušulja 9/3
– Kubanskaja 1466
– Loa-Tie-ye
– Mandarin
– Mauthnerova Velkozrnná
– Novi Sad-Bela
– Pagoda
– Pavlikeni 519
– Platská Žlutá Obrovská
– Primorskaja 529
– Reiner 12
– Rekord Severa
– Tsi-Chuan 2
– Turijskaja Mestnaja
– Zagrebačka Čista 181
– Zagrebačka Rana
– Żołta S. W. H. N.
– Zsy-Chua No. 1
– Zsy-Chua No. 4

var. **atrovirens** Lehm.
– Faur
– Iregi ISZT szója

var. **brunnea** (Skvortz.) Lehm.
– Dornburger Stamm 106
– Kirsches Stamm 66
– Manitoba Brown.
– Soya Brun
– Tokio Marron
– Wileńska Brunatna

var. **communis** (Enk.) Lehm.
– Evans
– Harlon
– Traverse

var. **immaculata** (Enk.) Lehm.
– Bydgoska 0.46
– Kubanskaja 276
– Merit
– Pannonia 8
– Shokinwo No. 1
– Wasedaizu No. 1

var. **lanceolata** (Skvortz.) Lehm.
– Bydgoska 0.57
– Charbinskaja
– Chippewa
– Chippewa 64
– Corona
– Delitzsch Nr. 36
– Flambeau
– Freitag Stamm 70
– Freitag Stamm 2134
– Halfon 502
– Harman
– Harrow Manchu
– Heimkraft I
– Heimkraft II
– Hudson Manchu
– Iregi Korona
– Kamianetz Nr. 1
– Maksimir S–45
– Manchu Montreal A
– Mandin Kajon
– Mazowiecka
– Młochowska
– Montreal
– Norchief
– Précoce de Milly
– Rampage
– Reatz
– Riede 525
– Rouest 104
– Slovenská Krajová
– Ussurijskaja
– Viola Manchu
– Złotka

var. **lepida** (Skvortz.) Lehm.
- Brun Hâtif Rouest
- Chestnut Washington
- Light Břown

var. **maculosa** Lehm.
- Kirsches Stamm 200 Z

var. **max**
- Amurskaja 41
- Amurskaja 42
- Bitterhof a
- Carola
- Čina 50–6706
- Čina 5202
- Comet
- Dakota
- Earliana
- Grande
- Krušulja
- Kujbyševskaja
- Palmetto
- Ruská Žlutá
- SN-18
- Ta-Chin-Hu-Houan-Tsa
- Zlocista (c)

var. **nigra-lutescens** (Skvortz.) Lehm.
- Altonagaarden
- Amurskaja
- Barburka Przebędowska
- Cayuga
- Czarna S. W. H. N.
- Diekmannová Čierna
- Grangeneuve
- Laredo
- Noir de Toulouse
- Rábakecöli 10
- Schwarze Poppelsdorfer
- Sklista
- Virginia
- Wisconsin Early Black

var. **nigricans-lutescens** (Skvortz.) Lehm.
- Alurzynka
- Amurskaja
- Amurskaja 262
- Amurskaja Černaja 0116
- Char'kovskaja 149
- Dr. Esycok
- Fruhwirths Schwarze Pedoja
- Karbina
- Kormovaja Černaja
- Murzynka

var. **nigricans-lutescens** (Skvortz.) Lehm.
- Poppelsdorfer

var. **ovata-lutescens** (Skvortz.) Lehm.
- Iasi 10

var. **rara** (Skvortz.) Lehm.
- Terrasol

var. **robusta** (Skvortz.) Lehm.
- Amurskaja 57
- Amurskaja Buraja 057
- Beige du Lot et Garonne
- Chabarovskaja 11
- Kirsches Stamm 2009
- Soy Sota
- Staroukrainskaja
- Viola Manchu Mediasch

var. **rufo-flavescens** (Tupik.) Lehm.
- Amurskaja 137–63
- Dunajka
- Ford
- Ito-san

var. **rufo-flavida** (Tupik.) Lehm.
- Adepta
- Balvánská Krajová
- Bel'ckaja 636
- Bezenczucka
- Bratislavská Žltá
- Braungelbe
- Brillmeyer
- Capital
- Chabarovskaja 4
- Charbinskaja 111
- Chersonskaja 2
- Čina 6288
- Clay
- Demetskaja
- Dippes Frühgelbe
- Domacka soja
- Dornburger Stamm 150
- From Macher
- Frühe Braune
- Galbena de Platt
- Grignon 21
- Grignon 41
- Heinemann
- Herb Nr. 22
- Herb 606
- Herb 610
- Herb 620
- Iași

var. **rufo-flavida** (Tupik.) Lehm.
- Keszthelyi-Aprószemü Sárga
- Kirsches Stamm 2026
- Kon-tchen-do
- K. P. 3025
- Kroměřížská Žltá
- Krušulja
- Kujbyševskaja
- Madarská Žltá
- Mauthners Gelbe
- Mediachev
- Minsoy
- Norddeutsche Gelbe
- Pavlikeni 502
- Peragis Stamm II
- Praemata
- Slovenská Drobnozrnná
- Soja Dobrogeana
- Tokio Jaune à Oeil Brun
- Tübinger
- Vengerka Vysokaja
- Vysokonosná
- Wolfsthaler

var. **serotina** (Enk.) Lehm.
- Grant
- Iregi Szürkebarát

var. **tarda** (Enk.) Lehm.
- Beechwood
- Dornburger Weißblühende
- Georgian
- Iregi Sz 1
- Klevershof 527
- Swift

var. **viridis** (Enk.) Lehm.
- Amurskaja 154

Lathyrus cicera L.
- Bodenfreund

Lathyrus sativus L.
- Blanche du Maroc
- Blanche de Sidi Bel Abbès
- Cicharo
- Dneprovskaja 12
- Favetta
- Gießener Bunte Platterbse
- Grise de Ténès 58
- Karcagi Szegletes Lednek
- Kormovaja 31
- Kraftborn
- Lentille d'Espagne 8289
- Stara Zagora
- Stepnaja 12
- Stepnaja 287

Lathyrus sativus L.
- Szentesi tf.
- Tarpeszkaja

Lathyrus tingitanus L.
- Roetz Platterbse
- Bydgoska

Lens culinaris Medik.
- Alžírská Světlá
- Aprószemű Lenese
- Creutzmanns
- Dekov
- Dornburger Speiselinse
- Du Puy
- Feldsberger Hellerlinse
- Frološ
- Gestreifte Linse
- Ghiza 9
- Gorni Vadin
- Großsamige Linse Nr. 2
- Haléřová Čočka
- Helle Delikatess
- Hrotovická Velkozrnná
- Hybride INRA
- Ipisor
- Italijansko Socivo
- Japansko Socivo
- Kamenec Stepnaja
- Kénitra
- Krasnogradskaja 3
- Kyffhäuser
- Larysa
- Luna 9
- Mährische
- Marmorierte Linse
- Moravská Drobnozrnná
- Pallagi Kék
- Penzenskaja 14
- Petite Rouge D'Égypte
- Petrovskaja 4/105
- Pisárecká Perla
- Pisárecká Velkozrnná
- Pravišče
- R'Houna
- Schreibers
- Schreibwälder Perle
- Schwarze Linse
- Slovenská Krajová Levočská
- Slovenská Modrá
- Slovenská Zemplínská
- Souk-ej-Jemaa Sahim
- Souk-et-Tleta de Safi
- Späths Hellerlinse

Lens culinaris Medik.
- Stepnaja 244
- Tadžikskaja 95
- Tahala
- Tg. Frumos
- Trebišovská
- Turecká
- Valtická Haléřová
- Weihenstephaner Linse

Lupinus albus L.
- S Blanca
- Egyptská
- S Gyulatanyai Fehérvirágú Édes Csillagfürt
- S Hansa
- Kereskedelmi
- S Kievskij Mutant
- S Kievskij Skorospelyj
- S Kisvárdai 1432/49
- S Kisvárdai Fehérvirágú Édes Csillagfürt
- S Knehdener Weißlupine
- S Kraftquell
- S Nährquell
- S Neutra
- S Peragis Weiße Süßlupine St. 786/41
- Petkuser Bittere Weißlupine
- S Pflugs Gela
- S Pflugs Ultra
- S Przebędowski Średnio-Wczesny
- S Rimpaus Frühe Süße Weißlupine
- Sharkia 13
- S Sweet White 7731
- Tremoco
- Weiße Bitterlupine
- Zágrebeská

Lupinus angustifolius L.

ssp. **angustifolius**
- Benjakonskij 484
- S Deutsche Süßlupine
- Edelweiß
- Giepie
- Glumbowitzer Blaue
- Graf Schwerin Rote
- Gülzower Bittere
- v. Kameckes Frühe Blaulupine
- Merkels Liebucher Rote

ssp. **angustifolius**
- Müncheberger Frohwüchsige Blaublühende
- S Müncheberger Süßlupine Blaue II
- Niebiesko-Szary
- Novozybkovskij 3434
- Paulsens Blaue
- Pflugs Blaulupine
- P. S. G. Blaue
- P. S. G. Ostsaat Blaue
- Raddatz' Hufenberger Edelweiß
- Rannespelyj 6
- Rotblühende von Merkel
- Schmalblättrige Schwerplatzende Bittere
- S v. Sengbuschs Müncheberger Blaue Grünfutter Süßlupine St. 411
- Sethes Frühe Rote
- S Slapská
- Stenger und Rotter Blaue
- S Sweet White
- S Tirajnenskij Kormovyj
- Turkus
- Uniharvest

Lupinus luteus L.
- S Alteria
- S AS
- S Baltej
- Barpine
- S BAS
- S Bielański Pastewny
- S Bielański Wczesny
- S Boec
- S Bystrorastuščij 4
- S Gardenjaj
- Gelbe Bitterlupine
- S Gülzower Süße Gelbe
- S Gyulatanyai Sárgavirágú Édes Csillagfürt
- S Jorlupine
- v. Kalbens Vienauer
- S Kormovoj 190
- S Lima
- Lüneburger Gelbe
- S Müncheberger Weiko I
- S Müncheberger Weiko II
- S Müncheberger Weiko III
- S Neven
- S Oleski

Lupinus luteus L-
– S Palvo
– Paulsens Gelbe
– S Popularny
– Raddatz' Frühe Gelbe
– S Rannespelyj 301
– S Refusa
– S Refusa Nova
– S Sárga Édes Csillagfürt
– Schwako
– Severiner Gelbe
– S Słodziak
– S Sulfa
– Sweet Yellow
– S Želtyj Kormovoj

Medicago lupulina L.
var. **lupulina**
– Schöndorfer Gelbklee
– Slapská

Phaseolus coccineus L.
var. **albiflorus** (DC.) Bailey
– Arabische Schneekönigin
– Bambal
– Dupek
– Erfo
– Lopata
– Lopata 9
– Los Angeles I
– Mergoles o. F.
– Papudjak
– Weiße Riesen (Erecta)
– Zar

var. **bicolor** (Vellozo) Van Eselt.
– Zweifarbig Blühende Prunk

var. **coccineus**
– Arabische Neue Schmetterlingsbohne
– Cerni Sofenki
– Crusader
– Hanamame
– Preisgewinner
– Prunk Terras Stromlinie
– Rotblühende Prunk

var. **rubronanus** Bailey
– Hammonds Dwarf Scarlet

Phaseolus lunatus L.
– Burpee Bush
– Carolina Sieva
– Fordhook Bush
– Henderson's Lima
– Jackson Wonder
– Pole Runner

Phaseolus lunatus L.
– Poroto de Manteca

Phaseolus vulgaris L.
ssp. **vulgaris**
var. **nanus** (Jusl.) Aschers.; var. nonscandens Bail.

Lutei mit Fäden
– Allererste
– Amarillo
– Amarillo Chico
– Aranyeső
– Aurea
– Berliner Markthallen
– Beurre Aiguillette
– Beurre Gloire d'Allanville
– Beurre Nain du Mont d'Or
– Beurre Nain Merveille Marché
– Beurre Noire à Longue Cosse
– Beurre Rapide
– Beurre sans Rival
– Bitterhofs Füllhorn
– Brech Allerfrüheste
– Brech mit Weißen Bohnen
– Brech Schwarze
– Buttiro d'Algeria
– Canarios
– Carmencita
– Currie's Rustproof
– D'Argel
– Dattel
– Dattel Verbesserte Überfluß
– Dippegold
– Erntesegen
– Expreß
– Fin de Bagnols
– Flagcolet mit Blauen Bohnen
– Flageolet mit Bunten Bohnen
– Flageolet mit Dunklen Bohnen
– Flageolet mit Gesprenkelten Bohnen
– Flageolet mit Violetten Bohnen
– Flageolet mit Weißen Bohnen
– Golden Butter
– Goldene Ernte
– Goldhorn
– Hinrichs Riesen Bunt
– Hinrichs Riesen mit Weißen Bohnen

Lutei mit Fäden
– Hinrichs Riesen Goliath
– Ideal
– Kasseler
– Krakowska
– Márványszemű
– Métis
– Neger Allerfrüheste
– Pacer
– Perfection
– Pluie d'Or
– Rheinland
– Riesen Säbel
– Ruhm von Seebach
– Sans Rival
– Schirmers Wachs
– Très Hâtif de Massy
– Triumph
– Überfluß
– Wachs mit Hellbraunen Bohnen
– Weibulls Expreß
– Wunder Butter
– Wunder des Marktes
– Zolotaja Gora
– Zolotaja Gora B-632

Lutei ohne Fäden
– Algo
– Amerikanische
– Amia
– Amtsrat Koch
– Angela
– Asgrow Stringless
– Askania Ideal
– Belozernaja 361
– Berggold
– Berliner
– Berliner Brech
– Beste von Allen
– Beurre Blanc Nain Amelioré
– Beurre de Digoin
– Beurre de Pauliant
– Beurre Doré Nain
– Beurre Sure Crop
– Braune Brech
– Brittle Wax
– Budai Konzerv
– Budai Piaci
– Bulgarische
– Burpee's Brittle Wax
– Burpee's Stringless Wax
– Butter

Lutei ohne Fäden
– Butterkönigin
– Butterzart
– Cherokee
– Cherokee Wax
– Constanza
– Cooper Wax 4771
– Delikat
– Dickfleischige
– Dickfleischige Wachs
– Dippes Brech
– Dippes Quitlinga
– Domina
– Erfurter Markt
– Erntesegen
– Erste Ernte
– Friedensbote
– Frühe Wachs
– Gärtnerstolz
– Geheimrat Ramm
– Golden Age
– Golden Bountiful Wax
– Golden Butter
– Golden Green
– Golden Wachs
– Goldimmens
– Goldmarie
– Goldperle
– Goldquelle
– Goldregen
– Goldvital
– Grußdorfs Mont d'Or Weiß
– Hakes Hacogold
– Hakes Oeringer Gold
– Harzgruß
– Haubners Frühe Dickfleischige
– Heinemanns Gärtnerstolz
– Hundert Für Eine
– Javított Aranyeső
– Kampfl-Féle
– Kidney
– Kinghorn Wax
– Kinghors Special
– Konservanda
– Koraj Vaj
– Lada
– Mantecoso
– Midas
– Mondsichel
– Mont d'Or
– Mont d'Or Weiß

Lutei ohne Fäden
– Moravská Perlá
– Neue Leberfarbige
– Nikos
– Noir Hâtif de Belgica
– Non Pareil
– Pariser Markthallen
– Pencil Pod Black Wax
– Pencil Pod Wax
– Petit Beurre Tézier
– Pluie d'Or
– Protecta
– Puregold Wax
– Quedlinburger Helia
– Quedlinburger Resista
– Quedlinburger Saxagold
– Quedlinburger Wachs Quitlinga
– Record
– Regina
– Resista
– Resistant Cherokee
– Rocquencourt
– Rustproof Black Wax
– Rustproof Golden Wax
– Sacramento
– Saxea Zonder Prout
– Schreibers Frühe Wachs
– Schwarze Brech
– Schwarze Römische
– Sichere Ernte
– Sioux Stringless Wax
– Sonnengold
– Strider
– Superba
– Sure Crop Black
– Sure Crop Black Wax
– Sure Crop Wax
– Tézier d'Or
– Top Notch Golden Wax
– Unerschöpfliche
– Valgold
– Victoria Wachs
– Voks Flageolet
– Wehrdener Brech Schwarze
– Wigoin
– Wunder Butter
– Zlatý Roh Borčický

Virides mit Fäden
– Abundance
– Aiguilée Verte
– Aka

Virides mit Fäden
– Alba
– Albino
– Alemanes
– Alfa
– Algarrobo
– Allererste Weiße Treib
– Allerfrüheste Juni
– Allerfrüheste Treib
– Allerfrüheste Weiße
– Alto de Las Varas Turrialba
– Anneliese
– Argentina Alubia
– Arian
– Asgrow Valentine
– Avalitoș
– Azaryan
– Azufrados
– Beka
– Békési Libamáj
– Belga
– Belga Nueva Imperial
– Běloruské Polní
– Berna
– Beurre Perfection
– Biała Wyborowa
– Black Marvel
– Black Mexican
– Black Turtle Soup
– Blanco
– Blanco Grande
– Bomba
– Bonita
– Bonita 11
– Borletto della Regina
– Borskaja Mestnaja
– Braune Brech Früheste Zartschotige
– Braune Zucker Brech
– Bred Svärd
– Brown Beauty
– Bunford Blue D. 32
– Cacahuate 72
– California White
– Canadian Wonder
– Canario Divex 8120
– Caraotas Negres
– Ceka
– Charlevoix
– Chetis
– Chevriert Vert
– Chileno de Chirripé

Virides mit Fäden
- Chocolat
- Cita
- Coche
- Coco Nain Rosé d'Eyragues
- Colección 12-E
- Cuba C 25-9
- Crussol – Tézier
- Dark Red Kidney
- Dark Red Kidney Mahogany
- Dauphin
- De Grussol
- De la Chine
- Delikateß-Böhnchen
- De Ligueretix
- De Ligueretix Improved
- Diacol Calima
- Diacol Catia
- Diacol Nima
- Diacol Nutibara
- Donalto
- Du Perreux
- Dwarf French Bean Bounteous
- Dwarf Horticultural
- Early Giant
- Eckendorfer Rotsprenkel
- Egyszemes
- Eisbohne
- Enfant de Montcalme
- Englische Treib Dattel
- Erfurter Markt Fleisch
- Erfurter Speck
- Ermitage
- Erste des Marktes
- Essex
- Extra Frühe Weiße Dickfleischige
- F-332
- Fagiella della Vigna
- Fasola Wyborowa
- Fedette de Maraychez
- 'F' Gyóngy Báb
- Feijão Carioca
- Feijão Rica 23
- Feine von Montreux
- Fin de Bagnolet
- Fin de Linas
- Fin de Monclar
- Fin de Villeneuve
- Flageolet Amarillo
- Flageolet Blanc Longue Cossé

Virides mit Fäden
- Flageolet Merveille
- Flageolet Roi de Vert
- Flageolet Rote Pariser I
- Flageolet Rote Pariser II
- Flageolet Rouge
- Flageolet St. Andreas
- Flageolet Très Hâtif d'Étampes
- Flageolet Weiße
- Flageolet Weiße Vitry
- Francés „B"
- Freijol Turrialba Angeles Cãna
- Frijol Negro Campo 2
- Fromholds Treib
- Früheste Neger
- Frühe Unerschöpfliche Remont.
- Frühe Unvergleichliche Treib
- Frühlingsbohne
- Géant D'Automne
- Gelbe Eier
- Gloire de Devil
- Gloire de Saumur
- Grano Rogo 2
- Grano Rogo 3
- Gratiot
- Gris d'Alger
- Grison
- Grußdorfs Weiße Feld
- Guira 50
- Guira 89
- Gyulai
- Habilla Pinto Crema
- Hailillo
- Halb Braun-Halb Weiß
- Hamburger Glas-Nieren
- Haricot de Ligneux
- Haricot Vert
- Harzer Flageolet
- Haubners 800
- Hawkesbury Wonder
- Herkules
- Hindenburg Treib
- Hinrichs Riesen mit Bunten Blüten
- Hinrichs Riesen Weiß
- Hinrichs Riesen Weißgrundig
- Hölländische Schwert
- Holländische Weiße Schwert
- Horoz

Virides mit Fäden
- Hua-Yün-Pien-Tou
- Huevo de Gallo-Veré
- Hundert für Eine
- Hundert für Eine mit Gelben Bohnen
- Hundert für Eine mit Weiße Bohnen
- ICA Bunsi
- ICA Cuna
- ICA Dura
- Ilsenburger Bunte
- Imperator di Russia
- Incomparable
- Inglés
- Isla
- Isstrôt
- Jamaica Pea R. 32
- Jamapa
- Jaune Cent Pour Un
- Jaune du Canada
- Junin 127
- Kaboon
- Kaiser von Rußland
- Kaiser Wilhelm Riesen
- Kampuke 1
- Kapenta
- Karlsruher Markt
- Kathista
- Kemearly
- Kénbab
- Khaki × Round White Sugar No. 56
- Khaki × Round White Sugar No. 58
- Kievits
- Kőbab
- Kompas
- Kompolti Fehér Gyöngybab
- Komsomolka
- Kreola
- Krummschnabel
- Kurossando Namame
- Längste von Allen
- Lapin
- Latvija
- Lecabanais
- Le Dromois Tézier
- Lighting
- L'Inépuisable
- Londoner Markt
- Londýnská Tržná

Virides mit Fäden
- Long Spiked Sugar
- Lt. Red Kidney
- Mafiambosa
- Mangetout Nain Extra Hâtif
- Mangetout Phoenix
- Mangetout Roi d'Été
- Maras
- Marcellin
- Masterpiece
- Matas Cerca Casa de Indio
- Mekeikanekaja
- Métis
- Métis Café
- Métis du Sultan Hâtif
- Métis Früheste
- Métis Maireau
- Métis Vauban
- Métis Victor Boret
- Michelite à Longue Cossé
- Michigan Dark Red Kidney 8099
- Mil × Uno
- Mittelfrühe Riesen
- Monel
- Montreux
- Morse Processor
- Moskovskaja Belaja Zelenostručkovaja 556
- My Hâtif de Bélgica
- Myrto
- Nagafsura
- Nain Abondant
- Nain Abondant Marocain
- Nain Complet
- Neger
- Neger Langschotig Schwarz
- Neger Treib
- Negrita
- Negrocriolo
- Negro de Cuba
- Negro los Angeles Cañas
- Negro Mexicano
- Negro Vaina Blanea 'El Conge'
- Negro Veracruz
- Neue Métis
- Neuenhofer Speck
- Niewyczerpana
- Nimbus
- Noir d'Evian
- Non Plus Ultra

Virides mit Fäden
- Nordstern
- Norwegian
- Olsok
- Opal
- Osborn Treib
- Ostfriesische Speck
- Pahlbohne
- Pale Dun
- Paledrum
- Panameño
- Paranálote 3
- Pariser
- Pepa de Zapallo
- Petit Potager
- Phoenix Claudia
- Piloy Blanco
- Pink 146
- Pinto
- Pririte
- Pompador 1
- Pompador 2
- Pompador 3
- Portugues
- Précoce de Saumur
- Prince
- Prince Dwarf French Type
- Prince Red French Type
- Quanrantana
- Red Kidney
- Red Kidney California
- Red Kidney Maine
- Red Kidney Miami
- Redlands Belle
- Redlands Greenleaf
- Redlands Greenleaf-B
- Régalfin
- Renka
- Rejo Chirripé
- Rico 23
- Riesen Flageolet Mammut
- Riesen Schecken
- Rio Tibagi Lote 10
- Roi de Belge
- Royal Red
- Runde Weiße Kochbohne
- Russenski Ran
- Sachsenhäuser
- Saint Marcellini
- Salve Décroit
- Sangretoro
- Sanilac

Virides mit Fäden
- Satisfaction
- Saxa
- Schäfers Kolumbus
- Schlachtschwert
- Schlachtschwert Extra Lange, Frühe
- Schlachtschwert Extra Lange Weiße Breit
- Schweizer Marktbeherrscher
- Seafarer
- Seaway
- Semillos
- Širo Kostručnaja
- Śnieżna Kula
- Soisson Gras á Pied Parchemin
- Soldier
- Speckled
- St. Andreas
- Stahn und Finke 3050
- Stella I
- Stella de Weibull
- Suisse Blanc
- Suisse Nain Blanc Hâtif
- Sultan
- Super Métis
- Super Michelet
- Sutton's Pearless
- Talca 5
- Tardif de Kerfeutean
- Tamaulipas 3
- Temucano
- Tennessee Green Pod
- Tiger
- Tórtola
- Transvaal
- Tres en Uno Legítimo
- Très Hâtif d'Étampes
- Triguito
- Triomphe de Farcy
- Triumf
- Triumpf
- Tropero
- Turda 1
- Turrialba 2
- Turrialba 2 N
- Twed Wonder
- Unerschöpfliche
- Uribe Redondo
- Vaubaun
- Velasco

Virides mit Fäden
– Venezuela 54
– Veranic 2
– Vert Aiguillette
– Victoria
– Vtoraja Pjatiletka
– Wagnerova Skorá
– Weibulls Stella
– Weiße Feldbohne
– Weiße Kochbohne
– Weiße Nieren
– Well's Red Kidney
– White Kidney
– White Navy
– Wiejska
– Wiener Treib
– Windsor Long Pod
– Wonderful
– Wunder von Gauerwitz
– Wu-Wau-Tau-Tou
– Yang-Yün-Pien-Tou
– Yellow Eye
– Zacatecas 1 A
– Zartschotige Braune Brech
– Zenith Vilmorin
– Zolotaja Gora B-632
– Zucker Butter Brech
– Zuckerspargel

Viridis ohne Fäden
– Aladin
– Alpha
– Alsa
– Amanda
– Amethyst
– Amulet
– Asgrow 283
– Asgrow 290 B
– Asgrow Stringless Green Pod
– Astro
– Aurora
– Aurora Brech
– Bachicha 10405
– Barnaviasz
– Bataaf
– Benarys Neue Violette
– Benarys Riesen
– Bina
– Bison
– Black Valentine
– Bland
– Blue Danube

Virides ohne Fäden
– Blue Lake
– Blue Lake 206
– Blue Lake 274
– Blue Lake Bush B. L. S.
– Blue Lake S. R. S. 1502
– Borlotto Vigeevano
– Bountiful
– Bountiful 4641
– Breustedts Pallas
– Bronowicka 683
– Burpee's Stringless Green Pod
– Burpee's Tenderpod
– Cafeton
– Caralto
– Cardinal
– Carlos Favorit
– Carny
– Cascade
– Catskill
– Čer Starozagorski
– Chicobel
– Coco Blanc Précoce
– Commodore
– Consista
– Contender
– Cordon
– Corene
– Corneli 14
– Cristal Bayo
– Crussol Tézier
– Daisy
– Dallgreen
– Declivis Remus
– Declivis Romulus
– Délice Vert
– Delikata
– Delikateß
– Dětenická Konserva
– Dickfleischige Zuckerbrech
– Dilana
– Dippes Dickfleischige
– Dippes Speck
– Dita
– Dobbies Select. Canadian Wonder
– Donalto
– Donor
– Doppelte Holländische Prinzeß
– Dubbele Witte

Virides ohne Fäden
– Dublette
– Dupro
– Dwarf Horticultural
– Elan
– Emerson 15
– Emerson 51
– Enorma
– Enorma Bunt
– Enorma Grünhalsige
– Enorma Weiß
– Erfurter Markt
– Erntekrone
– Erntesicher
– Esto
– Evolutie
– Excelsior
– Executive
– Extender
– Extra Dickfleischige Zucker
– Fabula
– Famos
– Fanto
– Fall Asgrow
– Filet
– Fin des Fins
– Fin Filet
– Fiskeby Haricot Nains sans Fils
– Flair
– Flight
– Flits
– Florida Belle
– Fortschritt
– Fruca Simpla
– Früho
– Frühe Immergrün
– Frühe Weiße Brech
– Fullgreen
– Full Measure
– Furore
– Galaxy
– Gallathin Valley 50
– Gallathin Valley 1018
– Gardengreen
– Gardol
– Gelbe Englische Treib
– Genfer Markt
– Giant Stringless Green Pod × 22659
– Giant Stringless Pod
– Glamis

Virides ohne Fäden
– Glencarse
– Glendoick
– Gloire d'Aubagne
– Granda
– Granda II
– Grandimuna
– Green Isle
– Green Pod
– Greenstar
– Grüne Neger
– Grünhülsige
– Grundmanns Immergrüne Frühe
– Grundmanns Sultan Weiß
– Grußdorfs Algru
– Harter 1964
– Harvester
– Herold
– Hinrichs Riesen
– Hygrade
– Hyscore
– Idaho Bountiful
– Idaho Refugee
– Idaho Wade
– Ilsenburger Weiße
– Improved Tendergreen
– Impuls
– Imre
– Imuna
– Invicta
– Irene
– Isolde
– Jaguar
– Jolanda
– Jupiter
– Juri
– Jutta
– Karlikovaja 17
– Katja
– King Green
– Konserva
– Kora
– Koralle
– Koričnevaja
– Konprinz
– Krummschnabel
– Krystonian
– Kustovaja (Volokna)
– Kvalita
– Lagro
– Landreth Improved

Virides ohne Fäden
- – Landreth Stringless Pod
- – Lange Brech II
- – La Victoire
- – Lednická Pravda
- – Lika Lake
- – Limburgische
- – Logan
- – Longreen
- – Lotus
- – Lusia
- – Maestro
- – Malmo
- – Mangetout de Bua
- – Mangetout du Rhin
- – Mangetout Enfant de Montcalme
- – Mangetout Fin des Fin
- – Mangetout Plein la Panier
- – Mangetout Roi d'Été
- – Mangetout Saxa
- – Mariner
- – Marion
- – Marktsieger
- – Masterp
- – Maßliebchen
- – Media
- – Meridional
- – Merveille de Paris
- – Mignon
- – Minibel
- – Moderna
- – Moisson
- – Mon Léman
- – Nano de Vigevano
- – Neuzüchtung I
- – Niagara 777
- – Nobila
- – Nora
- – Nouvel Ermitage
- – Numhem's Luca
- – Numhem's Phylo
- – Oktavo
- – Olomoucká Zelenoluská Plochá
- – Olympia
- – Ora
- – Orbit
- – Oregon 190
- – Orella
- – Paas' Lintorfer Frühe
- – Panguipuilli No. 1

Virides ohne Fäden
- – Panguipuilli No. 3
- – Pariser
- – Pearlgreen
- – Perfecta
- – Pfälzer Juni
- – Pfalzgräfin
- – Phoenix
- – Picker
- – Plano
- – Plena
- – Plentiful
- – Podřipská
- – Porotol Christal
- – Praha
- – Preferent
- – Prelubel
- – Prelude
- – Presto
- – Prinsa
- – Prinzessa
- – Probator
- – Processor
- – Provider
- – Quedlinburger Imuna
- – Ramillete
- – Ratte Keutels
- – Recent
- – Redlands Autumncrop
- – Redlands Pioneer
- – Red Valentine Stringless
- – Refugee
- – Regina
- – Riesen Zucker Brech Bunt
- – Rival 4766
- – Robusta
- – Roland
- – Rondelle
- – Rondo
- – Rooikrans
- – Rosistry
- – Roundup
- – Royal Burgundy
- – Sable Verde
- – Saint Andrés Nains sans Fils
- – Saint Sprit à Oeil Noire
- – Salia
- – Sanilac
- – Sanoking
- – Sansy
- – Saxa
- – Saxa Longa

Virides ohne Fäden
- Saxanova
- Saxea Zonder Draap
- Ščedraja
- Schäfers Multima
- Schäfers Unima
- Schäfers Universal
- Schreibers Granda
- Schreibers Lange Brech
- Selecta
- Selenta
- Seminole
- Sensation
- Simplo
- Simplobel
- Slavia
- Slender White
- Slimgreen
- Solist
- Sotexa
- Speck Verbesserte Dickfleischige
- Sprite
- Stella
- Stim
- Streamliner
- Stringless Black
- Stringless Green Pod
- Stringless Valentine
- Sultan Weiß
- Supergreen
- Superviolet
- Supreme
- Sure Crop
- Surpasse Phenix
- Temoc
- Tendercrop
- Tendergreen
- Tendergreen, Burpees Improved
- Tendergreen White
- Tenderlong 15
- Tenderlong 4764
- Tender Pod
- Tenderwhite
- Terras Verbesserte Prinzeß
- Thuringia
- Titán
- Topcrop
- Topmost
- Triumf Sacharnyj 764
- Triumph

Virides ohne Fäden
- Tschermaks Métis
- Turon
- Undine
- Universal
- Valentins Fadenlose
- Valgreen
- Valja
- Van Waverens Favorit
- Van Waverens Meteor
- Veltrūská Saxa
- Victoria
- Violette Fadenlose
- Voorluck
- Vroege Wagenaar
- Wade
- Wagners Regula
- Wagners Regulax
- Walo
- Watex
- Weltruf
- Widuco
- Widusa
- Wunder von Kanada
- Yanco
- Zagrebački Rani Grah
- Zelenostručnaja 517
- Zeus
- Zucker Brech Phönix
- Zucker Perl Perfektion
- Zwaan's Resistentia

var. **vulgaris**; var. communis Aschers.

Lutei mit Fäden
- Beurre de Mont Favéd
- Cluj 65
- Goldquelle Remont.
- Goliath
- Grasă de Toamnă
- Juliska
- Korbfüller
- Riesen Zucker Brech
- Stratens Juli

Lutei ohne Fäden
- Auengold
- Berner Butter
- Biancy
- Blaue Amerikanische Kipfler
- Bodegold
- Delitzscher Edelwachs
- Ensleß Goldelfe
- Fideos

Lutei ohne Fäden
- Flageolet mit Roten Bohnen
- Go
- Goldbohne
- Goldkind
- Goldkrone
- Heliodor
- Juliska
- Juwagold
- Kaiser Friedrich Bohnen
- Kipfler
- Mantecosa de Aragón
- Mont d'Or
- Rheinland
- St. Fiacre
- Zucker Perl

Virides mit Fäden
- Alabama
- Alabama 1
- Amancy
- Amelioré
- Aragón
- Arroz
- Avalitos
- Avantgarde
- Bănăteană
- Bayos
- Bayos 'B'
- Bayos Rojos
- Blanc de Nigeria
- Blanco Redondo
- BlauerSpeck
- Blauhülsige Speck
- Blockperle
- Blue Coco
- Blue Lake Early
- Bobis
- Bondadosa
- Boris
- Branco Crado
- Břeclavská
- Burro D'Orato
- Caballeros
- Catiolo
- Ceali de Dobrogea
- Chapingo 1.96
- Chibobo
- Coco Bicolore du Pape
- Coscorron Blanco
- Cristal Blanco
- Danisse Nain Blanc Hâtif
- Diablito de Mata

Virides mit Fäden
- Dneprovskaja Bomba
- Don Carlos
- Earliest of All
- Emamé
- Enano Grumpy
- Enredadera
- Ensleß Ruhm von Stetten
- Español
- Extra Hâtif
- F-416
- Fasole de Banat
- Fleißige Berta
- Florigreen
- Früheste Juli
- Frühstolz
- Frutilla
- Géant Vert sans Parchemin
- Gelandrone
- Gelbgrüne Speck
- Great Northern 15
- Great Northern 16
- Great Northern 31
- Great Northern 53
- Great Northern 59
- Great Northern 123
- Great Northern VI/3
- Great Northern U. S. 164557
- Guira 50
- Hallados Cauquenes
- Haricot Vert
- Hei-Yüngtou
- Hellgrüne Speck
- Heureka (Carolines Liebling)
- Hildesheimer
- Hilds Allerfrüheste
- Hilds Neckarperle
- ICA 332
- Idaho 1
- Indiano
- Iran Flatbean
- IZR-1026
- Jalomiţa
- Japanische Rostfreie
- Jerusalem
- Juli
- Kentucky Wonder
- Kentucky Wonder Asgrow 21
- Knappes Nora
- Kristal 137
- Krupnaja Sacharnaja
- Lembacher Speck

Virides mit Fäden
– Llena Canasta
– Llico
– Local Sugar
– Louisse Nain Blanc Hâtif
– Mangetout de Vallé
– Mangetout du Maine
– Mangetout Saint Fiacre
– Mangetout Saint Fiacre Blanc
– Mantequilla
– Michelite
– Mombacher Speck
– Monroe Selection
– Morados Linares
– Neckarruhm
– Negro de Guatemala
– Norida
– No. 1026
– Ohnegleichen
– Ondonbe
– Oro
– Ouşoară de Moldova
– Phenomenon
– Pinto
– Pinto Rosado
– Rajkin
– Ralica
– Rheinische Riesen Speck
– Robust
– Rocha
– Roza
– Rufus
– Ruhm vom Vorgebirge
– Russe 70
– Schlachtschwert
– Schwabenland
– Soisson Blanc à Ramés
– Tara
– Taramame
– Tejuelas Blancas
– Tejuelas Café
– Tenepantla 64
– Tondina
– Tresnjevac
– Triumpf
– Tropero
– Tschermak Multigaris
– Tureckaja
– Vara Argentina
– Very Early
– Villarrica
– Viva

Virides mit Fäden
– White Creaseback
– White Large Seeded
– White Marrow
– Zepelín

Virides ohne Fäden
– Algarrobeños
– Alta
– Amelioré
– Aparecido
– Apollo
– A Rames
– Arsin aus Kutahya
– Ascherslebener Meisterwerk
– Bañeza Oro
– Bayos Redondo
– Blanca Jaspeado
– Blauhilde
– Blue Lake 92
– Blue Lake 228
– Blue Lake 231
– Bulgarische
– Cauquenes
– Cesante
– Coco Rose
– Coyunda Cauquenes
– Dětenická
– Don Carlos
– Earliest of All
– Ensleß Energie
– Enramé
– Enso
– Florett
– Freule
– Frutilla
– Gloria
– Gorrión
– Guriskaja
– Haubners Olympia
– Imperator
– Italianos
– Kapitän Weddingen
– Lot-One
– Mangetout de la Vallée
– Mariné
– Meisterstück
– Meicy
– Mentor
– Milanese
– Mulstopper
– Negro Nuevo Imperial

Virides ohne Fäden
– Neuzucht Wagner
– Pfalzkrone
– Phaenomen
– Porotol Cristal
– Princesse à Rames sans Fil
– Probe Schwarz-Weiß
– Quedlinburger Speck
– Refugee
– Rekord
– Rekordia
– Rheinische Riesen Speck „Gelbgrün"
– Rheinprinzessin G. S.
– Romano
– Romano 14
– Rondy
– Señorita
– Suisse Blanc Hâtif
– Terras Grüne Brech
– Unsell's Meisterstück
– Westralia Pole Bean
– Zeppelin
– Zucker Perl Hochgenuß
– Zucker Perl Prinzeß

Pisum sativum L. s. l.
ssp. **sativum**
convar. **axiphium** Alef.
var. **compocarpum** Alef.
– Demi Rame Carouby Hâtif
– Enders Eifeler Zuckererbse
– Graue Florentiner
– Graue Pariser Schwert
– Mammoth Podded Extra Early
var. **dinocarpum** Alef. s. l.
– Schweizer Riesen
var. **durius** Alef.
– Graue Buntblühende
– Joannet SZ
var. **furcans** Alef.
– Universal
var. **giganteum** Lehm.
– Schweizer Riesen Goldgelb
var. **kappertii** Lehm.
– Wachserbse v. Prof. Kappert
var. **melileucum** Alef. s. l.
– Bismarck
– Chinese Hâtif
– Dickhülsige Butter
– Frühe Heinrich
– Früheste Heinrich

var. **melileucum** Alef. s. l.
– Kungs
– Ohlsen Enkes Pollux
– Trierer Kristallglas
– Vierzigtägige Zuckererbse
– Zuckerperle
var. **pedale** Alef. s. l.
– Buchsbaum de Grace
– Cerosa
– Frühe Niedrige Volltragende
– Ohlsen Enkes Reform
– Olympia
– Suggy
– Überfluß
– Überfluß Mittelfrühe
– Zuckerfee
var. **procerum** Alef.
– Englische Säbel
– Genri 15
– Juni Riesen
– Juni Schwert
– Ohlsen Enkes Signal
– Ohlsen Enkes Symbol
– Riesen Säbel
– Sans Parchemin de 40 Jours
– Svensk Sabel
– Sylvester
– Tidleg Sabel
var. **pseudopatris** Lehm.
– Grüne Runzlige
var. **punctato-marmoratum** Körn.
– Posthörnchen
var. **viridum** Gov.
– Heemanns
– Primex
– Viktoria mit Zuckerhülse
convar. **medullare** Alef.
var. **balticum** Alef. s. l.
– Admiral
– Aromata
– Breustedts Ceres
– Centurion
– Cornel
– Exquisite
– Fairbeard Nonpareil
– Freezonian
– Glacier
– Gradus
– Haubners Siegerin
– Helga
– Henderson's Prosperity

var. **balticum** Alef. s. l.
- Hybride INRA
- Lumir
- Mergerit
- Merveille d'Amérique
- Monarch
- Moni
- Non Plus Ultra
- Ovoščnoj 10
- Perfected England
- Perfected Wales
- Primavera Wales
- Primör II
- Prince of Wales
- Profusion Improved
- Progrès de Laxton
- Prohortis
- Rad
- Salzmünder Edelperle
- Stens
- Suby
- Szlachetna Perła
- Teton
- Thomas Laxton
- Újmajori Kösép Kósöi
- Viabona

var. **ecirrhosum** Berger
- WeißblühendeNiedrige Akazienblättrige

var. **gribowoense** Lehm.
- Budai Ernyős
- Gribowo Kronenerbse
- Sofia 9

var. **pervicax** Alef. s. l.
- A-100
- Abador
- Action
- Aktion
- Akuta
- Alice
- Alma
- Americadeo
- Angela
- Arkel
- Asgrow 40
- Asgrow 362
- Askania
- Avanta
- Averto
- Avola
- Balca
- Baldr

var. **pervicax** Alef. s. l.
- Bonita
- Bonneville
- Bördi
- Budapest 8
- Burpee's Fordhook
- Cadet
- Canice
- Carter's Daisy
- Celsior 56080
- Cera
- Charger
- Chichara
- Citrina
- Clause's Orfeo
- Climax
- Comire
- Confidence
- Confrix
- Corona Imperiale
- Dart
- Dash
- Delex
- Delikateß Niedrigbleibende
- Delisa
- Delta
- Dinara
- Director
- Dorla
- Dortmunder Markt
- Droitwich Victory
- Durana
- Dwarf Alderman
- Dwarf Defiance
- Early Market
- Elda
- Eldo
- Eldon
- Elf
- Elvira
- Erika
- Esmeralda
- Estafette
- Eta
- Evita
- Excelsior
- Exquire
- Exzellenz
- Fecunda Vereduna
- Faci
- Fertigolt
- Frazer

var. **pervicax** Alef. s. l.
- Freezer 37
- Fridol
- Frimento
- Frivita
- Frostiroy
- Galaxie
- Germaine
- Grundmanns Blitz
- Hamund Hg
- Hardy
- HCG
- Helios
- Honey 2
- Horal
- Horsford
- Hurst Astrol
- Hurst Beagle
- Junior
- K 07
- Karina
- Kelva
- Kelvedon Spitfire
- Kelvedon Standby
- Kelvedon Triumph
- Kelvex
- Kobold
- Konservenwunder
- Lacovil
- Laser
- Laurel
- Libochovický Úrodný
- Linga
- Little Marvel
- Lodarex
- Lorino
- Lork
- Lorka
- Lowadies
- Mantica
- Manuela
- Marica 68
- Marico
- Marktwunder
- Martus
- Merida
- Merveille d'Angleterre
- Milouin
- Minarette
- Mingomark
- Mini
- Minorvil

var. **pervicax** Alef. s. l.
- Morse's Market
- Morse's No. 60
- Myzar
- Nefryt
- Nochowski Wczesny
- Norvist
- Nott's Excelsior
- Nugget
- Numhem's Elwy
- Ofelia
- Olympic
- Palas
- Parade
- Perfected Freezer
- Piccolo
- Picardie
- Piki
- Pilot
- Pinocchio
- Pirouette
- Pobeditel' G 33
- Precursor
- Premium
- Presto
- Prinsa
- Progress No. 9
- Promina
- Properla
- Prosena
- Quadrat
- Rackowicki
- Ralca
- Rannij Mozgovoj
- Recette
- Regulus
- Relavil
- Rivalin
- Rodeo
- Rondo
- Royal
- Ruhm von Braunschweig
- Rurik
- Salzwedeler Ideal
- Saner's Kelvedon Super
- Schreibers Duplika
- Schreibers Primata
- Sensation
- Shasta
- Sirod
- Skagit
- Small Sieve Freezer

var. **pervicax** Alef. s. l.
– Sprite
– Staibs Erfolg
– Stop
– Sultan
– Superette
– Sybo
– Tartan
– Telefon Strauch
– Ten
– Tézieridée
– Tézierprospère
– Torget
– Tresor
– Trinetto
– Trinket
– Trino
– Trintella
– Triplex
– Trispi
– Turon
– Twist
– Ubu
– Újmajori Kösép Korai
– Urgenta
– van Waverens Sprinter
– van Waverens Titan
– Venus
– Victory
– Vitagold
– Vitalette
– Wando
– Wasatch
– Waverex
– Weibulls Pygma
– H Winkossa
– Wisconsin Merit
– Wredes Presto
– Wunder von Amerika
– Wunder von Erfurt
– Wunder von Kelvedon
– Wunder von Köln
– Wunder von Weißenfels
– Wunder von Witham
– Wyola
– Yorkshire Hero
– Zenit
– Zieglers Z-2
– Zwaans Confidence
– Zwillingsdaisy

var. **pliculum** Alef.
– Tiny

var. **reginae** Alef. s. l.
– Alki
– Canner's King
– Looming
– Obtusy
– Ola
– Onward
– Reichskanzler
– Ribo 61
– Ruhm von Erfurt
– Soveršenstvo
– Trident

var. **schneebergeri** Alef. s. l.
– Abundance
– Admiral Beatty
– Advancer
– Alaska Sweet
– Alderman
– Alkmene
– Americky Casz
– Artist
– Asgrow 4683
– Asterix
– Banqueter
– Belladonna
– Benjaminek
– Bliss Abundance
– Bodeperle
– Bonus
– Boston
– Brillant
– Budai Gyöngy
– Canner's Perfection
– Canner's Prince
– Canner's Skipper
– Celia
– Colossus
– Combiklein
– Combina
– Commander
– Coronet
– Dainty
– Dark Skin Perfection
– Defiance
– Deli
– Delikateß
– Delikateß Doppelhülsige
– Delzet
– Denniza
– Deo XI
– Desi

var. **schneebergeri** Alef. s. l.
- Dilana
- Dipplex
- Droitwich Wonder
- Duke of Albany
- Duplex
- Early Sweet II
- Early Sweet Eleven
- ECD
- Euroma
- Fackel
- Fakir
- Foli
- Foncette
- Fontana
- Freezer 69
- Frila
- Frizette
- Frostar
- G-1114–71 A
- Gladstone
- Göttinga
- Gravita
- Green Admiral
- Green Bay
- Green Shaft
- Gregory's Surprise
- Grüne Canning
- Hada
- Herma
- Hermanova
- Herzog von Albanien
- Hurst Green Arrow
- Hyalite
- Hydra
- Jof
- Jubilejnyj 1512
- Juwaperle
- Juwel
- Katinka
- Kelpro
- Kilima
- Klema Vereduna
- Konservanda
- Konservenperle I
- Konservenperle II
- Konservenschnabel
- Kosmos
- Lancet
- Lipjenskij
- Lolo
- Lowador

var. **schneebergeri** Alef. s. l.
- Lowata
- Luna
- Maienmark
- Markos
- Midfreezer
- Mira
- Miragreen
- Mitu
- Napo
- Neptun
- New Era
- Nike
- Nike II
- Obvita
- Oneida
- Österlen
- Pacemaker
- Paramount
- Perla
- Pluperfekt
- Pois Colosal
- Prenator
- Pride
- Profusion
- Radar
- Raid
- Ridcovert
- Rogers Chief
- Rogers Eureka
- Rogers Kay
- Salzmünder Grüne
- Selected Gladstone Pea
- Senator
- Sharpe's Miracle
- Shoshone
- Signal
- Signet
- Sirena
- Sojus 10
- Stourbridge Marrow Pea
- Stratagem
- Supergrade
- Superior
- Superperfection
- Suprema
- Surpass
- Süßschnabel
- Sutton's Pioneer
- Svoboda
- Telephone
- Télévision

var. **schneebergeri** Alef. s. l.
- Tézier 6465
- Trio
- Triumph
- Union Jack
- van Waverens Stern
- Velga
- Vertex 1017 NZ
- Victory Freezer
- Vintalis
- Viola
- Voran
- Vulcan
- Waverplus
- Winfrida
- H Wintana
- Wisconsin Early Harvest
- Wisconsin Early Sweet
- Wisconsin Perfection
- Woschod

var. **unionis** Alef. s. l.
- Antej
- Beta
- Braunschweiger Konserven I
- Breustedts Mira
- Brunonia
- Burpee's Blue Bantam
- Chrestensens Gloriosa
- Continental
- Debut
- Engress
- Frühe Kleine Pfälzerin
- Fürstenkrone
- Gemüseerbse 76
- Giant Stride
- Gloria
- Heinemanns Insignis
- Hundert Für Eine
- Hundredfold
- Kearly
- Konservenstolz
- Kubanez
- Laxall
- Laxtonian
- Laxton's Progress
- Lincoln
- Margarit
- Marktbeherrscher
- Marvellous
- Ovoščnoj 76
- Pionier

var. **unionis** Alef. s. l.
- Plovdiv 71
- Plovdivska Perla
- Präludium
- Produce
- Raiytas
- Raliza
- Rannij Konservnij 20/21
- Rival
- Royal Salute
- Salzmünder Frühe
- Scout
- Selkirk
- Sorniza
- Supersweet
- Tézierlindon
- Uspech 72
- Wehrdener Mittelfrühe
- Wensum (semi-leafless)
- H Windressa
- Wundervoll

var. **vilmorinii** Körn.
- Canner 60/334
- Försy
- Lancashire Lad
- Prima
- Ribo 27
- Ribo 130
- Ribo 131
- Triton
- Visto
- Wunder von Brunn

convar. **medullosaccharatum** (Körn.) Lehm.

var. **körnickei** Lehm.
- Ambrosia
- Lag Brytsukkerãrt
- Neistoščimyj Sacharnyj T 0195
- Sacharnyj Brovčyna T 02040
- Süße Dicke
- Zuckererbse Gribowo

var. **prasinum** Lehm.
- Žegalova

var. **majakense** Lehm.
- Majak
- Weibulls Apollo

convar. **sativum**; convar. vulgare Alef.

var. **atrovirens** Körn.
- Zeiners Tiefgrüne

var. **chloromelan** Körn.
– Biała
– Weibulls Kloster
var. **cimitari** Alef. s. l.
– Arabal
– Breustedts Columba
– Bulba Vereduna
– Camera
– Cennia
– Conso
– Debreceni 21 Kifejtő
– Douce Provence
– Feltham Advance
– Feltham First
– Fin des Gourmets
– Frühe Harzerin
– Greenmantle
– Jumboka
– Kelvedon Viscount
– Kleine Rheinländerin
– Kleine Weißenfelserin
– Laxton's Superb
– Liliput
– Matador
– Meteor
– Muck
– Obéron
– Ole Ohlsen
– Onsa
– Petit Provençal
– Petit Vereduna
– Pilet
– Postillon
– Précovil
– Proval
– Record
– Rheinperle
– Siziliens Wunder
– Smaragd
– Stolz des Marktes
– Supcovert
– Téziergal
– Vilrence
– Volontaire
– Vreeza
– Zelka
– Zwerg Korbfüller
var. **coronatum** Alef.
– Ammerländer Gelbe Kronenerbse I
– Ammerländer Gelbe Kronenerbse II
var. **coronatum** Alef
– Buława
– Erbse mit verbändertem Stengel
– Kronenerbse
var. **episcopi** Alef. s. l.
– Aga
– Allerfrüheste Mai
– Breslau
– Buchsbaum II
– Deo 7
– Dukat
– Dunav 14
– Flandrexquis
– Flavanda
– Hybride INRA
– Inter
– Iregszemcsei P. I.
– Maikönig
– Maikönigin
– Prima
– Prince Albert
– Saveurfine
– Saxa
– Simblanc
– Sperba
– Trumpf
var. **fonticulorum** Alef. s. l.
– Ansvani
– Carter's Eight Weeks
– Clauselan
– Daffodil
– De Óbidos
– Du Chemin Long Gallia
– Frühlingsbote
– Hungaria 35
– Rondvil
– Stomppeul
– Triomphe de Roissy
– Triplex
var. **glaucospermum** (Alef.) Gov.
– Balva
– Blue Prussian
– Bountiful B
– Ceser
– Cristal
– Delwiche Scotch Green
– Ertragreiche von Hesserode
– Exalda
– Fin de la Bièvre
– Fortschritt
– Frauenlob

var. **glaucospermum** (Alef.) Gov.
- Frühjahrserbse T-2
- Fügeder Erbse Monte Express
- Grünbleibende Braunschweiger
- Grüne Saxa
- Haase Steinbecks Grüne Folger
- Hadmerslebener Grüne
- Heines Folger
- Hohenheimer Grüne Viktoria
- Juniperle
- Kaleva
- Kalle
- Klatovský Zelený
- Klattauer Grüne
- Koivisto
- Konservenkönigin
- Krapphauser Folger
- Krapphauser Kleine Bracherbse
- Krozigks Grünbleibende Folger
- Lente Dops Early Spring
- L'govskij Zelenozernyj
- Lohmanns Weender Grünbleibende Folger
- Lohmanns Weender Grüne Viktoria
- Mahndorfer Grüne Viktoria
- Maisieger
- Mettes Grüne Viktoria
- M. E. V. Grüne Viktoria
- Mexico 12
- Milión Zelený
- Nordost Frühe Grüne
- Plomb
- Postelberger Grünbleibende Folger
- Rannij Zelenyj 33
- Rapid à Longue Cosse Foncée
- Riitto
- Rimpaus Grüne Viktoria
- Roi des Conserves Tunetia
- Ruhm von Quedlinburg
- Salzmünder Grüne
- Šatilovskij Zelenozernyj
- Schnabel Grünbleibende Koblenzer
- Schnabel Konserven

var. **glaucospermum** (Alef.) Gov.
- Serpette Express
- Serpette de Paris
- Serpette Vert à Rames
- Sinikka
- Smolenskij 812
- Strengs Frühe Speise 53/3
- Strubes Grüne Viktoria
- Tulunskij Zelenyj
- Uladovskij 208
- Uladovskij 209
- Uladovskij Jubilejnyj
- Waldmanns Dünnschalige Grünbleibende Folger
- Weibulls Parvus
- Yukon
- Žal'svjaj
- Zeiners Frankonia
- Zelenozernyj 1

var. **gratiosum** Alef. s. l.
- Allerfrüheste Großhülsige Zwerg
- Bountiful A
- Buchsbaum I, Typ Annonay
- Buchsbaum Frühe
- Buchsbaum Schalerbsen
- Buchsbaum Schnabel
- Buxborn White
- Chemin Long
- Clamart Trois Gousses
- D'Annonay
- Du Chemin Long Hâtif
- Filby (leafless)
- Libo 11
- Porta
- Satelliet T. P.
- Schnabel Zwerg
- Tabu
- Triomphe de Maninet
- Venloese Lage
- Vilnay
- Willet's Wonder

var. **jessenii** Alef. s. l.
- Aristocrat
- Aviator
- Blue Bird
- Bountiful Riesen
- British Lion
- Brunsviga
- Cardinal
- Chatenay
- Early Blue

var. **jessenii** Alef. s. l.
- Emigrant
- Erfolg
- Express à Longue Cosse
- Forerunner
- Foremost
- Gießener
- Gladiator
- Grundmanns Regina
- Ideal
- Kebby
- Kortstro Schokker
- Maro
- Marrowfat
- Plein le Panier
- Précoce Saumurois
- Radio
- Roi René
- Schnabel Verbesserte Grünbleibende
- Schreibers Rapida
- Superb Early
- Telegraph
- Tip Top
- Tleta
- Überreich
- Val de Loire
- Zeiners Grüne Bastard

var. **mesomelan** Alef.
- Frühjahrserbse Nr. 30/2
- Jeleniecki
- H Münchener Weißblühende Wintererbse
- Nievo
- Olho Preto

var. **nanoanglicum** Körn.
- Alaska Dwarf
- Allerfrüheste Dunkelgrüne Zwerg
- Allround
- Cador
- Danielle
- Dauphine
- Eminent
- Fabina
- Fertila
- Finavil
- Firstcovert
- Gloire de Quimper
- Green Dutch
- Grundmanns Blütenmeer
- Happy End

var. **nanoanglicum** Körn.
- Kalife
- Legio
- Libo 74
- Mansholt's Gekruiste Extra Korte
- Mansholt's Kurze Grüne
- Mansholt's Kurze Pflück
- Mansholt's Pauli
- Monopol
- Multipod
- Dr. Neuers Kronenperle
- Norcovert
- Nuitzen
- Nunhem's Elberta
- Onyx
- Orus
- Porto
- Primcovert
- Primette
- Quasimodo
- Quatuor
- Regis
- Rodogune
- Roman
- Rondo C. B.
- Rovar
- Schnabel Reform
- Sommette
- Tézier Prime
- Unica
- Vares
- Vervil
- Zwerg Express
- Zwilling

var. **nanoviride** Alef. s. l.
- Alaska
- Alaska 7
- Altex
- Anik
- Centvert
- Chipeau
- Cicero
- Clause 50
- Cobrette
- Cobri
- Colmo
- Diva
- Dokučaevskij
- Early Spring
- Eclipse
- Eurofin

var. **nanoviride** Alef. s. l.
- Express
- Express Alaska
- Extra Rapid Weibull
- Finette
- Grundmanns Halbhohe Folger
- Gullivert
- Heralda
- Holländische Grüne
- Hustler
- Illcross
- Imperiala
- Kentish Invicta
- Keroulis
- Kleine Grüne
- Komsomolec
- Konserva
- Labores
- Libo 108
- Libo 191
- Lohmanns Weender Kurzstroherbsen
- Mammoth Blue
- Mansfelder Grüne
- Mauthner-Fall Express
- Oreste
- Orgueil du Marché
- Orlík
- Paula
- Pixie
- Polarette
- Rannij Zelenyj
- Roi des Fins Verts
- Salzmünder D 14
- Saner's 61
- Schnabel Halbhohe
- Schnabel Regenta
- Servo
- Simvert
- Souchet
- Spiket
- Starcovert
- Starnain
- Svalöfs Concordiaärt
- Swanhild
- Tézier Robuste
- Tiercée
- Triofin
- Triumph
- Troika
- Virtus

var. **nanoviride** Alef. s. l.
- Vorbote
- Welcome
- Zeiners Kurze Grüne

var. **ponderosum** Alef.
- Angerner Gelbe Viktoria
- Auralia
- Belocerkovskij 1
- Boeckers Frühe Gelbe Viktoria
- Breustedts Schladener Gelbe Viktoria
- Černigovskij 190
- Čišminskij 39
- Čišminskij 242
- Diószegi Viktória
- Favorit
- Friedrichswerther Berg
- Frühjahrserbse Nr. 24
- Gibrid 1061/4
- Gor'kovskij 21
- Hildebrands Gelbe Viktoria
- Jenaer Viktoria
- Just's Gelbe Viktoria
- KM Żółty Borowski
- Kujawski Późny
- Kujawski Wczesny
- Mahndorfer Viktoria FG
- Mahndorfer Viktoria St. S
- Mathis Erbse
- Mir
- Monose Viktoria I A
- Nemčinovskij 766
- Perle von Wronow
- P. S. G. 2503
- Pyram
- Röhrfelder Gelbe Viktoria
- Schorrs Rappoldshofer Gelbe Viktoria
- Steppenerbse 413
- Uladovskij 6
- Uladovskij 7
- Uladovskij 303
- Uladovskij 387
- Ul'janovskij 72
- Uspech
- Viktoria
- Viktória, Kifejtő Borsó
- Viktorija Rannjaja 13
- Viktorija Ukrainskaja
- Waldmanns Gelbe Waldoria
- Waldmanns Goldkugel

var. **ponderosum** Alef.
– Waldmanns Riesen
– Wredes Gelbe Viktoria
– Židlochovický Viktoria Raný
var. **pseudomesomelan** Lehm.
– Pisum Vilmorin III
var. **superfluens** Alef. s. l.
– Angerskij Želtyj Kormovoj
– BAN 7
– Burpees Best Extra Early
– Butter
– Caractacus
– Century
– Chancellor
– Char'kovskij 131
– Chatenay
– Čišminskij Rannij
– Corina
– Creamette
– Czwartkowy
– Dětenický Žlutý Velkozrnný
– Erbachshofer Gelbe Viktoria
– Flämische Riesen
– Französische Schnabel
– Gor'kovskij 186
– Hallorengold
– Hamburger Markt Vierländer
– Hammenhögs Gomé
– ICA 53/54
– Ilo
– Kalužskij 27
– Kazanskij 38
– Kazanskij 216
– Klarus
– Konkursnyj
– Krasnoufimskij 70
– Latah
– Liblitzer Bastard
– Lotta
– Maidopper
– Maifrühe
– Malina
– Melkosemjannyj 2
– Merveille d'Étampes
– Miral
– Moyencourt
– Mühlhausener
– Neue Riesen Schnabel
– Nordost Kleine Weiße
– Nordsaat
– Peragis Feld
– Postelberger Gelbe Viktoria

var. **superfluens** Alef. s. l.
– Priekul'skij 317
– Priekul'skij 349
– Priekul'skij 350
– Prolific Extra Early
– P. S. G. Kleine Gemengeerbse
– Ramonskij 77
– Reinhardsgrimmer Triumph
– Remo
– Ruhm von Kassel
– Ruhm von Vietz
– Russische Gelbe Erbse
– Sangster Nr. I
– Schnabel Großhülsige mit Gedrücktem Korn
– Schweinfurter Markt
– Serpette
– Siełecki
– Slovenský Viktoria 800
– Svalöfs Butter
– Svalöfs Gyllenärt
– Svalöfs Torsdagsärt
– Svalöfs Torsdagsärt III
– Trapper
– Tulunskij 2
– Tulunskij Gibrid
– Újmajori Korai Viktória
– Ukosnyj 1
– Ul'janovskij 68
– Viktoria Bărăgan
– Voronežskij
– Waldmanns Futterfreude
– Wiktoria Łagiewnicki
– Wilhelm I
– Zeiners B 0500
– Žernogradskij 8
var. **vitellinum** Alef.
– Pisum Vilmorin II
– Priejul'skij 334
– Priekul'skij 384
– Zeiners Gold
var. **waterlooensis** Alef. s. l.
– Allerfrüheste Dunkelgrüne Mai
– Allerfrüheste Kleine
– Allerfrüheste Riesen Schnabel
– A Trois Cosses à Rames
– Automobil
– Days Early Sunrise
– Early Bird
– Erstling

var. **waterlooensis** Alef. s. l.
- Grash Allergr. Krumme Türkensäbel
- Hamburger Markt Herbst
- Libochovický Raný
- Maibote
- Maipal
- Maiperle
- Marktüberraschung
- Nebelungs Premice
- Rapid
- Riesen Mai
- Riesen Schnabel
- Stella
- Surprise du Marché
- The Clipper
- 99–5

convar. **speciosum** (Dierb.) Alef.
Populationen
- H Kalofer
- H Lucienhofer Wintererbse
- Ostpreußische Peluschke St. C
- Ostpreußische Peluschke St. J
- Ostpreußische Peluschke St. K
- Tarnogskaja Mestnaja
- Uzbekskij 71
- Vachšskij 1
- H Württembergische Wintererbse

var. **alveolatum** Gov.
- Ostfriesische Grüne

var. **angulare** Gov.
- Skorospelyj 16

var. **ankoberense** Gov.
- Assas

var. **arvense** (L.) Alef.
- Achalkalaskij Mestnyj
- Ostpreußische Peluschke St. e
- Stendskaja

var. **asmaricum** Gov.
- Imposant

var. **capucinorum** Alef.
- Kapuziner
- Russische von Riedel
- Svalöfs Brioärt

var. **centrali-sibiricum** Gov.
- Svalöfs Notaärt

var. **commato-semineum** Gov. s. l.
- Svalöfs Solvärt

var. **fusco-umbilicatum** Gov.
- Breslauer v 7 g I
- Chilenische Peluschke
- Hunsrücker Felderbse
- Ostpreußische Peluschke St. g
- Ostpreußische Peluschke St. h
- Pisum Vilmorin IV
- Strengs Weihenstephaner
- Verno

var. **griseo-coloratum** Gov.
- Benton
- Crista
- H Gris d'Hiver
- Media
- Planinec
- Selectas Peluschke

var. **ircutianum** Gov.
- Karmazinovyj Gibrid

var. **navale** Alef.
- Artturi
- Finnische Futtererbse
- Graue Speiseerbse v. Wilda
- Perdro
- Svalöfs Belloärt

var. **nigro-umbilicatum** Gov.
- H Dr. Kreutz' Wintererbse
- Hödinger Futtererbse

var. **nigro-violaceum** Gov.
- Pisum Vilmorin VI

var. **punctatum** (Ted.) Gov. p. p.
- Priekul'skij 341

var. **thebaicum** (Willd.) Alef. s. l.
- Australische Peluschke
- Gali
- Jygeva Kir'ju
- Maple
- Ruby
- Svalöfs Hero
- Trifolium 437

var. **violaceo-punctatum** Gov.
- Falenskaja 40
- Jubilejný
- H Klatovská Ozimá
- H Münchener Banater Wintererbse
- H Münchener Tiroler Wintererbse
- H Nischkes Riesengebirgs-Wintererbse
- H Piver
- H Plovdivski Podobren
- H Zimujuščij

var. **zeylanicum** Alef.
- Arvika
- Dia
- Dorina
- Falenskaja 42
- Kočovská
- Ostpreußische Peluschke St. D
- Palma
- Sirius
- Valör

Trifolium alexandrinum Jusl.
- Agro Pontino
- Carmel
- Gigante da Lage
- Tabor

Trifolium incarnatum L.
- Bernburger Inkarnatklee
- Chlumecký
- Dixie
- Hâtif à Fleur Rouge
- Kemenesaljai
- Lovászpatonai
- Opolska
- Tardif à Fleur Blanche

Vicia cordata Wulf.
- Asor
- Beit Dagan 59

Vicia dasycarpa Ten.
- Augiana
- F. Simabükköny
- Kompolti Sima
- Oregon
- Pisárecká Hladká

Vicia eriocarpa (Hausskn.) Hal.
- Auburn
- Lana

Vicia faba L.
ssp. **faba**
var. **equina** Pers.
subvar. **equina**
- Acme
- Breustedts Sterntaler'
- Broad Windsor
- Ditmarscher Marschbohne
- Dreifach Weiße Puffbohne
- Erfurter
- Juno
- Katovskij Svirskij
- Kompakta Weiß
- Leipziger Winterbohne
- Levens Marschbohne

subvar. **equina**
- Mansholt's Wierboon
- Pontus
- Royal Dwarf White Fan
- v. Tschermaks Ackerbohne
- Wierboon C. B.

subvar. **rugosa** Murat.
- Anak Beit Alpha
- Cordoba
- Felix
- Gharbi Malgui
- Karabiga
- Russkie Černye
- Safi

var. **faba**
subvar. **clausa** Murat.
- Quarantaine d'Alicante

subvar. **faba**
- Adrie
- Belorusskie
- Dreadnought
- Express zeer Vroege Witkiem
- Gillet's Imperial Green Windsor
- Gillet's Imperial White Windsor
- Gruno
- Hangdown Hellnablige
- Hangdown Langhülsige Hängende Grüne Riesen
- Hangdown Langhülsige Hängende Riesen
- Hedosa
- Mansholt's Waalse Boon
- Meteor
- Osnabrücker Markt
- Pabst's Ertragreichste
- Sito
- Sussex Wonder
- Verbeterde Vroege Brede Witkiem
- Wagners Perfekta
- Weißkeimige Frühe
- Windsor Große Grüne
- Windsor Große Weiße

ssp. **minor** (Peterm. em. Harz) Rothm.
var **minor**
subvar. **minor**

Elatae-Gruppe
- Ascott
- Aušra
- Banilovskie Mestnye

Elatae-Gruppe
– Bergers Giersdorfer
– Blaze
– Blue Rock
– Blumendorfer Ackerbohne
– Boekers Butjadinger
– Breustedts Schladener Kleine Feldbohne
– Burštynskij 56
– Chlumecký
– Chorostovskij
– Čišminskie
– Columba
– Conserven White Eyed
– Czechnicki
– Czyżowskich Fioletowy
– Dacre
– Daffa
– Deister Ackerbohne
– Deppes Ackerbohne
– „D" Gartans 6
– Diana
– Dornburger Ackerbohne
– Dregers Ackerbohne
– Eckendorfer Feldbohne
– Erfordia
– Francks Hohenloher
– Frankfurter Bohne
– Fribo
– Friedrichswerther Berg
– Füllbergs Beisaatbohne
– Füllbergs Dunsener Ackerbohne
– Füllbergs Kleine Thüringer Feldbohne
– Gartons Pedigree Strain Winter Bean
– Großmunzelner Ackerbohne
– Heligoland Bean
– Herz Freya
– Herz Julbohne
– Hinterberge
– Hohenheimer Ackerbohne
– Inovec
– Janetzkis Ackerbohne
– Janetzkis Schwarze Pferdebohne
– Jasny
– Jasny II
– Jygeva
– Kagalipskij
– Kelvedon

Elatae-Gruppe
– Kiemes Schwarze Pferdebohne
– Kleine Thüringer
– Knebels Döberitzer Feldbohne
– Kočovský 67 nšl.
– Koričnevyj
– Kornackers
– Kornberger
– Krapphauser Ackerbohne
– Krasnojarskie
– Kuhlaer Ackerbohne
– Kuwerts Pferdebohne
– Kuz'minskij
– Kvetoslavovo nšl.
– Latvija
– Lielplatonskij Mestnyj
– Limburgse Paardeboon
Lohmanns Weender
– Lüneburger
– Major
– Major Nr. 6
– Major Nr. 20
– Major Nr. 25
– Maris Bead
Maris Beaver
– Marschenfreund
– Maxime
– Mazur Nr. 11
– Mazur 18
– Mazur Nr. 30
– Milión
– Minor
– Mostovojův
– Nadwiślański
– Niki
– Oberbehmer Dicke
– Oldambtster
– Ostlers
– Pavane
– Peters Jeverländer Grodenbohne
– Pikulovičskij 1
– Pluto
– Pop. Nova Gradiška
– Považský
– Prausnitzer Pferdebohne
– Prausnitzer Mehrachsige
– Prerauer Rekord
– Přerovský
– Priekul'skij 32

Elatae-Gruppe
- Primus
- P. S. G. Feldbohne
- P. S. G. Parsower Feldbohne
- Rastatter Kleinkörnige Ackerbohne
- Rimpaus Bandelstorfer
- Rinal
- Roschützer Feldbohne
- Rosenhofer Ackerbohne
- Sborowitzer
- Schurigs Pferdebohne
- Sinslebener Ovale Pferdebohne
- Smolnicki
- Stenger und Rotter Ackerbohne
- Strubes Ackerbohne
- Tarvin
- Tatranský
- Tick Bean
- Uladovskie Fioletovye
- Uran
- Vígl'aššký
- Wieselburger Kleinkörnige
- Winter Bean
- Zborovický
- Zeiners Ackerbohne
- Zeiners Silagebohne

Pluricaules-Gruppe
- Dagestanskij Mestnyj
- Lenkoranskije
- Pirkkonen
- Skorospelka
- Throws M/S
- Vezuvio

subvar. **tenuis** Murat.
- Baladi
- Giza 1
- Habashi 1
- Rebaya 34
- Rebaya 40

Vicia pannonica Crantz
ssp. **pannonica**
- Angerner
- Beta Pannonbükköny
- Chlumecká Panonská
- Dětenická Panonská
- Mazariche de Toamnă
- Pisárecká Panonská
- Stepanovanskaja
- Toerrings

Vicia sativa L.
convar. **cosentini** (Guss.) Arcang.
- Blanchefleur *n. HCN*
- Vedoc

convar. **sativa**
var. **platysperma** Barul.; var. leganyana Rap. et Leng.
- Anerlo *n. HCN*
- Kaštický Čočká *n. HCN*
- Späths Wicklinse *n. HCN*
- Vícesemenná Horáčkova Čočka

var. **sativa**
- Angerner
- Balčik
- Belocerkovskaja 874/31 *n. HCN*
- Belocvetkovaja 1
- Bělosemenná
- Bernina
- Beta 11
- Beta 12 *n. HCN*
- Beta 14
- Bjala
- Blanchegraine *n. HCN*
- Bogorodickaja 800
- Bönyrétalapi tf.
- Burgas
- Buzovgrad
- Cape Sweet Vetch
- Ceres *n. HCN*
- Cesisskaja Mestnaja
- Charkovskaja 134
- Čirpan I
- Civi
- Czyżowska
- Dolni Izvor
- Dzeržinskaja
- Ebena
- Engelens Weihenstephaner
- Fatima
- Fehérvirágú
- Frühjahrsfeldwicke Nr. 3
- Frühjahrsfeldwicke Nr 66
- Frühjahrsfeldwicke Nr. 142
- Gamási
- Golubaja 8/54
- Gore Vetch
- Grünsamige
- Heges Hellsamige
- Hera
- Irkutskaja

var. **sativa**
– Izumrudnaja
– Južnoural'skaja
– Kamalinskaja A-611
– Kamenovo
– Kereskedelmi Tavaszi
– Keßburger *n. HCN*
– Kisvárdai tf.
– Komaričskaja
– Königsberger
– Languedoc 225
– Lengyeltótii
– Levskigrad
– L'govskaja 31–292
– Lyra
– Mamadyšskaja Mestnaja
– Mazariche de Primavera *n. HCN*
– M'gliš
– Myrto
– Moravská Krajová
– Nagyrédei
– Nagyrozvágyi
– Nidia *n. HCN*
– Nordost
– Novosadska Domaća
– Occitane
– Oregon
– Orlovec
– Osztrák Tájfajta
– Plovdiv-Winter
– Poppelsdorfer
– Pörnberger
– Přerovská Astra
– Presta
– Rajkai
– Reformátuskovácsházai
– Rozov Kladenec
– Rózsaszínvirágú *n. HCN*
– Rügener Sommerwicke
– Sándorfalvai
– Saranskaja Mestnaja
– Schweigers Frühe Graubraune
– Sel. Nr. 149
– Septimane
– Sofia-Winter
– Somlóvásárhelyi
– Steinacher-Hellsamige
– Stjärn
– Strzelecka Biała *n. HCN*
– Strzelecka Rdzawa

var. **sativa**
– Strzelecka Różowa
– Strzelecka Słodka
– Svalöfs Süßwicken
– Sverdlovskaja 238
– Sylphie
– Syrie 188
– Szelejewska
– Tarda
– Tarnamérai
– Torysa
– Třebíčská Viola
– Uljanovskaja
– Varna *n. HCN*
– Vega
– Vesce du Piemont
– Víglášská Hnědá
– Vinnikovskaja
– Votkinskaja
– Vyskovskaja
– Werthers Ettersberger Sommerwicke
– Znamenosec

Vicia villosa Roth
– Arida
– Beregovskaja
– Bruna
– Burštynskaja Mestnaja
– Čeboksarka
– Dneprovskaja 1
– Kaliningradskaja 6
– Keßburger
– Kisvárdai Szöszös Bükköny
– Minikowska
– Nigra
– Ostsaat
– Paunsdorfer
– Semgalskaja Mestnaja
– Serpuchovskaja Mestnaja
– Sielecka
– Slovenská Krajová
– Welta

f. **albiflora** Schur
– Schneewehe

Vigna radiata (L.) Wilcz.; Phaseolus radiatus L.
– Gibridnyj 4
– Korejskaja 44
– Pobeda 104

Vigna unguiculata (L.) Walp.
ssp. **unguiculata**
– Asperge

ssp. **unguiculata**
– Cartillo
– Dolique du Tonkin
– Dr. Saunders Upright
– Extra Early Blackeye
– Gibridnaja 7
– Telephone

Linaceae

Linum flavum L.
– Compactum
Linum usitatissimum L.
convar. **crepitans** (Boenningh.) Kulpa et Danert
var. **crepitans** Boenningh.
– Albertigo
– Astorga
– Castellano
– Coral de Los Vados
– Galĕgo
– Grandal
– Mourisco
– Orense
– Primavera
– Rio Tinto
convar. **elongatum** Vav. et Ell.
var. **crispum** Vav. et Ell.
– Bjelo Katjacs
– Ottawa 829-C
– Ottawa 770 B × Saginaw
– Saginaw × Ottawa 770 B
– T. Tammes V
– Winona P 8
var. **elatum-multicaule** Schur
– Abissinija
– A. C. 195
– A. C. 333
– Adominsky
– Aino
– Akmolinsk
– Argentine 407
– Arminius
– Arny
– Attana ZZOB
– Beatall
– Beladi C. I. 377–1
– Belinda
– Belorusskij 1
– Bensings Faserflachs
– Berezka

var. **elatum-multicaule** Schur
– Bernburger Ölfaser
– Beta 14
– Bjatskij
– Blauer Star
– Blenda
– Cascade
– Cha-Si 419
– Charua – MA
– Chunjama 054
– Corvalis 930404
– Cristina
– CSD 207
– CV 2000
– Dahlemer 3
– Dahlemer Früh
– Daros I
– Daros II
– Derbinka
– Detskoje Selo
– Domaniner Fein
– Domanínský
– Eckendorfer Arminius
– Eckendorfer Frühflachs
– Eckendorfer Langflachs
– Endreß Faserlein
– Endreß Kreuzungslein
– Fasertreu
– Fi 7-Washington
– Fleischmanns Faserlein
– Fortex
– F. Rostlen
– Gerda
– Giganta
– Harlu
– Heges Faserlein
– Heges Hohenheimer
– Highball
– Hohenheimer Blaublühender
– Hollandia
– Horal
– Horreslorgaard 75/16
– Hungarica
– Hybrid Flax 246
– Ilona
– I-7
– I-9
– Janetzkis Fein
– Jescello
– Jlord
– John W. Stewart
– Krasnodar 25 B

var. **elatum-multicaule** Schur
– Kristina
– Krymskij 250
– L-1120
– Lazernyj
– LCSD I
– Linkopis
– Liral Crown
– Liral Dominion
– Liral Monarch
– Liral Prince
– Liral Sussex
– Löbauer Blau
– Lugaer
– Lyngby 7
– Lyngby Nr. 21
– Madonna
– Mapun M. A.
– Margareta
– Martta
– Mathesov Uslachtily
– Matiszfalvai tf.
– Medra
– Mochau
– Müncheberger St. 3
– Natasja
– N. E. Rust Resistant
– Noblesse
– Norfolk Earl
– Norfolk Mandarin
– Norfolk Queen
– Novum
– Oetztaler
– O W l
– Pacific
– Parnú
– Pečorskij Krjaž
– Peerless
– Percello
– Pfetten'scher
– Pioner
– Plenny
– Pobeditel'
– Poninskij
– Portugal 44214
– Portugal 44215
– Prjadil'ščik
– Pskov I
– Pskovič
– Pskovskij
– Pskovskij 17
– Pskovs Vilmorin

var. **elatum-multicaule** Schur
– Puškin
– Rekord
– Rembrandt
– Rio Argent
– Rio C. I. 29–15
– Rota
– Šatilovskij 39
– Schlesischer Dominal
– Sem Polsky
– Severjanin
– Ślasky II
– Solido
– Sorauer Feinflachs
– Sorauer Lusatia
– Sortavala
– Spartak
– Stachanovec
– Steudes Ligo
– Stodǫlicenskij
– Stormont Cirrus
– Stormont Gossamer
– Šumperský Jemný
– Šumperský Kompromiss
– Šumperský Novum
– Šumperský Zadar
– Superior
– Svetoč
– Swadzimski
– T. Tames B
– T. Tammes C
– T. Tammes H
– T. Tammes M K
– T. Tammes St. 7
– Tekstil'ščik
– Texala
– Textilák
– Tomskij 3
– Tomskij 5
– Tomskij 7
– Tomskij 9
– Tomskij 10
– Toržoleskij – 4
– Udarnik
– Ulge
– Uzbekistan
– U_3 – 1043
– U_3 – 1045
– Vaazula-Lein
– Vajžgantas
– Verum
– von Pfettens Weihenstephaner

var. **elatum-multicaule** Schur
– Viking Heggenen
– Wada
– Weihenstephaner
– Weihenstephaner 384
– Zapadnaja Sibir
– Zichenauer
– Zsitormir
– Nr. 95 (VR Bulgarien)
– Nr. 136 VR Bulgarien
– Nr. 242 (VR Bulgarien)
– 806/3
– 1288/12

var. **flavescens** Alef.
– Plovdiv 25

var. **regale** Scheidw.
– Abertiza
– Al. C. II 13
– Bianco d'Olanda
– Concordia
– Concurrent
– Csíkbánfalvi Fehérvirágú tf.
– Diana
– D 41/17
– E 44
– Emeraude
– Fibra
– Formosa
– Hera
– Hohenheimer Weißblühender
– Holländer Weiß
– ICAR 1015
– Isolda
– Jade
– Koto
– LCSD 210
– Leucanthemum
– Marsic II
– Martin
– Martonvásári I 6
– Millenium
– Pannonia
– Puglia
– Rastatter Weiß
– Reina
– Resistenta
– Szerepi Fehér tf.
– T. Tammes St. 18
– T. Tammes St. 19
– T. Tammes St. 23
– Věra
– Vinzen

var. **regale** Scheidw.
– Wiera
– Zdiari

var. **roseum** Vav. et Ell.
– Saginaw

convar. **mediterraneum** (Vav. et Ell.) Kulpa et Danert

var. **macranthum** Vav. et Ell.
– Šumperský Fa 13 Jemný

var. **macrocarpum** Alef.
– Al. C. II 2
– Alpha
– Argentino
– Atlas
– Barradas Benafin
– Beta 201
– Beta 210
– Blue di Riga
– Calchgu
– Calcutta – 1
– Chawea M. A. G.
– Coimbrão
– Commune di Francia
– Csokas-féle
– Dakota 52
– Deutscher Öllein
– Diehl 8
– Fiedler I
– Fiedler III
– Giza
– Heges IV
– Hindi
– Humpata
– Kmen 65
– Kokroz
– Krupnosemjannyj 3
– Leucadia
– Lina Gros Grain
– L. 1120
– Malta
– Maroc
– Maros Olajlen
– Messinia
– Newland ·
– Palestinski
– Pervenche
– Primus
– Serpe
– Siciliana
– Sorauer Öllein
– Szegedi Alfa Olajlen
– T. S. Lyallpur

var. **macrocarpum** Alef.
– T. Tammes E
– Walsh
convar. **usitatissimum**
var. **albidum** How. et Rahm.
– Pinacle
var. **albocoeruleum** How. et Rahm.
– Hoshangabad
– Ilguneliai II
– Ottawa White Flowering
var. **album** How. et Rahm.
– Alvarez Navia
– M. A. H. 39 Delicias
– Resista
– Very Pale Blue Crimped
var. **angustipetalum** Vav. et Ell.
– Bai-chua-chun
– Crystal
– Mejdinen Plovdiv 25
– Ottawa 770 B.
– Ottawa 770 B×Winona
– C. I. 1155
– Cirrus
– Cives
– Csíkmintszenti tf.
– Csíkszentkirályi Kékvirágú tf.
– Csohai
– Cujavi
– Cujmir
– Cyperssa
– Daehnfeldt 369
– Dames
– Damont
– Daros II
– Dawis
– Department Pure Line Flax Nr. 6
– Deta
– Endreß Rios
– Endreß Roland
– English Liral
– Enisala
– Eszterházai 386
– Excello
– Farrouphilho
– Flachskopf
– Gukasjanskij 17
– Herkules
– Hoshangabad
– Hoss 8401
– Hosszúháti tf.
– Hosszúháti 7136

var. **angustipetalum** Vav. et. Ell.
– Ilguneliai
– Iris
– Irlandais Nr. 5
– Irlandais Gillilaud
– I-2
– Janhuny
– Karabalykskij 3
– Karbonat II
– Katzenellenbogen
– Kaufmann
var. **axumicum** Cif.
– G 30/1
var. **caesium** How. et Rahm.
– Abissinian
– Achay M. A.
– Adoptiv
– Affawa
– Africanum
– Alba
– Alger
– Almenum
– Altai I
– Altai II
– Arrow
– Artikskij – 7
– Azui
– Bachmalskij
– Barnaul'skij 18
– Barnes
– Bavaria
– Bedking
– Bewing
– Berezeni
– Beta 88
– Birio
– Bisbee
– Bison
– Biwing
– Blaringhem
– Bleu d'Olanda
– Boghicea
– Bolgár Katjacs
– Bombay
– Bucharskij 32
– Buck
– Buda
– Cainskij Krjaž
– Cheyenne
– Chonum Chabas
– C. I. 414
– Kerkovskij Diplomat

var. **caesium** How. et Rahm.
- Kirovogradskij 71
- Koo
- Kotovici
- Kubanskij 9
- Kubanskij 22
- Landsberger St. 4/21
- Landsberger St. 2293
- Landsberger St. 2296
- Landsberger St. 2297
- Landsberger St. 2299
- Latiata
- Latvija Lettomé
- Leona
- Lina Cujmir
- Linota
- v. Lochows VII
- Lucknow
- Mac
- Madéfalvai Kékvirágú tf.
- Malkovo
- Masličnyj
- Mathis Edelflachs
- Mathis St. 131
- Mathis St. 133
- Mathis St. 214
- Mathis St. 216
- Makediuti
- Mermilliod
- Mischkin
- Müncheberger St. 2
- Müncheberger St. 4
- Müncheberger St. 7
- Müncheberger St. 8
- Müncheberger St. 9
- Müncheberger St. 11
- Muscel
- Novelty
- No. 1288/12
- Pedigree 286/30
- Perfekta
- Pernauer I
- Pernauer II
- Piniada
- Pirol Prime
- Poltawa
- Portugal 317
- Portugal 22221
- Portugal 36178
- Pskov
- Ragand
- Redson

var. **caesium** How. et Rahm.
- Redwing
- Renodlad 79160–3
- Renodlad 78168–170
- Renodlad 75258–60
- Renodlad 86555–66
- Renodlad 86803–11
- Renodlad 87097–98
- Renodlad 87103–110
- Renodlad 87849–51
- Renodlad 88169–88171
- Renodlad 88418–88420
- Renodlad 91581–9
- Riga Freis
- Riga Originario
- Riga Vilmorin
- Rigaer
- Rigaer B
- Rigaer 6/5
- Rigaer 27/12
- Rijki
- Rio Argentic
- Sageisan
- Saginaw
- Šatilovskij 48
- Saxonia
- Seeländer
- Sheyenne
- Sibirjak
- Sorauer Tirol
- Stannont Cerus
- Stavropolskij 79
- Stensballe
- Stepnoj
- Su 24/1
- Šumperský Olejnoprachny
- Svalöf
- Székács Kéthasznú
- Szerepi Olajlen
- Sziciliai Olajlen
- Taikin Ama
- T. Tammes D
- T. Tammes G
- T. Tammes L
- T. Tammes St. 25
- T. Tammes St. 26
- Tel Aviv
- Tikkwila
- Tomises
- Triumph
- Türkischer Sommer- u. Winterlein

var. **caesium** How. et Rahm.
- Udžan
- Ukraina
- Uzbekistan
- Vaanila
- Valuta
- Velyski
- Verin
- VNIIMK 5237
- Voronežskij 1308
- Weihenstephaner 389
- Weimar
- Winona
- Zarski

var. **candidum** Vav. et Ell.
- Safeda K

var. **choresmicum** Vav. et Ell.
- Stamm Fa 13

var. **elegans** Vav. et Ell.
- Floribus Roseis

var. **indicum** How. et Rahm.
- Bella
- Benvenuto Labrador
- Capa
- Capace
- Estanzuela 117
- Gentiana
- Klein 11
- San Elias
- San Elias 39/22
- San Elias 128/22

var. **lutescens** How. et Rahm.
- Al. C. II 6
- Diadem
- Istru
- Portugal 7137
- Victory

var. **luteum** How. et Rahm.
- Avangard
- Bolley Golden
- Dearo
- Golden
- USA Golden
- Williston Golden

var. **pekinense** Vav. et Ell.
- Ottawa 2152

var. **pratense** How. et Rahm.
- English Branching

var. **purpurascens** Vav. et Ell.
- Stremathe

var. **usitatissimum**
- Alvarez Campoamor

var. **usitatissimum**
- Alvarez Nievas
- ARG. P. 6899
- Arrabalde
- Ausztráliai Olajlen
- Barbarigo
- Benvenuto Real
- Beta 91
- Bison × Redwing
- Buck 1
- Buck 2/34
- Buck 113
- Buck 114
- B 1528
- B 5128
- Chaurra Olajlen
- Coimbras
- Crocus
- Csanád Olajlen
- C. I. 499
- C. I. 1130
- C. I. 1235
- C. I. 1247
- Dakota
- Deara
- Dona
- Donskoj 166
- Entre Rios
- Estanzuela am
- Estanzuela ar
- Estanzuela ar 81022
- Estanzuela 12 c 12
- Estanzuela 30–33
- Estanzuela 127
- Estanzuela 8b
- Estanzuela 9b
- Estanzuela 8c–1
- Estanzuela 84 i 0111
- E_2E_3
- Flamdes M. A. G.
- Flax Local Hindi
- Gissarskij 474
- He 1335/1
- Hosszuháti Olajlen
- H-2
- H-3201
- H-28–1–0–0–1–2–2–5
- Indus
- Jaland
- Jalonita
- J. B. M. 57/1
- Kenya

var. **usitatissimum**
- Keten Tekirdag Hagrabolu 12/7
- Klein 10
- Klein 10 e
- Klein 18
- Kmen 36
- Kujawischer Öllein A
- Kujawischer Öllein B
- Kujawischer Öllein C
- Kujawischer Öllein D
- Kujawischer Öllein E
- L-43
- Lan-chua-chun
- La Plata
- La Prevision 18
- Lila
- Lilas
- L. L. W.
- Malabrigo
- Malabuje
- Midin
- 330 M. A.
- 6893 M. A.
- 6899 M. A.
- 6901 M. A.
- 6903 M. A.
- 6906 M. A.
- 6912 M. A.
- 6916 M. A.
- Marine 62
- Molar
- Müncheberger St. 5
- Nagpur
- Nr. 50 (Bulgarien)
- Nr. 70 (Bulgarien)
- Oceán
- Olajasari
- Olajözön
- Oleifera
- O 196
- Portugal 663
- Portugal 7248
- Publicion Facultad
- Puglia
- Punjab × Walsh
- Querandi M. A.
- Řaba 0189
- Radmad
- Rafaela Malabrigo
- Repetible 117
- Rocket

var. **usitatissimum**
- San Elias 64/22
- San Elias 68/22
- San Elias 70/22
- San Elias 129/22
- San Elias 147/22
- San Elias 148/22
- San Elias 183/22
- San Elias 192/22
- San Elias 251/22
- Sarga Mayn
- Si 600
- Smyrna
- Székács Olajlen
- Tabaré
- T. Tammes A
- T. Tammes St. 20
- Török
- Trapera
- Verdeal
- Weihenstephaner 297
- Williston Brown
- Windom

Euphorbiaceae

Ricinus communis L.
- Kazačka
- Hibrid Ranni
- Szentesi B

Rutaceae

Ruta graveolens L.
- Jackman's Blue

Malvaceae

Abelmoschus esculentus (L.) Moench
- Clemson Spineless
- Emerald
- Perkins Dwarf
- W. Finger

Althaea rosea (L.) Cav.

var. **nigra** hort.
- Erfurter

Malva sylvestris L.
ssp. **mauritiana** (L.) Aschers. et Graebn.
– Dunkelviolette

Violaceae

Viola tricolor L.
ssp. **tricolor**
– Hellviolettes

Cucurbitaceae

Citrullus lanatus (Thunb.) Matsum. et Nakai
ssp. **lanatus**
var. **citroides** (Bailey) Mansf.; C. colocynthoides Pang.
– Azovskij Pudovik
– Brodskij 37–42
– Chersonskij 13
ssp. **vulgaris** (Schrad.) Fursa; C. vulgaris Schrad.
var. **caffer** (Schrad.) Mansf.
– Ak-Činny
– Amerikanskij Belyj
– Arčarska
– Arčarska Podobrena
– Astrachan rotfleischig
– Ažinovskij
– Belyj Dlinnij
– Black Diamond
– Burpee's Fordhook Early
– Bush Desert King
– Celolistnyj
– Chait-Kara
– Charleston Gray
– Chilian
– Csányi
– De Arad
– Dunaj
– Early Canada
– Eni Djunja
– Florida Favorită
– Giza
– Hevesi
– Jantra 56
– Klondike
– Korol' Kuby
– Krasavčik

var. **caffer** (Schrad.) Mansf.
– Krymskij Pobeditel'
– Lajko II
– Ljubimec Chutora Pjatigorska
– Marsowszki
– Melitopolskij 143
– M. P. de Bulgarie
– Mozaičnyj
– Mramornyj
– Muraška Kubanskij
– New Hampshire Midget
– Noran e Su Bak
– Ogonek
– Pallagi
– Petrovki
– Pioner Pustyni
– Portokalka
– Primorskij
– Pyong Yang
– Rannij 141
– Severnyj
– Sibirjak
– Skadarska
– Skorospelka
– Skorospelka Char'kovskaja
– Slavjanka
– Stoks Kievskij
– Szabolcsi
– Szentesi
– Tom Watson
– Zardetski Piroshusa

Cucumis melo L.
ssp. **agrestis** (Naud.) Greb.
convar. **conomon** (Thunb.) Greb.
– Baj-Gua
Sorten aus Japan:
– Ginsen Makuwa
– Kairyo Ogata Kogane Sennari Makuwa
– Kanro Makuwa
– Kanro Kiku Makuwa
– Kinko Makuwa
– Kogane Nashi Makuwa
– Kogane 9-go Makuwa
– Kogane Sennari Makuwa
– Nagagata Kin Makuwa
– Omaru Gin Makuwa
– Shirokawa Nashi Makuwa
– Showa Kogane Nashi Makuwa
– 16 Makuwa
ssp. **melo**
– Aarhus Torg

ssp. **melo**
- Altajskaja Ulučšennaja
- Ambrus Fele
- Amerikanische Frühe Landmelone
- Amerikanische Landmelone
- Amerikanische Zucker Gem
- Ananas
- Ananas d'Amerique
- Ananas Yokneam
- Apel'sinnaja
- Assate
- Astrahanka
- Bargi 816
- Berliner Netzmelone
- Big River Bush
- Birjučekutskaja
- Bon Richah
- Bronzovka
- Bucharka
- Bykovskaja 735
- Cantaloup
- Cantaloup de Bellegarde
- Cantaloup de Paris
- Cantaloup Prescott
- Cantaloup, Schwarze von Carmes
- Cantaloup Vauriac
- Carosello
- Cavaillon
- Cavaillon d'Espagne
- Ceglédi
- Chandaljak
- Char'kovskaja
- Čogare
- Consul Schiller
- Čuli
- Dvash Haogen
- Eminence
- Erfurter Netz
- Ezüst Ananasz
- Farnorth
- Freiland Mitscherino
- Frühes Süßes Wunder
- Golden Delight
- Gold-Lined Rockford
- Graždanka
- Green Fleck
- Gruntovaja Gribovskaja
- Guernsey
- Gurbek
- Hale's Best

ssp. **melo**
- Hammenhögs Frilandsmelon
- Hardins Bush
- Hasan Bey
- Honey Rock
- Ič-Kzyl
- Imperial 45
- Jharbezeh Mashadi
- Kaiserin Auguste Viktoria
- Kassaba Pjatnistaja
- Keszthelyi
- Kösárga
- Köstliche aus Pillnitz
- Koi-Baš
- Kokča
- Kok-Kalja-Poš
- Kolchoznica
- Kolchoznica Udlinennaja
- Komsomolka
- Krymka Odesskaja
- Kungs
- Kurume N 1
- Kustovaja
- Kustovaja 11
- Lednický
- Magyar Kincs
- Marusja Lesevickaja
- Medena Rosa
- Morzsányi
- Muchianskaja
- Muscatello Cukordinnye
- Muskotály
- Nanaskaana
- Netz-Marktgärtner
- Opalkugel
- Persijski 5
- Pillnitzer Zucker
- Plovdivski Banani
- Rafon
- Ringleader
- Rocky-Ford
- Royal Sovereign
- Šakar-Palak
- Sary-Guljabi
- Schwarze von Carmes
- Selimki
- Short Internode Cantaloupe
- Solartur
- Sorokodnevka
- Stormly
- Surprise
- Tip-Top

ssp. **melo**
– Togo
– Topatani
– Trystorp
– Turkestan
– Vierländer Netz
– Vigerslev
– West
– Zaami
– Zimovka
– Zamča
– Zuckersüßer Charantaiser

Cucumis sativus L.
ssp. **sativus**
Freilandgurken
– A&C
– Aksel'skij
– Altajskij Rannij 166
– Anšanskij
– Apfelgurke
– Armour Selection
– Ashley
– Astrachanskij
– Astrachanskij 136
– Avangard 121
– Azovka
– Beijing Große Gurke
– Beit Alpha
– Berlizovskij
– Bílské Nakládačky
– Birjučekutskij 193
– Bismarck
– Bistrenski
– Bistritza
– Blanc Long Parisien
– Borščagovskij
– Burpee Pickler
– Čelkarskij
– Cengelkőy
– Černobrivec 48
– Cetriolo
– Challenger
– Chicago Pickling
– Chinesische Schlangen
– Coolgreen
– Cornichon
– Cornichon de Toulouse
– Cornichon Mouthery
– Cornichon Vert Petit de Paris
– Cubit
– Czin-Pi-Czao

ssp. **sativus**
– Dal'nevostočnyj 6
– Dal'nevostočnyj 27
– Danish Pickling
– Dan Mustar
– Dansk Asia
– Dar Altaja
– Delikateß
– Delitol
– Derbentskij
– Dere
– De Meaux
– Deutsche Schlangen
– Deutsche Trauben
– Dickfleischige Gelbe
– Din-Zo-Si
– Dlinnoplodnyj 1294
– Dolžik
– Donecki Zasoločnyj
– Donskoj 175
– Družba 60
– Early Cluster
– Early Sure Crop Hybrid
– Echte Venlose Nietplekkers
– Eva
– Excelsior
– Extra Early Green Profilic
– Galachovskij
– Géant de Pleine Terre
– Gergana
– Grazer Essig
– Grivskij Rannij
– Grochlitzer
– Guntruud
– Harris Double Yield
– Heinz Pickling
– Henan Gurke
– High Mark II
– Highmoor
– Hilds Glattschalige Trauben
– Hokus
– Hsia-Tzu-Huangkua
– Iskra
– Izobil'nyj 131
– Japanische Klettergurke
– Jet
– Jubillina 1
– Kasi
– Keczkemeter
– Kecskeméti Hamvas
– Kecskeméti 113
– Kinai Kigyo

ssp. **sativus**
- Kinesisk Slang
- Kirovobadskij
- Klinskij Mestnyj
- Konkurrent
- Kornišoni
- Korotkopletistyj 81
- Kosančic
- Kotajkskij
- Kujljukskij 262
- Kungurskij
- Kustovoj 98
- Ku Wo Oi
- Langelands Jätteasia
- Langenlands Kaempe
- Langi
- Lemon
- Long Fellow
- Mainstolz
- Mandarin
- Margelanskij 88
- Margelanskij 822
- Marketer
- Marketmore
- Marketmore 70
- Melkij
- Mělnické Nakládačky
- Meschechedskije
- Minco
- Minnesota Dwarf Cuke
- Mittellange Volltragende
- Mladoboleslavská
- Mnogoplodnyj
- Model
- Monastyrskij
- Moneta
- Monsun Fürtös
- Morden Early
- Muchranskij
- Muromskij
- Nagaoka
- National Pickling
- Nerosimyj
- Nežinskij
- Nimbus
- Novočerkasskij 385
- Nr. 4142
- Numerus
- Oboepolyj 107
- Ochiai
- Odnostebel'nyj 33
- Ohio MR 17

ssp. **sativus**
- Ohio MR 25
- Opolski
- P 51
- Palmettto
- Palomar
- Parad
- Pariser Trauben
- Parnikovyj 6
- Pekin-Da-Czü-Gua
- Peredovoj
- Pervyj Sputnik
- Pixie
- Pliska
- Plodovity 147
- Plovdivski Langi
- Pobeda
- Poboditel 26
- Podmoskovnyj
- Pohjola
- Poinsett
- Polaris
- Posrednik 97-J
- Producer
- Prolog 128–1
- Przybyzewski
- Rannij
- Rheinische Vorgebirgstrauben
- Rhensk Druv
- Riesen Schäl
- Rjabčik
- Robin 50
- Ruslan 95
- Russische Trauben
- Rustem 96–1
- Ržavskij
- Sagami
- Santee
- Semilungi de Targul Frumos
- SM R Nr. 58
- SMR R Nr. 18
- Soiul Cornichon
- Soo-Joh
- Spångbergs Vita
- Spångbergs Pickling
- Spartan
- Spartan Dawn
- Sporto
- Stono
- Straight Eight
- Su-Tschong-Oj

ssp. **sativus**
– Sytchon
– Tachkurana
– Tiraspolskij 234
– Tjancin-Cju
– Torpedo
– Traku
– Tretij List
– Trocki
– Urožajnyj 86
– Uspech 221
– Uzbekskij 740
– Västeras
– Venloer Trauben
– Verbesserte aus Bourbonne
– Verde Paulistano
– Vert de Massy
– Vert Demi-Long Amélioré
– Vert Long Maraicher
– Vit Slang
– Vjatskij
– Vjaznikovskij
– Vladivostokskij 155
– Vorgebirgstrauben
– Vostočnyj 571
– Warszawski
– Wisconsin
– Witlo
– York State Pickling
– Znojmia
Treibgurken
– Arla
– Arbog Vit
– Arnstädter Riesen
– Bautzener Kastengurke
– Berliner Aal
– Beste von Allen
– Butchers
– Butchers Disease Resister
– Deutscher Sieger
– Edsby-Gard
– Erfurter Austellungsgurke
– Favorit
– Fleckenlose
– Gelbe Hausgurke
– Greospot
– Hammenhögs F I
– Hampels Verbesserte
– Hoffmanns Domina
– Hunderup
– Jedinečná
– Königsdörffers Unermüdliche

ssp. **sativus**
– Konkurrent
– Kozmanova
– Landovskeho
– Leningradskij Tepličnyj 23
– Lilla Delikatessen
– Nejlepši ze Všech
– Nobit
– Nordischer Präsident
– Orion
– Perfection Ridge
– Qualitas
– Řanna Zelena
– Reform
– Reusrath
– Rollisson's Telegraph
– Rochford
– Rochfords Verbesserte
– Rytowsche Zimmergurke
– Sensation (Treib)
– Spiers
– Spotresisting
– Starozagorski Langi
– Szenzacio
– Triumph
– Unikat
– Vestervang
– Vetobit
– Volltreffer
– Vugrostan
– Židovická Produkta
Cucurbita maxima Duch.
ssp. **maxima**
convar. **bananina** Greb.
– Blue Banana
– Raketa
– Walfisch
convar. **hubbardina** Greb.
– Blue Hubbard
– Golden Delicious
– Golden Hubbard
– Green Hubbard
– Improved Hubbard
– Quality
– Umatilla
– Vermont Hubbard
convar. **maxima**
– Bela Bundeva
– Belaja Medovaja
– Bjala Edra
– Butterchip
– Buttercup

convar. **maxima**
– Butter Pumpkin
– Bykovskaja I
– Čerkesskaja
– Chilenischer Kürbis
– Dětenická
– Gelber Genetzter
– Goliaš
– Großer Gelber Zentner
– Großer Grüner
– Ispanskaja
– Jättemelon
– Jumbo
– Mammoth Cattle
– Mammoth Pumpkin
– Mungo Wambuto
– Nagydobosi Sütötök
– Nicaise
– Örségi
– Plat Wit Boer
– Queensland Blue
– Riesenmelonenkürbis
– Rouge Vif d'Etampes
– Sweet Meat
– Szürke Csíkos
– Triamble Shamrock
– Veltruská Obrovská
– Vert d'Espagne
– Volžskaja Seraja

Cucurbita pepo L.
var. **courgero** (Sér.) Greb.
– Cheyenne Bush
– Mandan
– Table Gem
ssp. **pepo**
convar. **giromontiina** Greb.
var. **giromontia** Alef. s. l.
– Biserka
– Calabracin
– Caserta
– Cocozelle
– Cocozelle von Tripolis
– Courge Blanche
– Fantazia
– Fordhook Zucchini Improved
– Harries Improved Cocozelle
– Indátlan Fehér Fözötök
– Izobilna
– Jantra
– Kabački Gribovskije
– Kabački Tonkie
– Kveta

var. **giromontia** Alef. s. l.
– Neger
– Verte de Zenattas
– Verte Maraîchère
– White Bush
– Zucchini
– Zucchini Black
var. **oleifera** Pietsch
– Bezslupkata Olejna
– Gießener Ölkürbis
– Müncheberger Ölkürbis (polycarp)
– Rankenloser Ölkürbis
– Tschermak-Kürbis
convar. **patissonina** Greb.
– Englischer Gelber Custard
– Gestreifte Kaisermütze
– Patisson Belyj 13
– Patty Pan Scallop
– Weißer Patisson
– White Bush Scallop
convar. **pepo**; convar. citrullinina Greb.
var. **pepo**
– Altaiskaja 47
– Bologneser
– Connecticut Field Pumpkin
– Des Moines
– Dinno
– Disznótök
– Dnepropetrovskaja
– Fejérmegyei
– Feldkürbis
– Gigantea
– Huicha
– Indás Fehér Fözötök
– Köks
– Küchenkürbis
– Mindal'naja
– Mogongo
– Moore's Kreon
– Mozoleevskaja
– New England Pie
– Norodna Buča
– Schmeerkürbis
– Sibirskaja 47
– Small Sugar
– Staropalica
– Starosel'skaja
– Table Queen
– Toursi
– Vegetable Marrow

var. **styriaca** Greb.
– Bezluska Puławska
– Bucá Golica
– Dornburger Ölkürbis
– Langtriebiger Ölkürbis
– Melk I
– Olejna
– Wies 371
convar. **torticollis** (Alef.) Greb.
– Early Prolific
– Early Prolific Straightneck
– Early Summer Crookneck
– Giant Golden Summer
– Yellow Crookneck

Umbelliferae

Anethum graveolens L.
– Kerti
– Long Island Mammoth
– Mesten
Anthriscus cerefolium (L.) Hoffm.
ssp. **cerefolium**
– Feiner Krauser
– Extra Feiner Mooskrauser
Apium graveolens L.
var. **dulce** (Mill.) Pers.
– Aromatischer Extra Krauser Vielstengeliger
– Bleichsellerie I
– Bleichsellerie II
– D'Elne
– Gigante di Romagna
– Goldkind
– Pascal
– Resistent
– Summer Pascal
– Tall Utah 52–70
– Turners Incomparable
– Türkis
– Utah Jumbo
– White Plume
var. **rapaceum** (Mill.) Gaud.
– Alabaster
– Alabástrom
– Apfel
– Ceva
– Dresdener Markt
– Dore Barbier Hâtif
– Eureka
– Invictus

var. **rapaceum** (Mill.) Gaud.
– Magdeburger Markt
– Marble Ball
– Nerez
– Oderdörfer
– Olomoucký
– Pionier
– Pomona
– Prager Riesen
– Pražský Obrovský
– Roka
– Rokanova
– Saxa, Stamm Vatter
– Tellus
– Wiener Markt
var. **secalinum** Alef.
– à Couper
– Amsterdamer Feiner
– Jemný
– Zwolse Krul
Carum carvi L.
– Český
– Ekonom
– Hollandi
– Moravský
Coriandrum sativum L.
var. **microcarpum** DC.
– Hrubčický
– Lucs
– Rodina
– Thüringer
– Tminovidnij
var. **sativum**
– Budakalászi Rekord
Daucus carota L.
ssp. **sativus** (Hoffm.) Arcangeli
– Altajskaja Ukoročennaja
– Amager
– Amca
– Amsterdamer Finger
– Amsterdam Grace
– Antoziana
– Autumn King
– Banta Osena
– Bauer's Kieler Rote
– Bertina
– Caramba
– Carioca
– Carola
– Chantenay Lysská
– Chibinskaja
– Cooper's Axignon Coreless

ssp. **sativus** (Hoffm.) Arcangeli
– Dako
– Dana
– Danvers Danro
– Danvers 126
– Decca
– Delicia
– Duranda
– Duwická
– Duwicker
– Early Scarlet Horn
– Erstling
– Fakkel Mix
– Fancy
– Feonia
– Flakker
– Flakkese Flacoro
– Flarn Flakkee
– Formula
– Fortuna
– Frühbund
– Gold Pak
– Gonsenheimer Treib
– Gracia
– Half-Long Nantes
– Hammer Spezialzucht
– James Scarlett Intermediate
– Juwarot
– Karotan
– Karotina
– Lange Rote Stumpfe ohne Herz
– Laros
– Larosa
– London Torg
– Loto
– Marktgärtner
– Moskovskaja Zimnjaja
– Nanskij
– Nantaise
– Nantes
– Nantes 20
– Nantes 405
– Nanteská
– Nantskaja Char'kovskaja
– Nantskaja Gorijskaja
– Nobo
– Olympia
– Oranzo
– Oxheart
– Pierwszy Zbiór
– Přerovská Dlouhá

ssp. **sativus** (Hoffm.) Arcangeli
– Primato
– Primenantes
– Regina
– Regulus II
– Rialto
– Rona
– Rosal
– Rote Riesen
– Roter Zylinder
– Rotherz
– Rothild
– Rotin
– Rubina
– Saigarepa
– Sam Zon
– Šantene 2461
– Šantene Skvirskaja
– Slendero
– Stupická Polodlouhá
– Stupícká k Rychleni
– Superno
– Superpak
– Táborská Žlutá
– Tantal
– Tendersweet
– Vertou
– Vesra Vennaja
– Višňovská Žlutočervená
– Vita Longa
– Vitaminnaja 6
– Vörös Óriás
– Winter Perfektion
– Yates Market King
– Zino

Foeniculum vulgare Mill.
var. **azoricum** (Mill.) Thell.
– Sperling's Perfektion
var. **dulce** (Mill.) Thell.
– Deutscher Großfrüchtiger

Pastinaca sativa L.
ssp. **sativa**
var. **sativa**
– Dlouhý Bílý
– Halblange
– Półdlugi Biały

Petroselinum crispum (Mill.) Nym. ex A. W. Hill
convar. **crispum**
var. **crispum**
f. **crispum**
– Gärtnerstolz

f. **crispum**
– Kadeřavá
– Mohafodrozatú
var. **neapolitanicum** Danert
– Prezzemolo Gigante
var. **vulgare** (Nois.) Danert
f. **angustifolium** (Hayne) Danert
– Mesten
f. **vulgare** (Nois.) Danert
– Festival
– Hosszú
– Olomoucká Dlouhá
convar. **radicosum** (Alef.) Danert
var. **radicosum** (Alef.) Danert
f. **breve** (Alef.) Danert
– Halblange
– Hanácká
f. **radicosum** (Alef.) Danert
– Dobra
– Korenoviden
– Přerovská Polodlouhá
– Stupická Polodlouhá
– Urožajnaja

Labiatae

Hyssopus officinalis L.
ssp. **officinalis**
var. **officinalis**
f. **rubra** (Mill.) Gams
– Kékvirágú
Lallemantia iberica (M. B.) Fisch. et Mey.
f. **sulphurea** Grossh.
– Donskaja
– L-74
– VIR 11
Lavandula angustifolia Mill.
– Munstead
– Nana
Melissa officinalis L.
– Citra
– Erfurter Aufrechte
Mentha × piperita L.
– Columna
– Feldioava
– Krasnodarskaja 1
– Kölledaer Grüne
– Locala Fundulu
– Multimentha
Mentha × piperita L.
– Perpeta
– Perlukskaja 6
– Priluskaja 6
– Quedlinburger Stamm 1
Mentha spicata L. em. L.
– Menecvis
Ocimum basilicum L.
ssp. **basilicum**
var. **basilicum**
– Mittelgroßblättriges Grünes
– Ohře
var. **difforme** Benth.
– A Foglia di Lattuga
f. **bullatum** (Lam.) Gams
– Foglia di Lattuga
– Lettuce-Leaved
var. **glabratum** Benth.
– Picollo
var. **majus** Benth.
– Gigante
– Grand Vert de Gênes
– Großes Grünes
– Italian Large-Leaved
– Lactucaefolium
– Napoletano
var. **purpurascens** Benth.
– Dark Opal
– Metalica
ssp. **minimum** (L.) Danert
var. **minimum** (L.) Alef.
– Small-Leaved
Origanum vulgare L.
var. **vulgare**
– Compactum
Perilla frutescens (L.) Britt.
– Nankinensis
Salvia officinalis L.
ssp. **minor** (Gmel.) Gams
var. **albiflora** Alef.
– Extrakta
Thymus vulgaris L.
– Deutscher Winter

Solanaceae

Atropa bella-donna L.
var. **bella-donna**
– Atropa 1029
Browallia viscosa H. B. K.
– Saphir

Capsicum annuum L.
– Abchazskij Ostryj
– Adygejskij
– Aji
– Albino
– Alexina
– Allbig-Ill. F 5
– Alma
– Ardei Boia
– Ardei Gras
– Ardei Gras Bucureștean 111
– Ardei Lung
– Ardei Rosu Lung
– Astrachanskij
– Astrachanskij A-60
– Astrachanskij 628
– Avelar Americano
– Bajai Fehér
– Bánáti Fűszer
– Bell
– Bi-Ke-Ce
– Black Prince
– Blackbirds Eye
– Bogyiszlói
– Bogyiszlói Vastaghúsú
– Bola de Elvas
– Bolgár Felálló
– Bolgarskij 079
– Bucureștean 111
– Bukettständiger
– Bulgarischer 07005 a
– Bulharská Sladká
– Bull Nose
– Calineor Verde
– Carmine
– Caroussel
– Carré Doux d' Amérique
– Cayenne
– Cecei
– Cecei Édes Nr. 3
– Cecei Édes Nr. 6
– Cecei Édes Nr. 12
– Cecei Csípős
– Čerešky
– Česká Raná
– Chamaeleon
– Chanca
– Chile de Arbol
– Chile dulce Milfruto
– Chile Picante 1045
– Chile Picante 1047
– Chile Picante 1048

Capsicum annuum L.
– Chile Serrano
– Chili de Conida
– Chili Jarapeno
– Chili Piguin
– Chili Tepine
– Chinese Grant
– Chinesischer Scharlachroter Riesenpaprika
– Christmas Baby
– Citron
– Čorbadžijski
– Corne Docordil
– Csárdás
– Csokros Csűngő
– Csokros Felálló
– Csokros Fűszer
– Cubanelle
– Da-Chun-Pao
– Daruma
– Da-Shi-Tou
– De Arad
– Deleware Belle
– Dokomlási 7
– Dokomlási 417
– Dokomlási 640
– Dokomlási 2710
– Dolma Biher
– Doux d'Espagne
– Dunkelvioletter
– Early Calvondes 0436
– Édes Paprika
– Elefántormány
– Elytza
– Enomi
– Etters Früher Kalifornischer Fleisch
– Export
– Favoritul Pieții
– Fiesta
– Fips
– Five Colours Pepper
– FO 3
– Fordhook
– Friesdorfer Gelber
– Friesdorfer Selektion
– Früher Dickfleischiger Süßer
– Fushimiama
– Fushimikara
– Galben de Bihor
– Galben Superior
– Gelber Schnitt

Capsicum annuum L.
- Gloria
- Glühwurm
- Gogoșari
- Golia
- Gorogled
- Goshiki
- Großer Gelber 903
- Gundillas
- Gunzsulina
- Hatvani
- Hellroter Cayenne
- Hochgenuß
- Hodonínská Ostrá
- Hodónínská Převislá
- Hodonínská Sladká Převislá
- Hodonínská Vzpřímená
- Hodonínská Zeleninová
- Hontaka
- Hosszú Cayenne
- Hurbanovská
- Hurbanovská 4
- HS–2
- HS-X-3
- IC 3480
- Ikeda
- Ikom 11
- Inka
- János
- Javított Cecei
- Kaba Dreispitzige
- Kajenskij A-35
- Kalifornischer Riese
- Kalinkov 800/7
- Kalinkov 805
- Kalocsai Determinált
- Kalocsai E 15
- Kalocsai Merevszárú
- Kalocsai 17
- Kalocsai 57–231
- Kalocsai 321
- Kalocsai 504
- Kardinalskij
- Karmina
- Keszthelyer Export
- Keszthelyi Fehér
- Keystone Resistant Giant
- Keystone Wonder Giant
- Kínai Chilli
- King of the North
- Kirschförmiger
- Kleinfrüchtige

Capsicum annuum L.
- Kleinfrüchtiger Scharfer
- Klenot
- Kocsolai Piros
- Konika
- Koločenski
- Konservnyj Krasnyj
- Koral
- Korba
- Kovácsházi Hajtatási
- Koyatsubusa
- Kozij Rogij
- Krupnyj Želtyj
- Krupnyj Želtyj 903
- Krymskij Belyj
- Kubanskij Rannij 70/60
- Kúpos
- Kurtovska
- Kurtovska Kapija
- Kutansuri
- Langer Aufrechter
- Langer Gelber Cayenne
- Langer Roter
- Langer Roter Cayenne
- Langer Weißer
- Liberty Bell M. R.
- Liebesapfelfrüchtiger Roter
- Little Tomato
- Long Brilliant Dwarf
- Lung Românesc
- M 6/433
- Magyar Erős
- Maikop 470
- Maritza
- Marktgärtner
- Maule's Red Hot
- Merrimac Wonder 0539
- Momino Sarce 43
- Monori Jubilaeum
- Morava
- Moravská Ovocná
- Morgold
- Nagayatsubusa
- Nam Cju
- Neusiedler
- Nikko
- Nitrianská Krajová
- Nitrianská Tenkostěnná
- Nose Gay
- Novočerkasskij 035
- Novoselská Kapija
- Novoselská Kapija 379

Capsicum annuum L.
- Oak Ridges Atomic
- Oakview Wonder
- Ohyatsubusa
- Omnicolor
- Oradea 15
- Óriás Kossarvu
- Ovocná
- Paradicsomalakú Pallagi
- Paradicsomalakú Szentesi
- Paradicsomalakú Zöld
- Pasardjiska Kapija
- PCR
- Peperone di Cuneo
- Peperone Piccante di Cayenna
- Perla
- Piment de Cayenne
- Piment de Genes á Coer de Boeuf
- Pimento
- Pimento CYA 209
- Pimento de Alvalade
- Pimento Truhart
- Pomodoro
- Pitelca
- Portocaliu
- Povážská
- Prokop Riesen
- Quadrato d'Asti Giallo
- Quadrato d'Asti Rosso
- Quadrato Giallo
- Quadrato Giallo Sel. C. A. G.
- Quintal de Algés
- Red Boy
- Red Cherry
- Red Cherry Hot
- Red Chili Hot
- Red Cluster
- Red Fire
- Riesenherz
- Românesc 69
- Roter Cayenne
- Roter Junge
- Roter Schnitt
- Rotunda A-10
- Rotunda 449
- Ruminska Šipka
- Santakler
- Sapporofuto
- Sárga Cseresznye
- Sequeira Mendes
- Severka

Capsicum annuum L.
- Shishi
- Siau-Fung-Tsong
- Šipka Bjala
- Šipka Cerna
- Šipka Weiße Scharfe
- Šipka Zitronen
- Sivrija Nr. 600
- Sladák N 379
- Slonovyj Chobot 304
- Sok Hu
- Sonnenkind
- Sonnenpreis
- Sopul
- Soroksári
- Šumenski Rotund
- Šumenski Rotund Nr. 1013
- Superb
- Su-Tsu
- Sweet Banana
- Sweet Long Red Pepper
- Sweet Orange
- Szegeder Zuchtstamm 51–216
- Szeged
- Szegedi 16
- Szegedi Aprócseresznye
- Szegedi Csípmentes 47–25
- Szegedi Csípmentes 47–75
- Szegedi Csípmentes 47–149
- Szegedi Csípős 48–76
- Szegedi Csípős 48–158
- Szegedi Csípős 48–163
- Szegedi FO 3
- Szegedi Fűszer
- Szegedi Nagycseresznye
- Szegedi Nem Csípős 47–25
- Szentesi Fehér
- Süßer
- Tabasco
- Tajaga Kapija
- Takanotsume
- Tangerine Bell
- Ta-Shi-Tse-Hsiao
- Tenkostěnná Moravská Krajová
- Tenkostěnná Žitavská Krajová
- Tétényi
- Tétényi Aprócseresznye
- Tétényi Hosszú Hegyes
- Tétényi Nagycserseznye
- Tg. Mureș

Capsicum annuum L.
– Thick Wall World Beater
– Timpuriu de Bucureşti
– Tokodi
– Tomatenförmiger Grüner
– Tomatenfrüchtiger, Gelb
– Tomatenfrüchtiger, Rot
– Tom Thumb
– Topepo (Sel. Ascoli P.)
– Topepo Bianco-Giallo
– Tőrhüvely
– Trontarolo 'A'
– Tšeren Lüt
– Újmajori
– Uriaş Dulce
– Várszegi I
– Velikan 97
– Verde Uriaş 41
– Verticus
– Vinedale
– Vinette
– VP 34
– VP 46 A
– VP 51
– Weihnachtspfeffer
– Weißer Krim-Paprika
– Westlandse Lange Rode
– Westlandse Rode
– Wiener Calvill
– Wiener Wachs
– Wonder Green
– World Beater
– Yatsubusa
– Yatsufusa
– Yellow Nahario
– Yellow Oshkosh
– Yellow Sweet Long
– Yolo Wonder
– Yolo Wonder Improved B
– Zelen
– Zlaten Medal
– Žitavská

Capsicum frutescens L.
– Aji fresco
– Chile Picante 343
– Chile Picante 1042
– Chile Picante 1044
– Ekirike
– Ose Utoro

Capsicum baccatum L.
var. **pendulum** (Willd.) Eshb.
– Aje

var. **pendulum** (Willd.) Eshb.
– Aji Blanco Cristal
– Kaleidoskop

Datura inoxia Mill.
– Budakalászi
– Gigas
– Innoxia 389
– Tetra 202

Datura stramonium L.
var. **godronii** Danert
– Minka

Hyoscyamus niger L.
var. **annuus** Sims
– Dark

var. **pallidus** (W. et Kit.) Rchb.
– Light

Lycopersicon esculentum Mill.
var. **amplipinnatum** Lehm.
– Deutscher Fleiß
– Fanal
– Heinemanns Vortreffliche
– Quedlinburger Frühe Liebe

var. **cerasiforme** (Dun.) Alef. s. l.
rotfrüchtig
– Benarys Gartenfreude
– Bubjekosoko
– Cerise
– Červena Čerešienka
– Cseresznyaelakú
– De Normandi
– Espalier
– Gartenfreude
– Geneva T-5
– Humboldtii 99
– Kirschtomate
– Ottawa 30
– Ottawa 31
– Prachtłow
– Red Cherry
– Rote Beere
– Royal Red Cherry
– West Virginia Acc. 36
– West Virginia Acc. 106
– West Virginia Acc. 700
– Wiśniowe
– Zucker Kleinfrüchtige Rote
– Zuckertomate
gelbfrüchtig
– Yellow Cherry

var. **commune** Bail.
rotfrüchtig
– Abel

var. **commune** Bail.
- Ace
- Alamo
- Alice Roosevelt
- Anait
- Aurora 50
- Aurora 100
- Aurora Pitaru
- Australische Frühe
- Baby
- Bakonycsernyei 1
- Bestal
- Bibor
- Bijskij Krasnyi
- Bipri 714
- Birjučekutskij
- Birjučekutskij 20
- Birjučekutskij 67
- Birjučekutskij 414
- Bison
- Bohnerovo Najlepšie
- Bolivar
- Bonner Beste
- Break o'Day
- Budennovka
- Cha-Chua-Hong
- Campbell 135
- Campbell 146
- Canner's Jewel
- Caqui
- Carleton
- Carmin
- Carnosa-Haba-Select
- Caro Red
- Catalana
- Chesapeake
- Červený Obr Sladký
- Char'kovskij 55
- Cleft
- College Abundant
- College Red
- Colorado Red
- Condine Red
- Čudo Rynka
- Daydream
- Deleware 14–2
- Dessert Plantense
- Doublerich
- Earliana
- Earliest of All
- Early Market
- Erste Ernte

var. **commune** Bail.
- First Early
- Foremost E-21
- Fortune
- Fóti
- Fruchtaroma
- Fructu Aromato
- Gánti
- Garden
- Géante de Tézier
- Gloire
- Grandpak
- Große Fleischtomate
- Grosse Lisse No. 45
- Grothen's Globe (WR)
- G. S. S. Herbert
- Heinz Special
- Heroport
- Horney
- Ideal
- Indark
- Jefferson WR
- John Baer
- Joseph Canner
- Južanin
- Kaki
- Kecskeméti 363
- Kecskeméti 364
- Kecskeméti × Rutgers
- Kondrat'evskij
- Krakowskie Wczesne
- Krasavica Lotaringii
- Krupnoplodnyj 178
- Lakeland
- La Première
- Lewport
- Lider 165
- Linia 71 ICAR
- Lloyd Forcing
- Loran Blood
- Lošičkij
- Madrigal
- Mana Lucia
- Manalurin
- Manapal
- Marbon
- Marglobe
- Marhio Red
- Marroqui
- Master Carnosa
- Master Marglobe
- Melillero

var. **commune** Bail.
- Meme
- Merveille de Marchés
- Mosage
- Moskovskij Osennij
- MT 13/47
- Najwcześniejsze
- Norano
- Novočerkasskij
- Oahu
- Odesskij
- Ohio W-R Brookston
- Ohio W-R Jubilee
- Őkőrszív
- ONT 7716
- Open Air
- Opolčenec
- Pan America
- Páratlan
- Pearson B
- Pearson Improved
- Pečerskij
- Perdrigeon
- Pierette
- Plavnevyi A-80
- Plovdivski 14
- Pometa Tardio
- Potentat II
- Přebohaté
- Première Révolte
- Presto
- Pritchard
- Productiva
- Profusion
- Purdue 135
- Pyongyang Bun Hong
- R 9 P II
- Red Head
- Redondo Palo Santo
- Redstaker
- Russische
- Rutgers
- Saint Pierre
- San José Canner
- Saturn
- Scarlet Dawn
- Selecção
- Shumways Sensation
- Southland
- Stokesdale
- Sunnybrook Earliana
- Sunray

var. **commune** Bail.
- Tázlári 2
- Timpurii de Tigăneşti
- Trophy Scharlachrote
- Tucker's Favorite
- Tucker's Forcing
- Turul
- Új Űstőkős
- Valenciano
- Valiant
- Venus
- Versavija 256
- Vitamina
- Volyňský
- Washington State Forcing
- Wiltmaster
- Wisconsin 55
- Wunder des Marktes
- Zaria
- Zolotoj Samorodok

gelbfrüchtig
- Delikateß Gelb
- Golden Jubilee
- Jubilee
- Orange Wunder
- Sárga Trophy
- Złoty Jubileucz

var. **cordiforme** Lehm.
- Byč'e Serdce
- Coeur de Boeuf
- Ochsenherz

var. **densifolium** Lehm.
- English Grown
- First in the Field
- Immun
- Keszthelyi Bőtermő
- Krasnoznamennyj
- Oktjabrenok
- Resista

var. **esculentum**

rotfrüchtig
- Alpatovskij
- Avon Early
- Beefsteak
- De Genes
- Expreß
- Feuerball
- Ficarazzi
- Freiland Früheste
- Gloriana
- Grosse Hâtive d'Orléans
- Große Rote

var. **esculentum**
– Großfrüchtige Allerfrüheste Rote
– Großfrüchtige Rote
– Grosso Rosso Nostral
– Johannisfeuer
– Königin der Frühen
– Landino di Pannochia
– Leningradskij Skorospelyj
– Limachino
– Magnif Olympica
– Magnif Potente
– Magnum Bonum
– Marmande
– Morse 498
– Norton
– Nostrano Grosso
– Ökorsziv
– Parma Große Rote Gerippte
– Penn's State
– Penn's State Earliana
– Perdigame
– Perfection
– Pierette
– Pomodoro Costoluto Genovese
– Ponderosa
– Präsident Garfield
– Première
– Purpurkönig
– Raf
– Sakskij
– Schöne von Lothringen
– Sintești
– Sud Australia
– Super Marmande
– Virovekij Skorospelyj
– Warszawskie
– Wins All
gelbfrüchtig
– Bijskij Želtyj
– Jablonelistnyj
– Jaune Grosse Lisse
var. **finiens** Lehm.
rotfrüchtig
– Abundens
– Argeș 428
– Arla
– Azerbajdžanskij
– Baltijskij
– Benewah
– Bides N. W. C.
– Bison

var. **finiens** Lehm.
– Bonita
– Bonner
– Booster
– Burba L. 31
– Croja
– Donskoj
– Donskoj 68
– Donskoj 202
– Družnyj 2
– Earliana
– Earlypak
– Earlypak Nr. 1
– Eilon
– Erevani 14
– Firested
– Firesteel
– Flora
– Florida MH-1
– Galaxy
– Gem State
– Gill's All Purpose
– Gor'kovskij 44
– Gruntovyj Alpat'eva
– Gruntovyj Gribovskij
– Gruntovyj Gribovskij 1180
– Gruntovyj Skorospelyj
– Half Bush Type 696
– Heinz 1350
– Homestead 24
– Homestead 61
– Imperial
– Improved Garden State
– Improved Wasatch Beauty
– Indian River
– Izobilie
– Jantarnyj
– J. Bo. Priamo 269/9
– J. Moran
– Jõgeva 35
– Jõgeva 135
– Kecskeméti I
– Kecskeméti Konserv
– Kecskeméti 262
– Kecskeméti 700
– Koit
– Kolpaševec
– Krasnyj Dar
– Latah
– Laurano 70
– Linia 22
– Lebjažinskij

var. **finiens** Lehm.
– Leningradskij Skorospelyj
– Losinoostrovskij 113
– Losinoostrovskij 153
– Losinoostrovskij 276
– Lyconorma
– Lycoprea
– Majak
– Majak 12/20
– Majak 12/20–4
– Marinadnyj 1
– Micinrinsk
– Mingerzahn St. 55
– Moldavskij Rannij
– Nesthäckchen
– Nois
– Nr. 1-D
– Opus
– Ostankinskij 121
– Patriot Kruglyj
– Pembina
– Pendulina
– Peremoga
– Pillnitzer Stamm XV
– Poljarnyj 303
– Přebohaté-Determinant
– Prof. Rudloff's Busch
– Rannij 83
– Rannij 285
– Redstaker
– Rio Grande
– Royal Flush
– Santa
– Scotia
– Self Pruning
– Shoshone
– Sibirskij Skorospelyj 1450
– Skibicki Wczesny
– Skorospelka
– Slava
– Sofijska Konserva
– Somesan
– Sopogončich
– Stalingradskij
– Subarctic Mida
– Subarctic Midi
– Supermarket 27162
– Svitanok
– Szabadfőldi Korai
– Tabolinskij
– Talalichin
– Talalichin 186

var. **finiens** Lehm.
– Tamanec
– Tambovskij Urožajnyj 340
– Tondino R. S.
– Urbana
– Urožajnyj
– VF-10
– VF-145-B-7879
– VF-270-C
– VF-315
– Vostok 36
– Walter
– Zočka
gelbfrüchtig
– Jantarnyj
– Morden Yellow
var. **flammatum** Lehm.
rotfrüchtig
– Ailsa Craig
– All the Year
– Ananasové Žlté
– Astronaut
– Augusta
– Azes
– Belle Angerine
– Beste von Allen
– Best of All
– Beymes Erntesegen
– Blaby
– Bonny Best
– Campion
– Carrick
– Championen
– Colorado Gruseo Liso Trophy
– Comet
– Conqueror
– Cromco
– Dänische Export
– Dominator
– Dr. Grundmann St. 702
– Dudaim
– Eariet
– Early Sunrise
– Eislebener Vollendung
– Elsaßland
– Erntesegen
– E. S. I.
– Essex Wonder
– Export Danois
– Felcsuti Gerezdes
– Florisant

var. **flammatum** Lehm.
– Frührot
– Frühzauber
– Glory
– Glory of Holland
– Gnom
– Graf Zeppelin
– Grit
– Grosto
– Grothens Globe
– Hanácké
– Hanácké Nejranější
– Harbinger
– Harlekýn
– Haubners Vollendung
– Hollande 60
– Hundredfold
– Ida
– Iregi Korai Csemege Paradicsom
– Julimatador
– Kisbugaci 3
– Kleinfrüchtige Sarko Maria
– Korai Csemege
– Kronekamp
– Lansing
– Leaf Mould Resister No. 1
– Lemon Blush
– Lukullus
– Malé Cukrové
– Marchless
– Maria Hock
– Matura
– Minibelle
– Minipop
– Miniver
– Müncheberger Frühtomate
– Napsugár
– Ohnegleichen
– Outdoor's Anglia
– Patrik
– Pécs Gyöngye
– Pfingstgruß
– Platzfest, Süß
– P. L. M.
– Plovdivska Konserva
– Plovdivska Konserva 41/1
– Plovdivski Export
– Plumpton King
– Plus Resist. RR
– Potentate
– Průhonický Universal

var. **flammatum** Lehm.
– R 6
– Radio
– Rapid Forcing
– Rheinlands Ruhm
– Riverside Favorite
– Rosalinde
– Rotkäppchen
– Sans Pareille
– Santa Cruz
– Scarlet du Canada
– Scotland
– Selandia
– Selektion Rutishauser
– Sieger
– Silver Tuckqueen
– Sláva Porýní
– Solymári
– Spark's Earliana
– Spintoma
– Standard
– Stone
– Stupické Rané
– Sunrise
– Sutton's Every Day
– Tézier Prim
– Tigănești
– Triumf
– Triumph
– Trophy
– Tuckwood
– Tuckwood Favorite
– Überreich
– Unermüdliche
– Vagabond
– Vahle Leader
– Varșovia
– Vater Rhein
– Vetomold
– Virocross
– Westlandia
– Z 1009
– Zwaan's Augusta
gelbfrüchtig
– Aranyalma
– Goldball
– Goldene Königin
– Orange Sunrise
– Yellow Ailsa Craig

var. **grandifolium** Bail.
– Mikado Violettrot
– Red Jaquet

var. **incarnatum** Lehm.
violettrot
– Berner Rosen
– Blair Forcing
– Glick's 036
– Globelle
– King
– Malinové
– Ohio W-R 1
– Ohio W-R 3
– Ohio W-R 7
– Pink Delight
– Pinkshipper
– Pomona
– Song-Hu
– Sureset Forcing
– Uniform Globe
gelbfrüchtig
– Aurit
– Marglobe Gelb
var. **mikadofolium** Lehm.
– Belle Arlésienne
– Immuna Beta Prior II
– Mikado Scharlachrote
– Nadja
– Ostravské Rané
– Outdoor Girl
var. **oviforme** (A. Voß) Lehm.
– Battipaglia 0156
– Battipaglia 0757
– Canatella Lignée Ariana 3
– Canatella Lignée Ariana 8
– Gandia
– König Humbert
– Lampadina 7
– Madara
– Ogosta
– Olive
– Paprikové
– Percevidnyj
– Pflaumenförmige Rote
– San Marzano
– San Marzano Baldoni
var. **persicoides** Lehm.
rotfrüchtig
– Pêche
gelbfrüchtig
– Weißbehaart
var. **perspicuum** Lehm.
– Dwarf Champion
var. **pluriloculare** Lehm.
rotfrüchtig
– Anahu
– Best of All
– Early Red Chief
– Enterpriser
– ES 24 Heinz
– ES 58 Heinz
– GAB CS 68
– Giza No. 1
– Heinz A. 2718
– Ontario
– Ontario Red 775
– Pearl Habour
– Pusa Ruby
– Super Sioux
– Vendor
– West Virginia 63
gelbfrüchtig
– Burpee's Jubilee
– Jubilee Orange
– Sunray
var. **pygmaeum** Lehm.
– von Boguslawski Tobona
– Chrestensens Edelrot
– Edelrot
– Gnom
– Heinemanns Jubiläum
– Karlik
– Karzełek Puławski
– Kecskeméti Merevszárú
– Kecskeméti Törpe
– Koral
– Lintorpa Prinzeß
– Nevskij
– Perfekta
– Petito
– Roter Gnom
– Tempo
var. **pyriforme** (Dun.) Alef. s. l.
rotfrüchtig
– Červený Fik
– Red Pear Shaped
gelbfrüchtig
– Birnenförmige Gelbe
– Blaßgelbe Eier
– Gelbe 07
– Mauthners Delicatesse
– Pflaumenförmige Gelbe
– Slivovidnyj
– Śliwkowe
– Yellow Pear Shaped

var. **scopigerum** Lehm.
rotfrüchtig
– Dippes Nz. 802
– Früher Prinz Borghese
– Lena
– Riesentraube
gelbfrüchtig
– Blondköpfchen
var. **speciosum** Lehm.
rotfrüchtig
– Ace 55 VF
– Alaska
– Basketvee
– BC – 2
– Belyj Naliv
– Biruinza
– Bounty
– Busktomat
– Castle Block
– Chebros
– Chef
– Chordostojkije 1
– Clinton
– Cold Set
– Croja
– Družba
– Earlicrop
– Earlinorth
– Early Chatham
– Early Fireball
– Early Lethbridge
– Early Pak No. 7
– Early Red
– Early Sub-Arctic
– Eros
– Esla VFN F1
– Fakel
– Ferguson
– Fireball
– Fireball 861
– Gem
– Harrow
– Hebros
– H. E. S. 6449
– Heinz 1409
– Heinz 1439
– Heinz 1350–77097–2
– Heinz 1548–97148
– Heinz 2274 P. S.
– Intermech
– Itabec
– Italo 61

var. **speciosum** Lehm.
– Jasta
– Jubilej 25
– Karzełek Chodowski
– Kecskeméti 3-as
– Kecskeméti 507
– Kecskeméti 509
– Kecskeméti 549
– Kecskeméti 600
– Kecskeméti 886
– Kecskemeti 928
– Kecskeméti Export
– Kecskeméti Korai Bibor
– Konserva
– Kotom
– Lafayette
– Lungušor
– Lore
– Lusena
– Mary Glowe
– Maskabec
– Mech. Harv. VF 145–21–4
– Mech. Harv. VF 145–22–8
– Mechin
– Melfort
– Meteor
– Mustang
– Nematex
– New Yorker
– Niedrige Busch
– NK VI
– NK VIII
– Olomoucké Nízké
– ONT 762
– ONT 771
– Orbita 278
– Ottawa 32
– Parteno
– Pekinskij No. 10
– Pioner 2
– Pionerskij
– Pipo
– Précoce
– Précoce de Chatem
– Precocibec
– Preslav
– PS-73
– Quinte
– Rideau
– Romulus VFN-F1 RS
– Rosenstock
– Roter Zwerg

var. **speciosum** Lehm.
– Růžový Keř
– Sheyenne
– Slava
– Sofia
– Sperls Zukunft
– Starfire
– Subarctic Delight
– Subartic Maxi
– Subarctic Plenty
– Super California
– Surecrop
– Swift
– S 1
– The Amateur
– Ulrichowski Wczesny
– Uniluc
– Usabec
– Utro
– VAK R
– Veebrite
– Veecrop
– Veemore
– Venture
– VF 14–17159
– VFN 8–97160
– Viktor
– Viscount
– Voctor
– Volgoachtubinskij 455
– Volgogradskij Skorospelka
– Willamette
– Yorkbec
– Zakasnoi 280
gelbfrüchtig
– Solguld Busk

var. **subviride** Lehm.
rotfrüchtig
– Alexto
– Alicante
– All Round
– Apollo
– Craigella
– Donor
– Eucross
– Exhibition
– Goldmaker
– Harzer Kind
– Hellfrucht
– Hellperle
– Jasnoplodé

var. **subviride** Lehm.
– Julia
– Minimonk
– Moneycross
– Moneymaker
– Moneysprint
– Novato
– Osiris
– Ottawa T. 3
– Planet
– Potella
– Poznański J.-S.-1
– Red Whoppa
– Rijk Zwaan's No. 57
– Rotkäppchen
– Stonor
– Stonor's M. P.
– Surprise
– Tip-Top
– Vantage
– Veni Vidi Vici
– Vitoša
– Vlamon
gelbfrüchtig
– Mid-Day-Sun

var. **validum** Bail.
– Dwarf Red
– Dwarf Stone
– Jürgl, Kuban
– Juliyenyj
– Kuban
– Napri 314
– Planovyj
– Resista Korai
– Štambovyj 852
– Volgogradskij 5/95

var. **violaceum** Lehm.
– Acme
– Altajski Tepličnyj
– Korneevskij
– Krupnyj Tomskij Rozovyj
– Philippine 2
– Ponderosa Purpurviolette

Lycopersicon pimpinellifolium (Jusl.) Mill.
var. **ribesiodes** (A. Voss) Lehm.
– Johannisbeer

Nicotiana alata Link et Otto
– Crimson Bedder
– Lime Green
– Tageslicht

Nicotiana rustica L.
var. **asiatica** Schrank
– Souffi Gabés
– Velyko Zeliona
var. **brasilia** Schrank
– America Emitz
– Folyási
– Gelber
– Holandka
– Jajhalmi Subás
– Nichilowska
– NRT
– Schwabacher FD Landsorte
– Ukrainer
var. **cordata** Erh.
– Chemloka
– Gelber Machorka
– Komonka
– Wolgar
var. **major** Alef.
– Erbasanta
– Tscherbel
var. **rustica**
– Maksimovskaja
var. **texana** (Naud.) Comes
– Bulgarischer
– Driazgi
– Dziewicka
– Konotopskaja
– Limonka Machorka
– Machorka Bleu
– Machorka T 62
– Mahorka Balsunova
– Nikotynowa Rosyjska
– NRT 61
– Pecklec
– Puławska Nikotynowa
– Riaszki
– Serebrjanka
– Sizaja Konotopskaja
– Slatka
– Souffi Cap Bon
– Sultan Albanski
– Wiśniowiecka
– Żabka
Nicotiana×**sanderae** hort. ex Wats.
– Scharlachkönig
Nicotiana tabacum L.
var. **alipes** Schrank
– Purzicsány
var. **attenuata** Schrank
– Amersfoorter
var. **attenuata** Schrank
– Dresden
– Gold Dollar
– Joiven
– Tămăşeşti 50
– Valenica Celto 1869
– Virginia Joiner
var. **havanensis** Comes
– Bel
– Burley 1851
– Burley White IV-Geel
– Forchheimer U-102
– Geudertheimer
– Geudertheimer VII
– Goundie
– Havane
– Havanna 211
– Holländischer Zigarettentabak
– Kentucky
– Neugeudertheimer NFT 53
– NFT 51
– Pfälzer Geudertheimer
– Puławski Białokwitnący
– Resistant Havana 211
– Szegedi Rózsa
– Trapezunt
– Virginia Gold B
– Wisconsin Seedleaf
– Wohlsdorfer Burley
var. **lingua** Schrank
– Dubec
– Samsun
– Samsun Bashi Baghli
– Samsun En
– Tyk-Kulak
– Xanthi
var. **macrophylla** Schrank
– Banat
– Hoher Grüner
– Japan
– Kápolnai
– Plovdiv Nr. 1
– Samsun Dere
– Sumatra Mitlingskaja
– Szuloki
– Trapezund 1272
– Ulstman
var. **pallescens** Schrank
– Aegyptica
– Albanensis
– Assomption Havana

var. **pallescens** Schrank
– Bakuer Hell
– Băneasa 7
– Beregi Piros
– Burley White IV-Groen
– Cavalla I
– Charmanlij 163
– Charmanlijska Basma 163
– Criollo Salteno II
– Debreceni
– Djebel
– Djebel 359
– Djubek Limonnihi
– Drăgăsani
– Elensko Seme
– Elsässer Virgin
– Ergo
– Flandrai
– Ghimpati
– Ghimpati-Lupu 357
– Gigantea
– H 3
– Havanna 2 C
– Havanna 1744
– Herzegowina
– Iakade Drăgăsani
– Ivanovsko Seme
– Java GMB
– Kulski
– Melnischka Basma
– Mičurinskij
– Molovata
– Mont Calme Brun
– Muskotály
– Nevrokop 5
– Nevrokop 2617
– N. F. T. Peu de Nicotine
– Obourg Vincent
– Parfum d'Italie
– Peruştitsa
– Pfälzer
– Plovdiv 34
– Puławski Szerokolistny
– Sătmărean
– S. Korsarsko
– Smirna
– Sobolci
– Szabolcsi I
– Szegedi
– T 61
– Vengerskij
– Virginia Bright

var. **pallescens** Schrank
– Virginia MB
– Waratic
– White Burley
– Złotolistny

var. **sagittata** Danert
– Bărăgan 221
– Cabot
– Criollo de la Sierra C D 235

var. **serotina** Schrank
– Dupniški Gušav
– Gewone Groene
– Hong. Gartenblatt
– Ialomita
– Kerti
– Kerti Kápolnai
– Multan 84
– Ravica Drama
– Rétháti
– Szabolcsi II

var. **tabacum**
– Alida
– Badische Geudertheimer Landsorte
– Bakuer Dunkel
– Bonanza
– Burley Ostmark
– Červen Cvjat-Kozarsko
– Chebli
– Comstock Spanish
– Coulo
– Criollo Correntino Commun C. C. 328
– Djubek
– Geudertheimer Großblättriger
– Harrison Special
– Harrow Velvet
– Havanna
– Havanna Golddollar
– Havanna NFT
– Jamaika
– Java-Ysere
– Lockwood
– Maryland
– Pfälzer U 101
– Rio Grande
– Shipps Root Rot Resist.
– Trapezunda
– Uckermünder × U-Stamm
– Ustina
– Virginia A
– Virginia American Gold

var. **tabacum**
– Virginia Gold Leaf
– Virginia Irish Pryor
– Zirkburgiensis
var. **undulata** Erh.
– American
– Basma Gestolistna
– Burley
– Burley Gran Reditto
– Canella
– Delcrest
– Djubek N 44
– Fransen's Manilla
– Friedrichstaler
– Greenwood
– Havanna 142
– Havanna 322
– Havanna Connecticut
– Hicks
– Kentucky Perucci
– Kinkenheimer
– Kozarsko 541
– Madole
– Manilla Geel
– Muskateller Hong.
– Nijkerk
– Pearl Wellington
– Petit Havana
– Rila 9
– Spezial 400 Tg. Mureş
– Tiszai
– Ustina 4
– Virginia Bright Leaf
Petunia axillaris (Lam.) B. S. P.; P. violacea Lindl., P. inflata R. Fries, P.×hybrida Vilm.
– Schneeglocke
Solanum melongena L.
– Black Beauty
– Bolgarskij 014
– Český Raný
– Chang Chieh Tzu
– Da-Be
– Delikatess
– Frühviolette
– Kruglyj Pekin
– Lin-Si
– Linia 43×Israelski
– Long White
– Melanzana Tonda
– Nan-Tau
– Nogaiskije

Solanum melongena L.
– Pathcem
– Pe-King-Sien-Chie
– Pompano Market
– Pusa Purple Long
– Pusa Purple Round
– Schwarze Birnenförmige Riesen
– Solt-Bucurestene
– Tse-Shoei
– Tsinan Chang Ta Chieh
– Weisse

Scrophulariaceae

Digitalis purpurea L.
var. **purpurea**
– Campanulata
– Giant Primrose
Verbascum densiflorum Bertol.
– Polyverb
– Zlata

Plantaginaceae

Plantago lanceolata L.
– Svatojánský

Valerianaceae

Valeriana officinalis L.
– Anthos
Valerianella locusta (L.) Betcke
– Deutscher

Compositae

Achillea collina J. Becker ex Rchb.
– Proa
Calendula officinalis L.
– Erfurter Orangefarbige
– Javell
Carthamus tinctorius L.
var. **inermis** Schweinf.
– Brněnský Bezostnatý
– Drâa Basse Tige
– Drâa Haute Tige
– Gładki Borowski IHAR

var. **inermis** Schweinf.
– Inerme de Marrakech
– Inerme du Drâa
– Inerme R. A.
– Moyen du Drâa
– Nebraska 8
– S. Drâa
var. **tinctorius**
– Młochowski
– Mogami Beni
– Zailai Beni
Chrysanthemum coronarium L.
– Nivea
– Orion
– Tetra Komet
Cichorium endivia L.
ssp. **endivia**
var. **crispum** Lam.
– Cicoria Riccia
– Di Pancalieri a Costa Bianca
– Fine d'Inverno
– Green Curled
– Grüne Krause
– Imperial
– Indivia Riccia Grossa di Pancalieri
– Indivia Riccia Pancalieri
– Meaux
– Pavia
– Ruffec
– White Curled
var. **endivia**
– Coroncella Barese
– Italienische Grüne
var. **latifolium** Lam.
– Bordeaux
– Breiter Grüner Vollherziger
– Deep Heart
– Elna
– En Cornet de la Loire
– Escariol Grüner
– Eskariol Zelený
– Grosse Bouclée
– Grüner Riesen
Cichorium intybus L.
var. **foliosum** Hegi
– Brüsseler Witloof
– Express
– Extrema
– Ivora Selektion
– Nevera Selektion
– Witloof
var. **foliosum** Hegi
– Witloof Dubbel Blank
var. **sativum** Lam. et DC.
– Echte Zylinderförmige Spitzköpfige Magdeburger Riesen
– Horpácsi
– Polanowicka
– Slezká
Cnicus benedictus L.
– Krajový
– Quedlinburger Mittelfrühreifes
Helianthus annuus L.
– Advance
– Armavirec
– Armavirskij 3497
– Armavirskij 9345
– B-4/1
– Barnaul'skij 1501
– Beacon
– Black Russian
– Bučianská Biela Čierna
– Bučianská Olejná
– Cernjanka 66
– Ciro
– Cordobés Juta
– Ella
– Enisej
– Franslever
– Fuksinka 10
– Gigant 549
– Goldener Neger
– G. RO. R. 101
– G. O. R. 104
– Guayacán Suta
– HS-52
– HS-53
– Impira Suta
– Iregi Korai Csíkos
– Iregi Napraforgó
– Jugovostočnyj
– Jupiter
– Kassel
– Kruglik A-41
– Kustanajskij 91
– Laan
– Lovászpatonai
– Lovászpatonai Napraforgó
– Manfredi
– Mezőhegyesi Cirmos
– Nain Noir
– Neagră de Cluj

Helianthus annuus L.
- Nr. 427 (Bulgarien)
- Olea
- Oleisty Borovskij
- Ostsonne
- Pehuén Inta
- Peredovik
- Primrose
- Purpureus
- Rannij 27
- Record
- Rudorf
- Saratovskij 169
- Saratovskij P-10
- Saratovskij Rannij
- Short Russian
- Slovenská Sivá
- Smena
- Šortandinskij 41
- Stepnjak
- Sungold
- Sunrise
- S-4
- T. F. M. 1743
- Vărgată de Cluj
- VNIIMK 1646
- VNIIMK 6540
- VNIIMK 8931
- Wielkopolski
- Yawne
- Ždanov 8281
- Zelenka 61
- Zwerg-Sonnengold

Helianthus tuberosus L.
- G. 71–39
- Gibrid 103
- Kievskij Belyj
- Majkopskij 33–650
- Sachalinskij Krasnyj
- Sejanec 19
- Tambovskij Krasnyj

Lactuca sativa L.
convar. **incocta** Helm
var. **capitata** L.
- Amanda Plus
- Appia
- Aralca
- Attraktion
- Auresta
- Avina
- Avoncrisp
- Avondefiance

var. **capitata** L.
- Bakonycsernyei
- Bal
- Batavia Blonde à Bord Rouge
- Batavia de Pierre Bénite
- Batův Král Máje
- Bibb
- Bismarck
- Blonde d'Été
- Blondine
- Bohemia
- Bolognai
- Bonte Chili
- Boterkop
- Böttners Treib
- Bourguignonne
- Brauner Sommer
- Brauner Trotzkopf
- Brauner Winter
- Brioso
- Brune Percheronne
- Brunetta
- Budai Hajtató
- Bunte Forellen
- Burpeeana
- Capitan
- Cazard, Großer Gelber
- Chrestia
- Cobham Green
- Corelli
- Dandie
- Darka
- Delikata
- Dětenická Atrakce
- Dětenický Letní
- Diana
- Diane
- Dippes Futura
- Divalo
- Doresta
- Do X
- Dua
- Early French Frame
- Edgar
- Feltham Greenheart
- Feltham King
- Fila
- Forcing Tennis Ball
- Forellen, Großer Bunter
- Format
- Francesa
- Frühlingsgruß

var. **capitata** L.
- Fürchtenichts
- Gigant
- Goldforellen
- Gourmand
- Grand Rapids
- Gravitas
- Great Lakes 66
- Great Lakes 118
- Great Lakes R-200
- Great Lakes 659
- Green Boston
- Groso
- Hanácký Letní
- Helresta
- Helvetia
- Hilde
- Hilmar
- Hitzkopf
- Hjärter Ess
- Hoffmanns Aurora
- Imperial Iceberg
- Imperial 101
- Indianerperle
- Interrex
- Junska Edra
- Kagraner Sommer
- Kamenáček
- Kampioen
- Kamýk
- Kares
- Kison
- Kitty
- Kloek
- Kordaat
- Král Máje
- Krauser Treib
- Kwiek
- Laibacher Eis
- La Moda
- Larganda
- Lednický
- Leppermann
- Lettuce Cabbage
- Lilian
- Lunof
- Luro
- Mago
- Maikönig
- Maikönig, Früher Gelber
- Maiprincess
- Market Wonder

var. **capitata** L.
- Martine
- Mělnický Máj
- Melody
- Merkur
- Mildura
- Miranda
- Mona
- Moskovskij Parnikovyj
- Muck
- Nadia
- No. 42
- No. 379
- No. 496
- Pfanns Brauner Noris
- Phoenix
- Pirat
- Plena
- Poeftuins Blackpool
- Portato
- Pražan
- Préférée
- Presto
- Primorskaja
- Prinz von Löwenstein
- Prompt
- Prostějovský Rychlík
- Quedlinburger Dickkopf
- Quedlinburger Durana
- Ramses
- Ravel
- Reine de Mai á Forcer
- Relly
- Remo
- Renate
- Resika
- Rheingold
- Rhenania
- Romanella
- Rudolfs Liebling
- Sabine
- Selectie Lovrin
- Sem Rival da Baixada Fluminese
- Silvester
- Sneeuw Kropje
- Soroksári Hajtató
- Spätaufschießender Großer Gelber
- Sperlings Roland
- St. Jacob
- Stupický Kamenáč

var. **capitata** L.
- Stuttgarter Sommer
- Sucrine
- Summer Market
- Suzan
- Szombathelyi
- Téli Vajfej
- Tempo
- Tenax
- Tézier
- Timpurie de Mai
- Tom Thumb
- Tornado
- Triumf
- Turnauer Hartkopf
- Twelloscher Großer Früher Gelber
- Typ 57
- Utrechtsch Glorie
- Valašský
- Val Verde
- Vanguard
- Verna
- Verpia
- Vier Jahreszeiten
- Viktoria
- Viresta
- Vitessa
- Wagners Sonata
- Wayahead
- Westlandia
- White Big Boston
- Winter-, Altenburger
- Winter-, Brauner
- Winter-, Butterkopf
- Winter-, Eisenkopf
- Winter-, Maiwunder
- Winter-, Mombacher
- Winter-, Nansen (Nordpol)
- Winter-, Riesenmaiwunder
- Womas
- Wonderful
- Wunder von Stuttgart
- Winder von Voorburg
- Zomerkoning

var. **crispa** L.
- American Gathering
- Amerikanischer Brauner
- Ausztráliai Sárga
- Black Seeded Simpson
- Cheshunt Early Giant

var. **crispa** L.
- Chicken
- Deer Tongue
- Early Princehead
- Früher Gelber Krausblättriger
- Gazard
- Gelber Ballon
- Gelber Runder
- Grand Rapids
- Hakes Grünetta
- Hohlblättriger Butter
- Holländischer Peroso
- Krauser Gelber
- New Chicken
- Oakleaf
- Romaine Blonde
- Salad Bowl
- Simpson
- Slobolt
- Strubelpeter
- Tidig Gul
- Trocadero
- Žlutý Kadeřavý

convar. **sativa**

var. **angustana** Irish
- Burpee's Celtuce
- Cabbage Lettuce
- Grüne Rübe

var. **longifolia** Lam.
- Bionda Lentissima a Montare S. N.
- Blonde Maraichère
- Černa
- Gallega
- Gallega de Invierno
- Kaiser Selbstschluß
- Kasseler
- Lattuga Romana Verde Degli Ortolani
- Nansen, Winter
- No. 3357-L
- Paris Island Cos
- Ranná Zelená
- Romaine Red Cos
- Trianon
- Valmaine
- Verde Degli Ortolani
- Verde d'Inverno
- Wiener Maidivi
- Žalta Gjumurdžinska
- Žalta Krasavica

Matricaria recutita L., Matricaria chamomilla L.
– Bodegold
– Bohemia
– Krajový
– Pohořelický Velkokvětý
– Quedlinburger Großblüige

Scorzonera hispanica L.
– Libochovický
– Schwarzer Peter

Taraxacum sublaciniosum Dahlst. et H. Lindb. f. in Dahlst.
– Delikateß

D. Mettin
Director

Chr. Lehmann
Divis. Collect. Rector

Th. Gladis
Curator

K. Hammer
Curator

P. Hanelt
Curator

J. Kruse
Curator

C. Tittel
Curator Seminum

H. Gäde
Collectorum Princeps

H. Knüpffer
Informator

S. Auer
H. Lehmann
K. Matthias

B. Postler
B. Schmidt
Chr. Schmidt
H. Selbig

Collectores

H. Hahn
Horti Inspector

Zentralinstitut für Genetik und Kulturpflanzenforschung
der Akademie der Wissenschaften der DDR
DDR - 4325 Gatersleben
Kr. Aschersleben, Bezirk Halle
Deutsche Demokratische Republik

Einzeln nicht im Handel
Erschienen im Akademie-Verlag Berlin, DDR - 1086 Berlin, Leipziger Straße 3–4
202 · 100/491/88
Printed in the German Democratic Republic
Gesamtherstellung: VEB Druckerei »Gottfried Wilhelm Leibniz«,
4450 Gräfenhainichen

FSC
www.fsc.org
MIX
Papier | Fördert gute Waldnutzung
FSC® C083411

Zeitfracht Medien GmbH
Ferdinand-Jühlke-Straße 7
99095 Erfurt, Deutschland
produktsicherheit@kolibri360.de